乐高MOC入门魔法书

LDD搭建+Studio渲染

傅建波 章妍 · 编著

電子工業出版社
Publishing House of Electronics Industry
北京 · BEIJING

图书在版编目（CIP）数据

乐高MOC入门魔法书 : LDD搭建+Studio渲染 / 傅建波，章妍编著. -- 北京 : 电子工业出版社，2023.10
ISBN 978-7-121-46477-5

Ⅰ. ①乐… Ⅱ. ①傅… ②章… Ⅲ. ①智力游戏－游戏程序 Ⅳ. ①TP317.68

中国国家版本馆CIP数据核字(2023)第189921号

责任编辑：孔祥飞　　特约编辑：田学清
印　　刷：河北迅捷佳彩印刷有限公司
装　　订：河北迅捷佳彩印刷有限公司
出版发行：电子工业出版社
　　　　　北京市海淀区万寿路173信箱　邮编：100036
开　　本：720×1000 1/16　印张：14.75　字数：377.6千字
版　　次：2023年10月第1版
印　　次：2023年10月第1次印刷
定　　价：98.00元

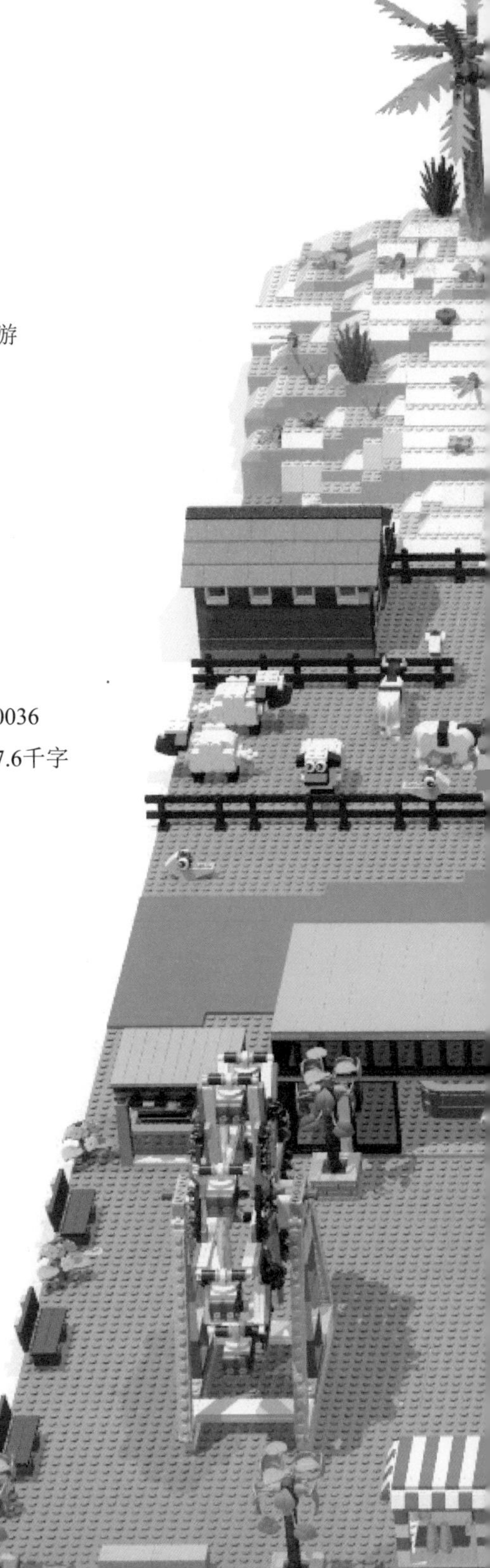

凡所购买电子工业出版社图书有缺损问题，请向购买书店调换。若书店售缺，请与本社发行部联系，联系及邮购电话：（010）88254888，88258888。

质量投诉请发邮件至zlts@phei.com.cn，盗版侵权举报请发邮件至dbqq@phei.com.cn。

本书咨询联系方式：（010）88254161/88254167转1897。

前言

乐高积木风靡全世界，我们不仅可以用乐高积木搭建出复杂的建筑、机械等造型，还可以用乐高机器人来学习编程方面的知识。现在，越来越多的玩家会依靠自己的想象力来设计新颖的积木造型，这种玩法被称为 MOC（My Own Creation）。乐高 MOC 不仅是玩法，还可以成为工作方式，如成为乐高积木教育机构的创业者或教师，或者成为乐高或其他积木品牌的产品设计师。

乐高积木上手简单、玩法多样，但是因其价格昂贵、所需场地大小有限制等，想自由地实现乐高 MOC 会比较困难。因此，先使用计算机软件进行虚拟搭建，再按照其导出的电子版图纸使用实体积木进行搭建，是既方便实用又经济划算的方式。目前有以下两款软件非常受玩家欢迎和认可。

LEGO Digital Designer（LDD）是一款由乐高官方出品的虚拟乐高积木搭建软件，该软件包含乐高绝大多数的零件，玩家可以在计算机上自由地搭建积木造型，帮助玩家构思新的设计图纸。

LEGO Studio（以下简称 Studio）是由 bricklink 网站推出的一款乐高积木搭建软件，其操作方式与 LDD 软件十分接近，能够实现与 LDD 软件的互通。Studio 软件不仅可以设计乐高积木造型，还可以生成乐高积木渲染图、制作搭建步骤说明书。

本书的主要内容是对 LDD 和 Studio 的软件界面及功能指令进行一个详细的说明，让读者对这两款软件有一个全面的了解。另外，笔者还结合自身的使用经验和心得，以案例的形式向读者展示虚拟设计的过程，并配以一些解释说明，以便读者能更好地理解为什么要这样去设计。最后，笔者还介绍了如何制作类似乐高官方搭建图纸的方法。

这两款软件的功能其实是十分丰富和强大的，笔者在书中也仅介绍并演示了比较常用的一些功能，还有更多的功能等待读者自己去探索和研究。笔者在这里也只是起到一个抛砖引玉的作用，希望更多的积木爱好者进入乐高 MOC 的世界，让我们共同学习和分享。

本书可以作为乐高积木爱好者、乐高教育行业从业者、积木类玩具设计者学习如何通过软件进行乐高积木造型设计与创作的参考用书。

本书所适用的读者群：

- 对 LDD 虚拟乐高积木搭建软件感兴趣的朋友。
- 对 Studio 2.0 虚拟乐高积木搭建软件感兴趣的朋友。
- 对乐高积木搭建图纸制作过程感兴趣的朋友。
- 对积木玩具搭建说明书有制作需求的厂家。

笔者是一名普通的机器人编程教育工作者，接触乐高已有 11 年。一开始笔者也是从实物乐高积木开始摸索，因为工作便利可以接触到很多最新的乐高套装，从此就走上了乐高 MOC 之路。乐高积木有一种天然的魔力，让人总想不停地摆弄它。最美妙的地方就是笔者可以使用积木来具现化自己脑子中的各种奇思妙想。那种通过不停地搭建、拆解、再搭建、再拆解，最终完成作品的成就感、满足感是笔者最享受的！

后面笔者就慢慢地接触到了 LDD、Studio 等设计软件，从而发现了这种不受积木限制可以随心所欲的创作方法。为了方便分享，笔者又学习了如何制作搭建图纸。在平时的工作中，也经常会有学生和同事向笔者请教虚拟搭建软件的使用方法，时间久了就想着把应用这些软件的经验，以及自己平时玩乐高时的录像，制作成视频进行分享。

其实笔者从来没有想过要写这样一本书，当初也仅是在网上发布了一些自己玩乐高积木的视频，之后收到电子工业出版社孔祥飞编辑约稿消息时，心里还是非常忐忑的。一方面，自己从来没有相关的写作经验，不知道如何去编写这样一本书；另一方面，笔者也是怕自己的水平和精力有限，不能胜任写书这个大工程。在孔祥飞编辑的支持下，笔者终于下定决心来编写这本书。

本书正式执笔于 2022 年年初，一直到 2023 年年中才完稿，书中的内容还有书写格式前前后后更改了好几版，笔者只想把自己会的东西尽量完美地呈现给各位读者，以期能对读者有所帮助。由于笔者本身能力有限，书中难免会有一些纰漏，还请各位读者不吝指教。

第 1 章
走进乐高 MOC 世界

第 2 章
LDD 软件指南

第3章
LDD 软件使用技巧

第 4 章 Studio 软件指南

第 5 章
MOC 创作实操

第 6 章
模型渲染

第 7 章 搭建图纸制作

第 1 章

走进乐高MOC世界

MOC是My Own Creation的缩写，乐高MOC的含义就是跳出乐高官方套装的框架，不按照乐高积木拼装图纸安装，完全依靠玩家自己的想象力去创造新的套装，即自我设计创造的意思。玩乐高MOC的人一般被称为MOCer。

1.1 乐高MOC的趣味

随着乐高积木在国内普及度越来越高，不光是儿童，越来越多的成年人也加入玩乐高积木的行列中。但是，成年人玩乐高积木和儿童玩乐高积木在本质上是有所不同的，主要体现在儿童在搭建乐高积木时偏重作品的呈现，而成年人则更喜欢用乐高积木随心所欲地进行创造。这些造型可能是现实中的某些物体，也可能是幻想中的样子。

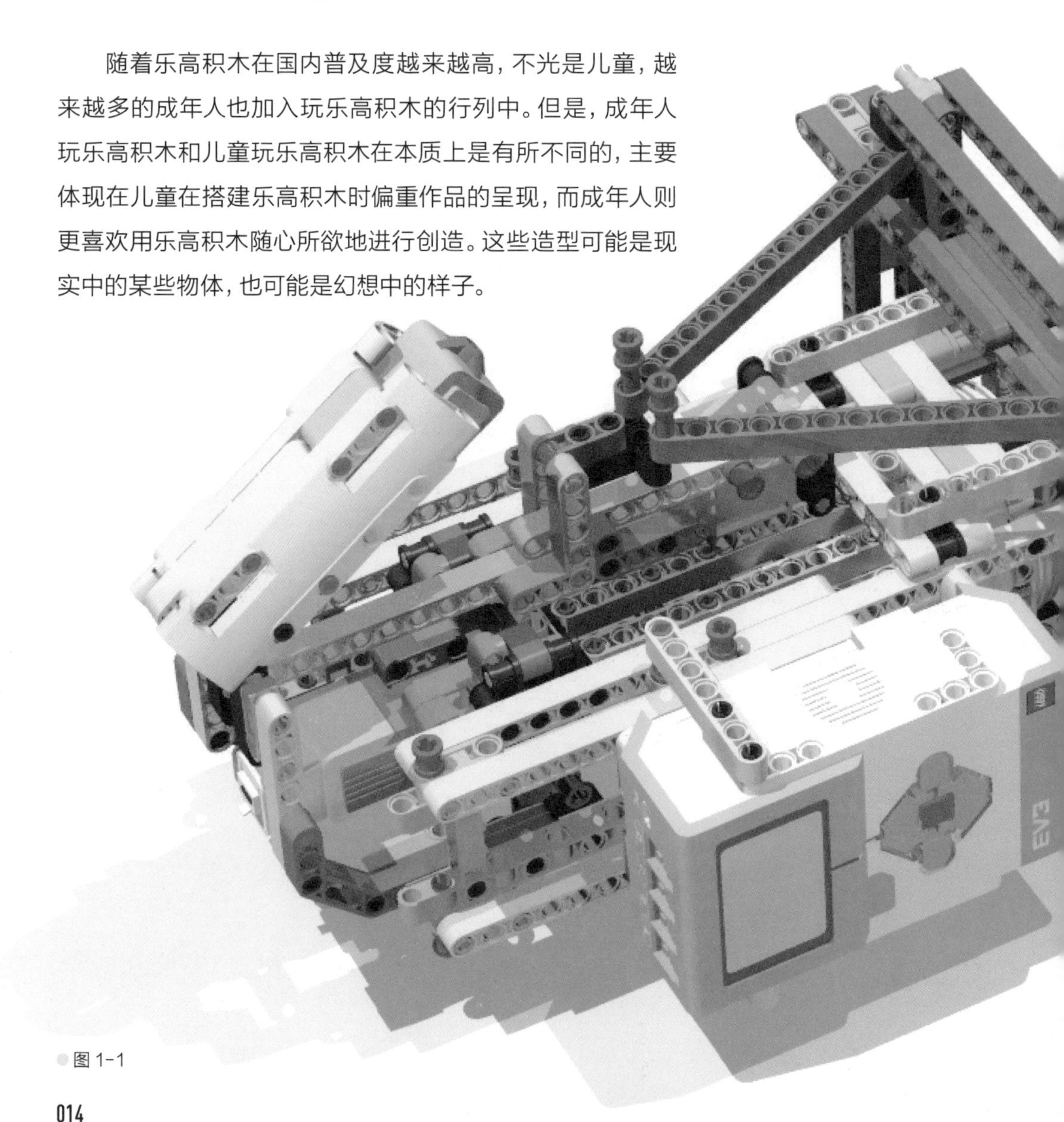

图 1-1

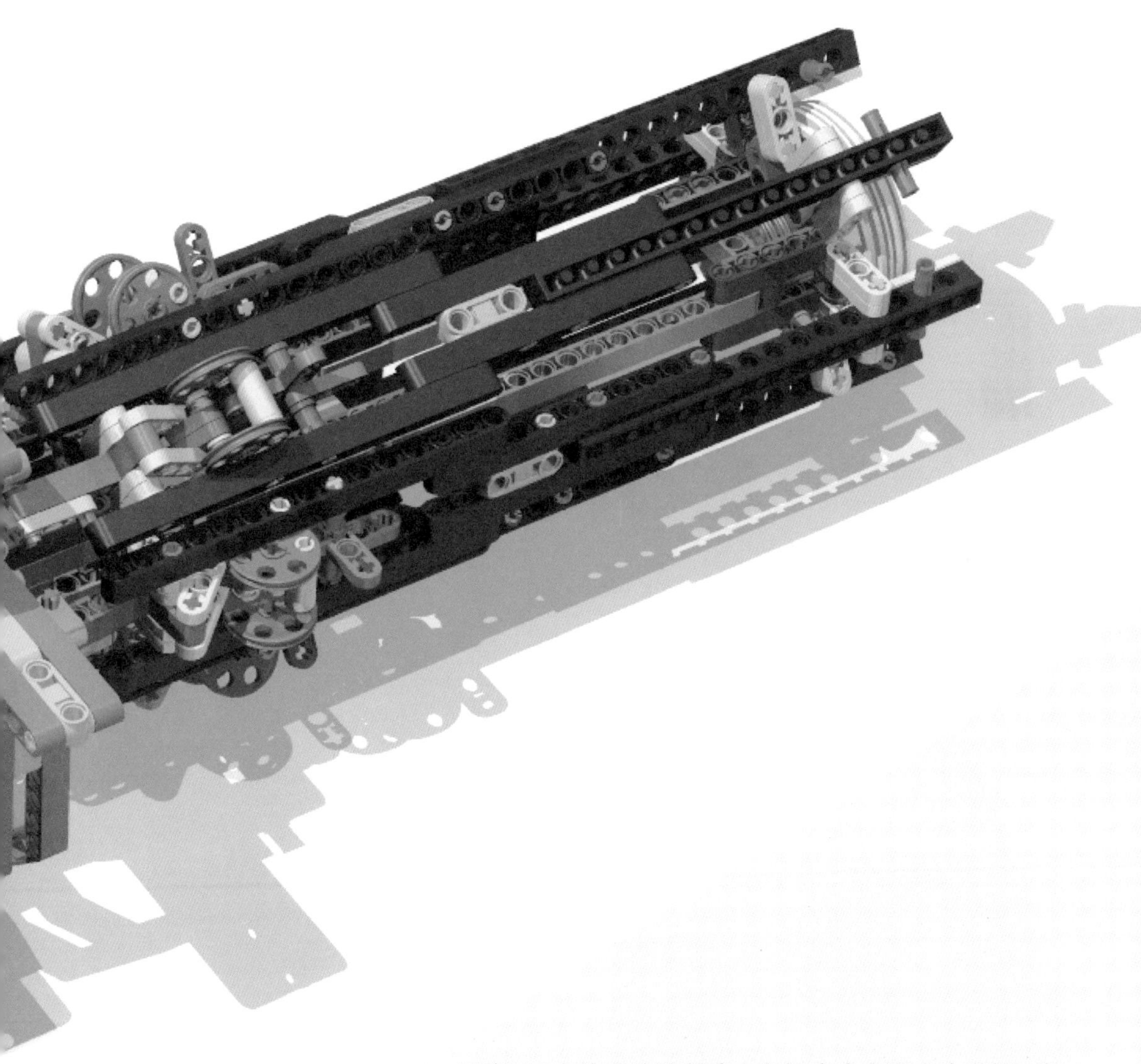

乐高MOC的玩法让很多人有机会去实现心中所想。当你耗费大量时间搭建出一款自己的作品时，便会获得极大的成就感和满足感，这也正是乐高MOC的核心魅力所在。图1-1所示为笔者设计的一些自己比较喜欢的作品。

1.2 乐高MOC的分类

我们也习惯于根据乐高积木的类型来划分MOC的类型，通常将其分为颗粒类MOC和科技类MOC两大类。

一类是对“形”的还原，追求的是对事物的造型、功能、配色等细节的还原。颗粒类MOC主要应用于乐高的基础类积木中，其作品的形态极其丰富多样，常见的有各种动物、建筑、自然景观等。

另一类是对“理”的还原，追求的是对机械结构、机械原理、机械功能的还原。科技类MOC主要应用于乐高的科技类积木中，通常以各种车辆、工程机械等形态出现。

在此之下，我们还可以根据作品的形态将乐高MOC细分为建筑类MOC、车辆类MOC、军事类MOC、动物类MOC、机甲类MOC、太空类MOC等，如图1-2所示。由于乐高MOC的主旨就是自由、随心所欲地创作，因此在创作时也不必拘泥于作品的分类。

图 1-2

图 1-2（续）

1.3 乐高MOC社区

国外乐高MOC社区主要有LEGO IDEAS、bricklink、Rebrickable、Eurobricks、Bricksafe等网站。一定要提的就是Rebrickable这个网站，因为该网站可以算是全世界乐高MOC玩家的聚集地，最新的乐高MOC作品和图纸几乎都会在这个网站上发布。笔者还是要在这里呼吁一下，要尊重作者的知识版权，如果下载别人的作品只是做学习之用是没什么问题的。

国内乐高MOC作品的分享平台比较杂乱，笔者推荐自己常用的几个网站，如“中文乐高”“零号小镇”“积木高手”。下面主要介绍LEGO IDEAS和bricklink网站。

小贴士

有些乐高MOC作品是需要购买才能查看拼装图纸的，这里笔者也要倡导一下，我们要尊重每位创作者的劳动成果，在乐高MOC社区形成一个良好的氛围。

1.3.1 LEGO IDEAS网站

“LEGO IDEAS”是乐高公司于2008年和日本Cuusoo公司联合推出的一个网站。玩家可以把自己的作品公布在 LEGO IDEAS 网站上，接受来自全球玩家的投票，目的是鼓励玩家发挥想象创作新的套装，如图1-3所示。

小贴士

只要作品获得1万票的支持并通过乐高公司的审核，就可以做成乐高MOC的套装。

1.3.2 bricklink网站

“bricklink”是为乐高MOC爱好者提供交流和交易的平台，其网站上有一个专门的乐高MOC板块——“Studio软件-Gallery”，如图1-4所示。全球乐高MOC玩家都可以在bricklink网站上分享自己的乐高MOC作品，但网站是英文版的，需要大家有一定的英文基础。当然，bricklink网站最让乐高迷津津乐道的就是其推出的积木搭建软件——Studio软件。Studio软件具有很多强大的功能，一经推出便火爆全球。

小贴士

bricklink网站已经被乐高公司收购。

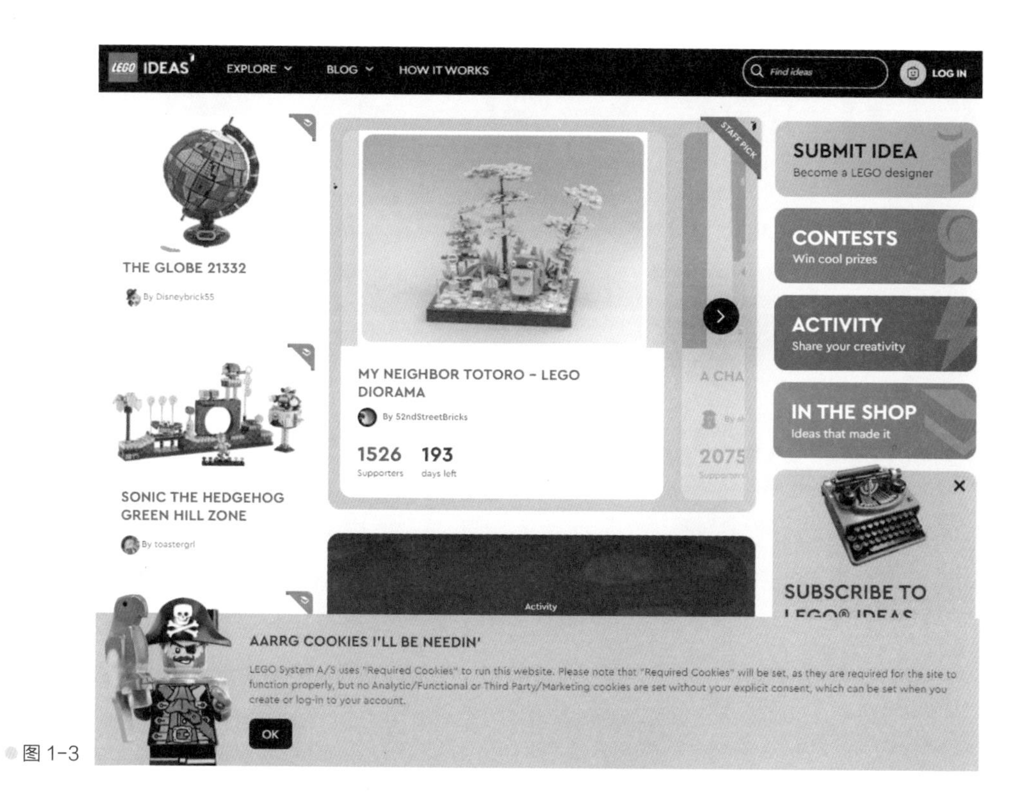

IDEAS
EXPLORE
BLOG
HOW IT WORKS
Find ideas
LOG IN
THE GLOBE 21332
By Disneybrick55
MY NEIGHBOR TOTORO - LEGO DIORAMA
By 52ndStreetBricks
1526
Supporters
193
days left
2075
SUBMIT IDEA
Become a LEGO designer
CONTESTS
Win cool prizes
ACTIVITY
Share your creativity
IN THE SHOP
Ideas that made it
SONIC THE HEDGEHOG GREEN HILL ZONE
By toastergrl
SUBSCRIBE TO
Activity
AARRG COOKIES I'LL BE NEEDIN'
LEGO System A/S uses "Required Cookies" to run this website. Please note that "Required Cookies" will be set, as they are required for the site to function properly, but no Analytic/Functional or Third Party/Marketing cookies are set without your explicit consent, which can be set when you create or log-in to your account.
OK

图 1-3

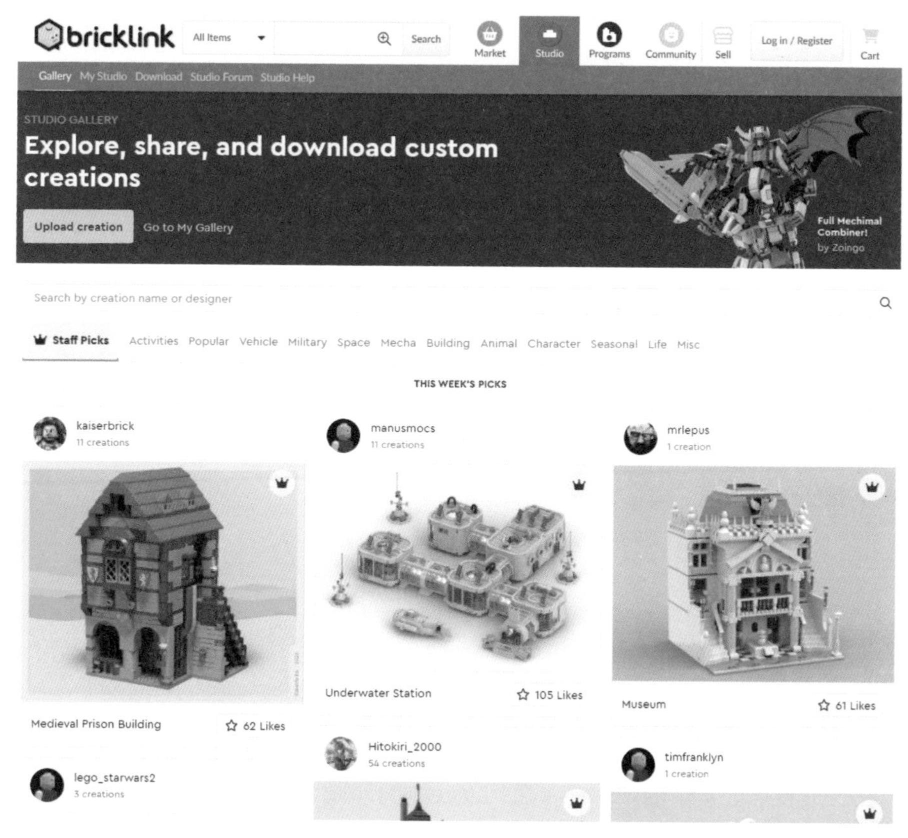

bricklink
All Items
Search
Market
Studio
Programs
Community
Sell
Log in / Register
Cart
Gallery
My Studio
Download
Studio Forum
Studio Help
STUDIO GALLERY
Explore, share, and download custom creations
Upload creation
Go to My Gallery
Full Mechimal Combiner!
by Zoingo
Search by creation name or designer
Staff Picks
Activities
Popular
Vehicle
Military
Space
Mecha
Building
Animal
Character
Seasonal
Life
Misc
THIS WEEK'S PICKS
kaiserbrick
11 creations
manusmocs
11 creations
mrlepus
1 creation
Medieval Prison Building
62 Likes
Underwater Station
105 Likes
Museum
61 Likes
Hitokiri_2000
54 creations
timfranklyn
1 creation
lego_starwars2
3 creations

图 1-4

第 2 章

LDD软件指南

本章将详细介绍LDD软件的基本概况、搭建主题、界面组成、各功能板块的基本作用及相关设置构成，使广大用户能够充分了解LDD软件。

2.1 LDD软件概况

LDD软件（Lego Digital Designer）是乐高公司推出的一款积木搭建软件。LDD软件的特点是其自带的积木类型众多，软件的操作简单快捷。当创作乐高MOC作品时，我们首先利用LDD软件进行1：1模型设计，然后生成搭建图纸，最后根据搭建图纸进行实物搭建。使用这种方法不仅可以提高创作效率，还可以将创意通过LDD软件快速记录下来。

乐高官方已经停止了对LDD软件的更新，但是由于LDD软件操作简单，上手容易，对计算机的配置要求不高，如表 2-1 所示，因此该软件仍是很多乐高MOC爱好者的首选入门积木搭建软件。国内也有大量的乐高MOC爱好者在使用LDD软件，笔者就是其忠实的使用者之一。

表 2-1

Lego Digital Designer 4.3	
Windows 的最低系统要求	操作系统：Windows XP、Windows Vista、Windows 7、Windows 8 或 Windows 10
CPU 或更高版本	1GHz 处理器
显卡	128MB 显卡（兼容 OpenGL1.1 或更高版本）
RAM	512MB
硬盘空间	1GB

小贴士

LDD软件的版本停留在“4.3.12”，由于该版本的LDD软件无法更新积木库，因此会缺少很多积木。根据笔者的使用经验，最好用的版本为“4.3.11”。LDD软件的下载与安装方法可咨询笔者，此处不再赘述。

2.2 欢迎界面的说明

打开LDD软件之后，首先会进入欢迎界面。在欢迎界面上会看到有3种主题模式可供选择，我们必须选择其中一种主题模式才可以进入创作界面，如图2-1所示。

●图2-1

2.2.1 主题模式的介绍

第1种是“数字设计师”主题模式，为了方便说明，简称“标准主题”模式。第2种是“头脑风暴主题”模式。第3种是“数字设计师扩展主题”模式，简称“扩展主题”模式。选定一种主题模式之后，在界面右下角可以打开以前的作品，或者新建一个作品，如图2-2所示。

小贴士

预览区也会显示最近打开过的作品文件，可以直接单击将其打开。

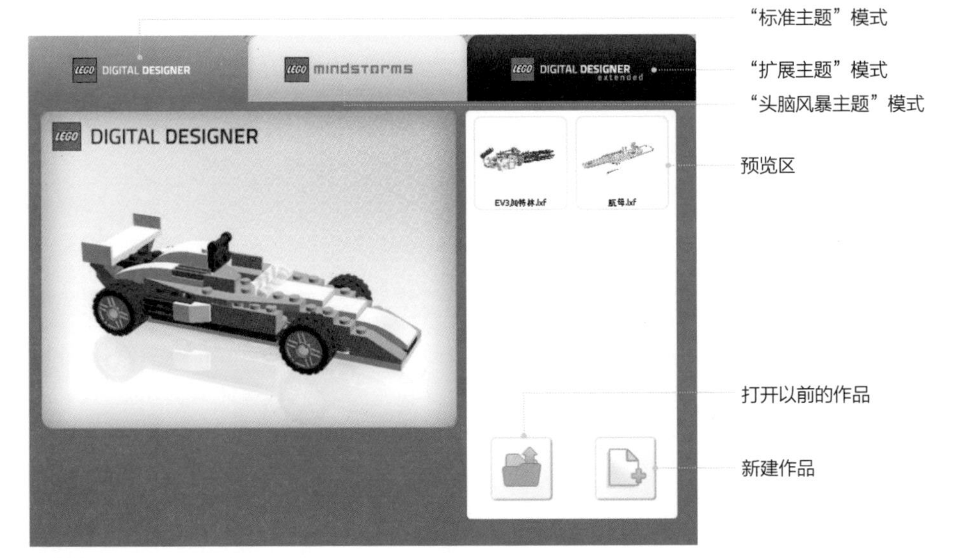

图 2-2

2.2.2 主题模式的区别

主题模式的区别为：在“标准主题”模式下，其积木列表区的积木比较全面，积木不仅按类型显示，还会根据积木配色进行分类显示；在“头脑风暴主题”模式下，其积木列表区的积木主要以科技件为主，剔除了大部分的基础积木，一般都是乐高教育类套装积木；在“扩展主题”模式下，其积木列表区的积木仅按积木的类型显示，如图2-3所示。

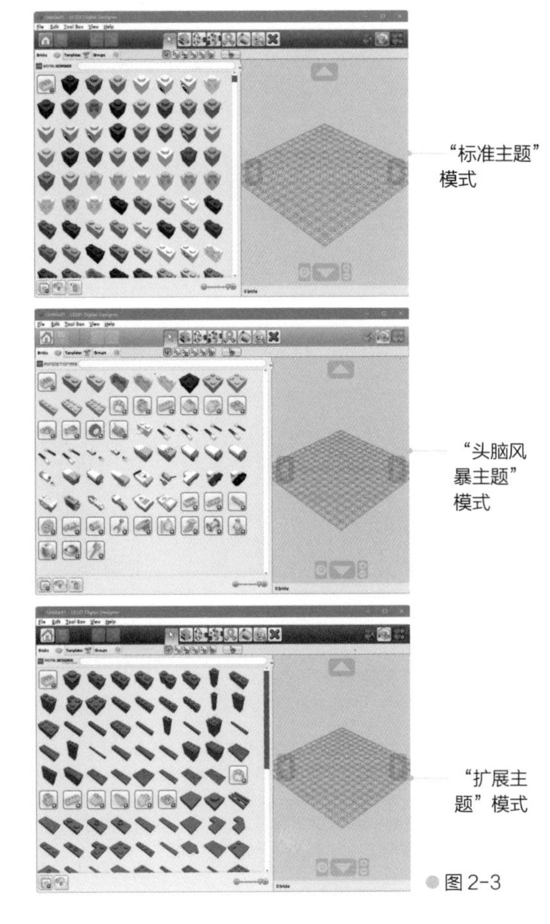

图 2-3

小贴士

在创作过程中，我们可以通过“View”菜单自由切换主题。切换主题之后，我们可以发现界面背景也会有相应变化。

2.3 创作界面的说明

LDD软件的创作界面简洁明了，初学者上手相对较快。为了使大家对LDD软件的界面有个清晰的认识，我们通常习惯将LDD软件的创作界面划分成以下几个板块：①标题栏、②菜单栏、③快捷栏、④工具栏、⑤模式栏、⑥积木列表区、⑦搭建区、⑧状态栏，如图2-4所示。下面介绍重点的板块功能和操作方法。

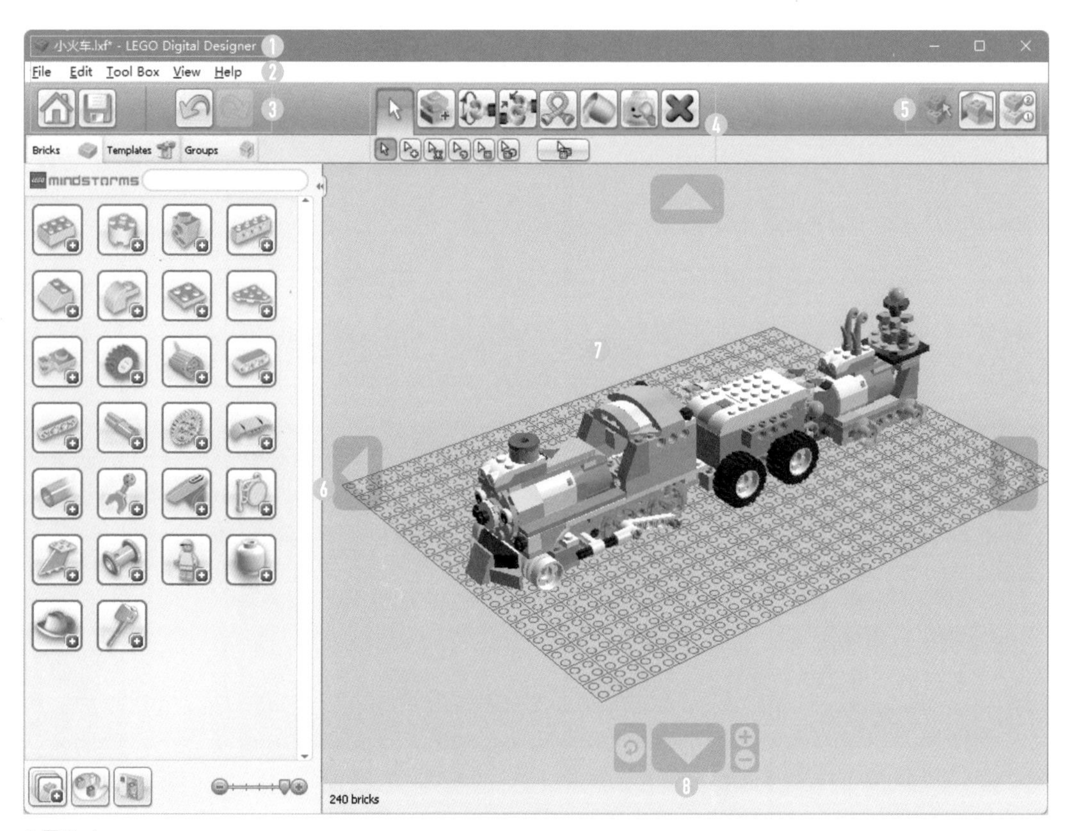

图 2-4

2.3.1 菜单栏的说明

LDD软件仅支持英语和德语，笔者在这里将菜单栏翻译成中文供大家参考，并且会将一些重要菜单的功能进行解释说明。初始菜单栏包含5项，如图2-5所示。

File	Edit	Tool Box	View	Help
文件	编辑	工具箱	视图	帮助

图 2-5

1. “File” 菜单

“File” 菜单有9个子菜单，“( )” 内是对应的快捷键，每个子菜单的功能如图2-6所示。

下面重点对 “Import model”（导入模型）、“Export model”（导出模型）、“Export BOM”（导出材料清单）这3项命令进行详细说明。

● 图 2-6

1）导出/导入模型

LDD软件的作品文件是以 “.lxf” 为扩展名进行保存的。LDD软件支持导入或导出其他格式类型的文件，但仅限以下4种格式，如图2-7所示。当大家接触到其他的积木搭建软件之后就会认识这些格式了，这里笔者便不进行详细介绍了。如果需要在自己的作品中添加其他人的作品，则可以使用 “Import model”（导入模型）命令。同理，如果想将自己的作品分享给他人，则可以使用 “Export model”（导出模型）命令。

LXF-Files (*.lxf)
LXFML-Files (*.lxfml)
LDraw-Files (*.ldr)
LXFML4-Files (*.lxfml)

● 图 2-7

小贴士

在创作大型作品时，我们可以进行团队分工，每个人负责不同的板块，最后使用导出/导入模型命令就可以把大家的作品整合到一起。

2）导出材料清单

“Export BOM ”（导出材料清单）是一项非常实用的命令。在设计完一个作品之后，我们只需使用 “Export BOM”（导出材料清单）命令就可以知道具体耗费了积木的种类及数量。导出材料清单时有两种格式可以选择，一般选择 “.xlsx” 格式，这是因为该格式可以利用Excel打开查看，从而可以根据材料清单购买所需的积木，如图2-8所示。

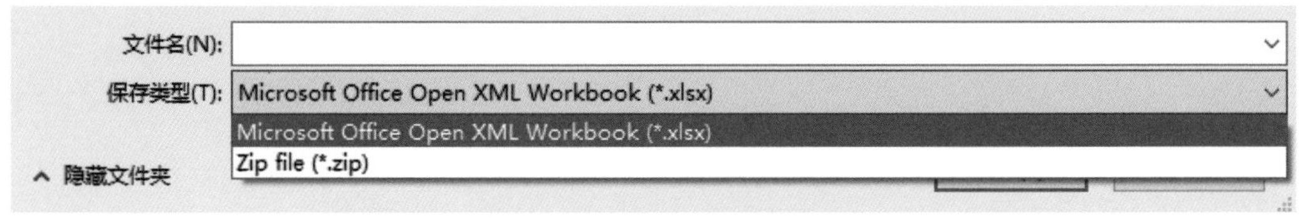

● 图 2-8

小贴士

在创作乐高MOC作品时，尽量选用常见的积木，且积木的种类应尽可能少。不同类型的积木价格是不一样的，通过查看材料清单可以对自己的作品进行选材优化，这是因为注重经济性是使用软件进行搭建设计的目的之一。

材料清单中每一列的意义如下，如图2-9所示。当查找积木时，由于积木的零件编号太长，实在不好记忆，因此一般通过积木的部件编号来查找。

积木的零件编号　积木的名称　积木缩略图　部件编号　色码　积木数量

	A	B	C	D	E	F	G
1	Brick	Name	Picture	Part	Color code	Quantity	
2	300501	BRICK 1X1		3005	1 - White	1	
3	4122447	BRICK 1X2		3004	119 - Bright Yellowish Gr	1	
4	235724	BRICK CORNER 1X2X2		2357	24 - Bright Yellow	1	
5	300326	BRICK 2X2		3003	26 - Black	1	
6	300321	BRICK 2X2		3003	21 - Bright Red	1	
7	Total:					5	
8							

图 2-9

Brick：积木的零件编号。通过该编号可以找到对应型号及颜色的积木。

Name：积木的名称。其名称中包含积木类型及规格信息，如“BRICK 2×2”表示这是一个2乐高单位长2乐高单位宽的积木。

Picture：积木缩略图。

Part：部件编号。

Color code：色码，即积木颜色。

Quantity：积木数量。

小贴士

乐高积木各个部分的尺寸都是为了让我们更容易地组合各种积木。在通常情况下，将乐高积木的两个相邻凸点或两个相邻孔的间距称为一个乐高单位，写为1P（1P=8mm，这是设计上的标准尺寸）。考虑到积木互相之间存在摩擦和挤压要预留拼装间隙，所以乐高积木的实际尺寸通常会缩减0.2mm，如图2-10所示。

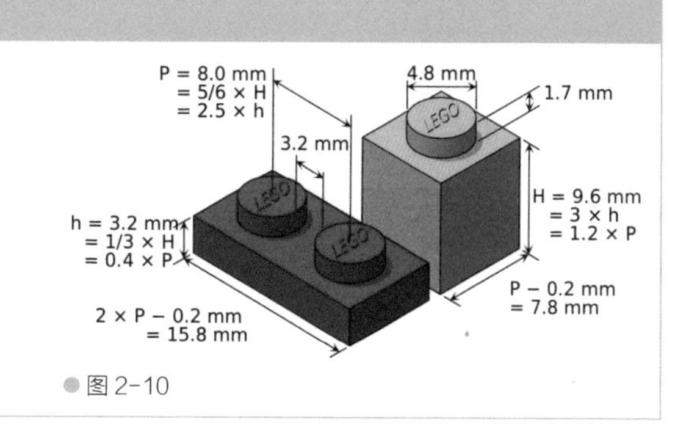

图 2-10

2. “Edit” 菜单

“Edit” 菜单有10个子菜单，“( )” 内是对应的快捷键，每个子菜单的功能都是针对积木来操作的，如图2-11所示。

图 2-11

打开 “Preferences”（偏好设置）面板，我们可以根据个人喜好修改LDD软件的一些默认设置。相关设置项的中文含义，如图2-12所示。

Preferences

Show information field —— 显示信息字段

Show tooltips —— 显示小提示

Enable sound in the application —— 在程序中开启声音

"Keys for turning" shown along with cursor —— “偏转键” 与准星同时出现

Repeat inserting selected brick —— 重复插入选中的积木

Brick Count: Show the number of bricks in a box —— 积木计数：在框中显示积木数

Invert camera X-axis —— 翻转镜头 X 轴

Invert camera Y-axis —— 翻转镜头 Y 轴

High-quality rendering of bricks placed in the scene —— 高质量渲染场景中的积木

High-quality rendering of bricks in the Brick Palette —— 高质量渲染积木零件列表中的积木

Outlines on bricks —— 积木轮廓

Advanced shading —— 高级光影

Choose language: —— 选择语言 English

Compatibility mode level —— 兼容模式等级

Reset preferences —— 重置偏好设置

Cancel —— 取消

OK —— 确认

图 2-12

3. “Tool Box” 菜单

“Tool Box”菜单有10个子菜单，“( )”内是对应的快捷键，每个子菜单的功能如图2-13所示。

其中，“Selection tools”子菜单下包含如图2-14所示的二级子菜单。

Selection tools — 选择工具
Next selection tool (Shift+V) — 下个选择工具
Clone tool (C) — 复制工具
Hinge tool (H) — 铰链工具
Hinge Align tool (Shift+H) — 铰链对齐工具
Flex tool (F) — 柔性编辑工具
Paint tool (B) — 喷漆工具
Hide tool (L) — 隐藏工具
Delete tool (D) — 删除工具
Take a screenshot (Ctrl+K) — 截图
Generate building guide (Ctrl+M) — 生成搭建图纸

图2-13

小贴士

“Tool Box”菜单下的各个子菜单其实对应了工具栏上的各项工具，所以“Tool Box”菜单各个子菜单的具体功能将在后文结合工具栏一起进行演示说明。

Single Selection tool (V) — 单选工具
Multiple Selection tool (V) — 多选工具
Connected Selection tool (V) — 连接选择工具
Color Selection tool (V) — 颜色选择工具
Shape Selection tool (V) — 形状选择工具
Color and Shape Selection tool (V) — 颜色和形状选择工具

图2-14

4. “View” 菜单

“View”菜单有6个子菜单，“( )”内是对应的快捷键，每个子菜单的功能如图2-15所示。

“New themes”子菜单下包含如图2-16所示的二级子菜单，其作用是切换搭建主题。

图2-15

LDD
LEGO MINDSTORMS
LDD Extended

图2-16

5. “Help” 菜单

“Help”菜单有3个子菜单，“( )”内是对应的快捷键，每个子菜单的功能如图2-17所示。

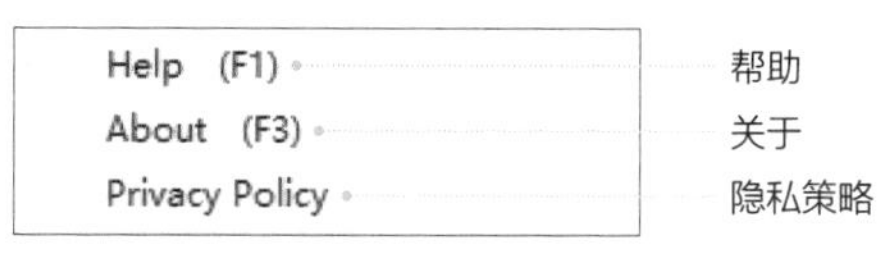

图2-17

小贴士

按“F1”键，可以打开LDD软件自带的使用说明文档。但是，由于说明文档是英文版的，因此要求用户有一定的英文基础。

2.3.2 快捷栏和搭建区的说明

1.快捷栏的说明

快捷栏如图2-18所示，其各按钮的功能介绍如下。

●图 2-18

：“返回欢迎界面”按钮。单击此按钮可以返回欢迎界面。

：“保存”按钮。单击此按钮可以打开保存界面，将模型保存到硬盘驱动器上。

：“撤销”按钮。单击此按钮可以后退一步，用来撤销上一个操作。

：“恢复撤销”按钮。单击此按钮可以恢复到上一步撤销之前的状态。

2.搭建区的说明

搭建区是进行积木虚拟搭建的地方，最终作品都会呈现在这块区域内。搭建区的界面主要由视角调整按钮和搭建地板组成，如图2-19所示。

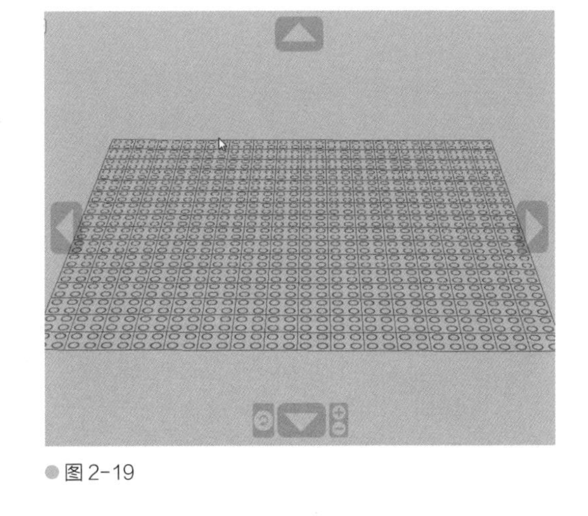

●图 2-19

1）基本搭建方法

选择积木：在积木列表区单击需要的积木，就会在搭建区的正中间出现刚才选择的积木。例如，选择一个2×4的黄色积木，即可在搭建区的正中间看到呈透明状的积木，如图2-20所示。

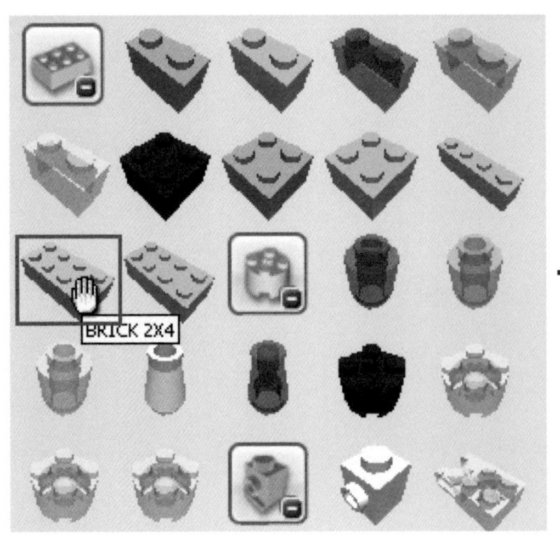

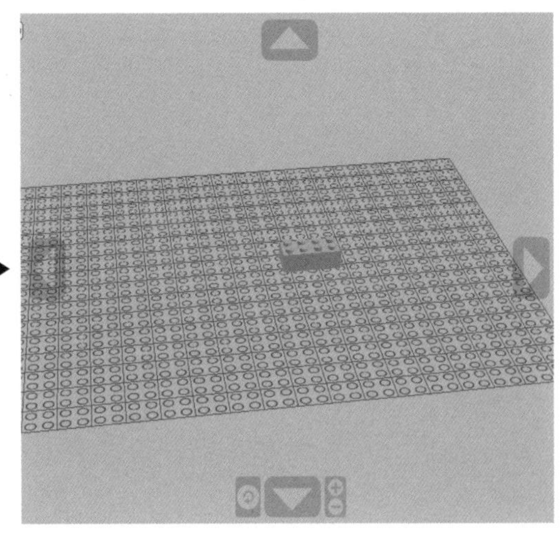

●图 2-20

调整积木的位置角度：将鼠标指针移到搭建区，这时积木就会跟随鼠标指针的移动而移动，并且积木会从半透明的状态变成不透明的状态。我们可以看到积木上会出现上、下、左、右4个方向键，按对应的方向键可以调整积木的方向，如图2-21所示。

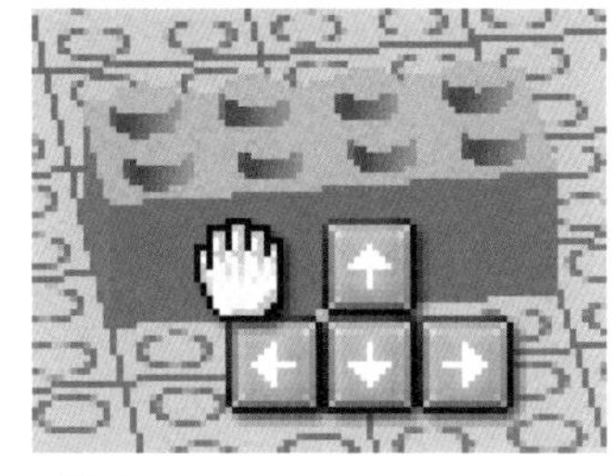

图2-21

确认安装：在调整好积木的位置及方向后，单击鼠标左键，确认安装即可。

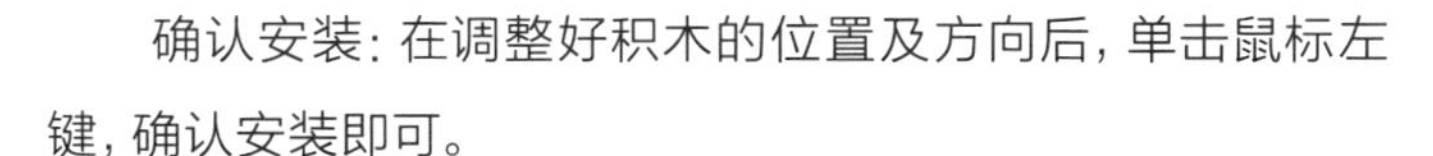

小贴士

在LDD软件中，如果积木之间是可以拼接在一起的，则积木会有一个自动吸附对齐的功能。该功能可以提高搭建的速度，这也是LDD软件受初学者欢迎的原因之一。

2）视角调整方法

在创作的过程中，我们经常需要从不同的角度来查看模型，因此可以通过搭建区上的按钮来调整视角，如图2-22所示。比如，单击“上”“下”“左”“右”按钮可以控制视角进行上、下、左、右旋转，对应的快捷键为数字键盘上的“8”“2”“4”“6”。

图2-22

“重置视图”按钮：快捷键为数字键盘上的“5”。单击该按钮可以使积木或模型全部显示在搭建区的中间。

“缩放视图”按钮：单击“+”图标可以拉近视角，放大模型；单击“-”图标可以拉远视角，缩小模型。我们也可以通过鼠标滚轮来调整视角的远近。

小贴士

在搭建区中，使用鼠标右键单击积木，则会以该积木为中心显示在搭建区的中间。按住“Shift”键+鼠标右键的同时，只需移动鼠标，即可平移视图。在菜单栏的“View”菜单下找到“Show/Hide Camera Control”命令就可以隐藏视角控制按钮，或者直接按“Ctrl+1”组合键，再次运行该命令，即可恢复显示视角控制按钮。

2.3.3 状态栏和积木列表区的说明

1.状态栏的说明

在搭建区的下方就是状态栏。状态栏可以显示积木的相关信息，如图2-23所示，其中“Part#: 3003”为积木的积木码，“Name: BRICK 2×2”为积木名称、规格、类别，“Color: 322-Medium Azur”为积木的色码。

图2-23

2.积木列表区的说明

积木列表区是很重要的一个板块。通过一些个性化设置，可以优化使用界面，使LDD软件更符合自己的使用习惯，从而提高创作的效率，如图2-24所示。

图2-24

1）积木列表标签页

积木列表标签页即“Bricks”标签页，会显示所有类别、类型的积木。只需将列表区的积木拖到搭建区，即可进行作品创作。在不同的主题模式下，积木列表区显示的积木种类是不一样的。在“标准主题”模式下，积木的种类多，且颜色最全；在“头脑风暴主题”模式下，主要以科技类积木为主；在“扩展主题”模式下，积木的种类是最全的，不过仅按类型显示，无颜色的区分。

2）组合标签页

组合标签页即“Groups”标签页。在搭建创作时，我们可以将模型的部分积木组合成一个整体，从而可以快速方便地对这部分结构进行选择、移动、转向、复制等操作。组合完的积木就会出现在组合标签页中。

3）创建与删除组合

选择所有需要组合的积木：用户可以利用鼠标框选积木，但是这种操作方法可能会把不需要的积木也选择进来，这时只需先按住“Ctrl”键，再单击不需要的积木，这样就可以取消选择该积木。同理，在按住“Ctrl”键的同时，单击原本没有选择的积木就可以把该积木选择进来。

创建组合：选择“Edit”菜单下的“Group”命令，或者按“Ctrl+G”组合键完成组合的创建。除此之外，还可以单击组合标签页左下角的“创建组合”按钮。

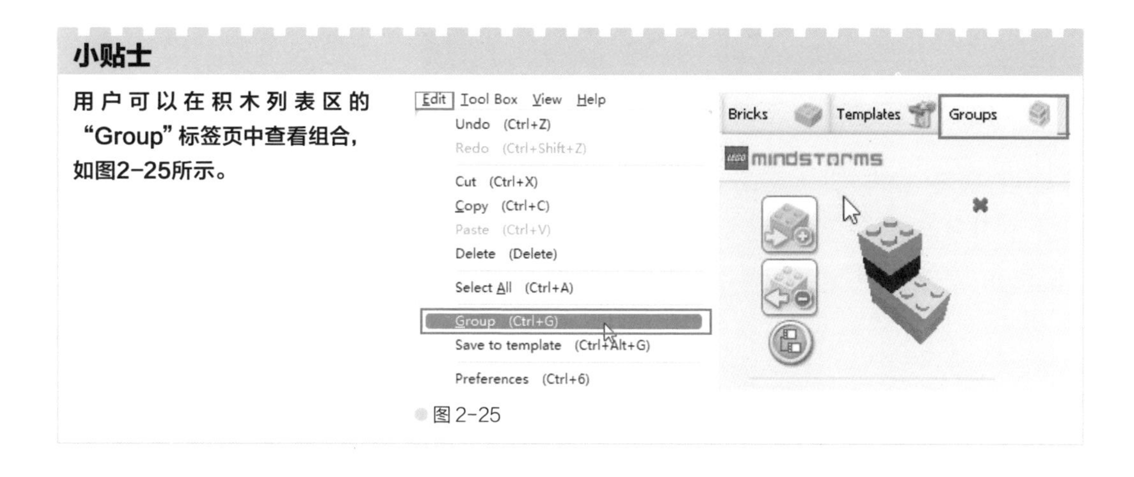

小贴士

用户可以在积木列表区的“Group”标签页中查看组合，如图2-25所示。

图2-25

删除组合：单击组合右上角的红叉，在弹出的对话框中单击“YES”按钮，即可删除组合，如图2-26所示。

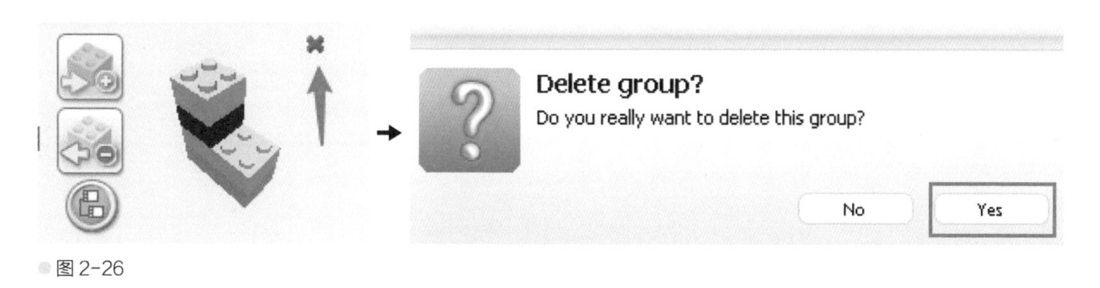

图2-26

4）拆分、添加组合及剔除积木

组合的拆分方法：由于同一个积木不能同时存在于两个组合之中，因此原组合中的积木通过组合操作形成了另一个组合之后，原组合中就会自动剔除这些积木。例如，将这个组合中的两个2×2的积木组合成新的组合，原组合中就会剔除这两个积木，如图2-27所示。

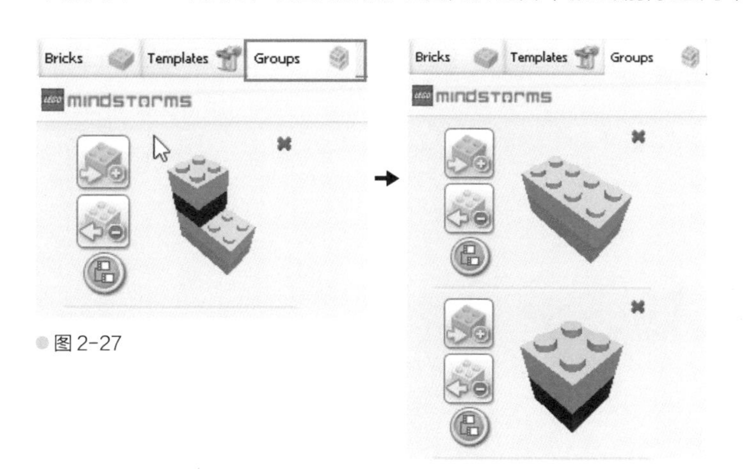

图2-27

小贴士

“添加”按钮的作用是将积木添加到组合之中；“剔除”按钮的作用则是将积木从组合之中剔除。操作方法为：选中需要添加/剔除的积木，单击“添加”或“剔除”按钮。

5）创建子组合

“创建子组合”按钮的作用是可以将一个复杂的大型组合拆分成多个小组合的形式，从而使组合的层次结构显得清晰且有条理。操作方法也很简单：首先选中相关积木，然后单击“创建子组合”按钮，如图2-28所示。

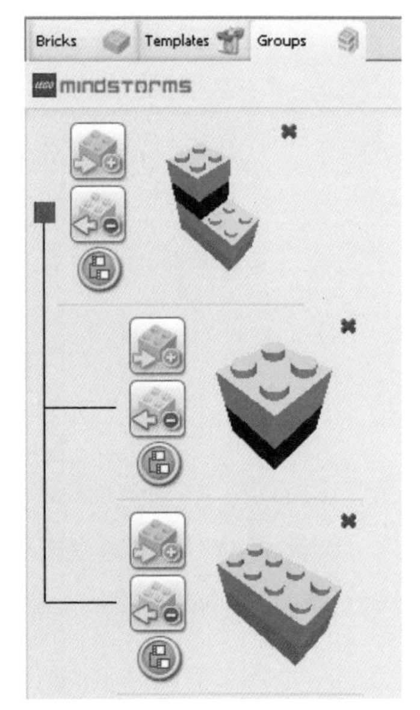

图2-28

小贴士

组合及子组合的创建可以优化LDD软件自动生成的搭建步骤，使搭建步骤的逻辑性更合理。

6）模板标签页

模板标签页即“Templates”标签页。如果我们在创作作品时会经常用到某个结构，则可以把这部分结构设为模板。这样在以后每次打开LDD软件时，该结构就会出现在模板标签页，从而可以直接使用，而不必重新搭建。

7）模板的设置方法

选择需要设置的积木：可以利用鼠标框选积木，也可以利用“Ctrl”键和鼠标左键快速选择或取消选择某个积木。

确认创建模板：选择“Edit”菜单下的“Save to template”（保存为模板）命令，或者按“Ctrl+Alt+G”组合键完成模板设置，并选择“Templates”标签页，如图2-29所示。

我们可以在积木列表区的“Templates”标签页中查看设置好的模板。

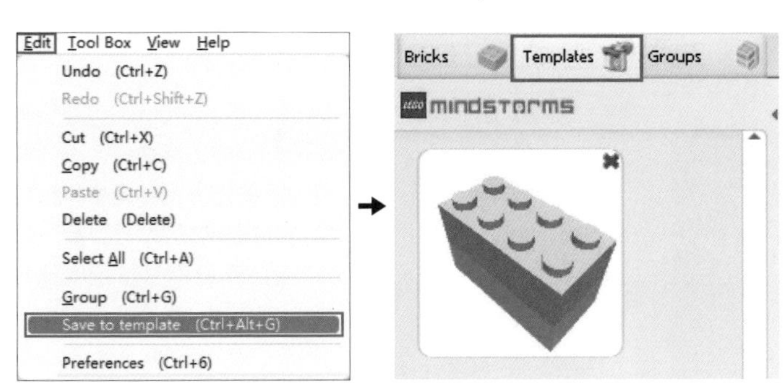

图2-29

小贴士

模板的删除方法同组合一样，单击模板右上角的红叉，在弹出的对话框中单击“YES”按钮，即可删除模板。

8）组合与模板的区别

组合与模板的区别就是模板不可修改，只能删除后重新设置，而组合是可以随时修改的，如图2-30所示。

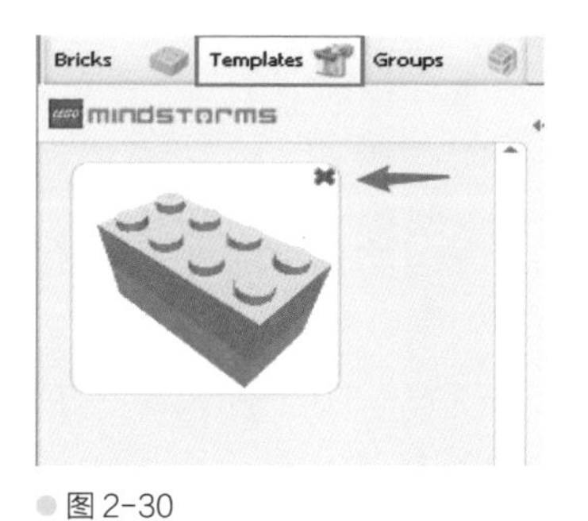

图 2-30

小贴士

组合只能针对当前的模型文件，删除模型文件后组合也会随之消失。而模板则是独立于模型文件的，删除模型文件后模板依然存在。

9）搜索框的使用方法

我们可以通过在搜索框中输入零件编号或部件编号进行精准搜索。例如，当要查找●积木时，可以在搜索框内输入其零件编号403226或部件编号4032（一般使用部件编号即可）。其实还可以通过颜色、形状、规格参数、类别、名称等关键词进行查找。需要注意的是，关键词只支持英文、德文。

例如，通过规格“2×2”、颜色“black”（黑色）、形状“round”（圆形）、类别“plate”（板）进行查找，如图2-31所示。

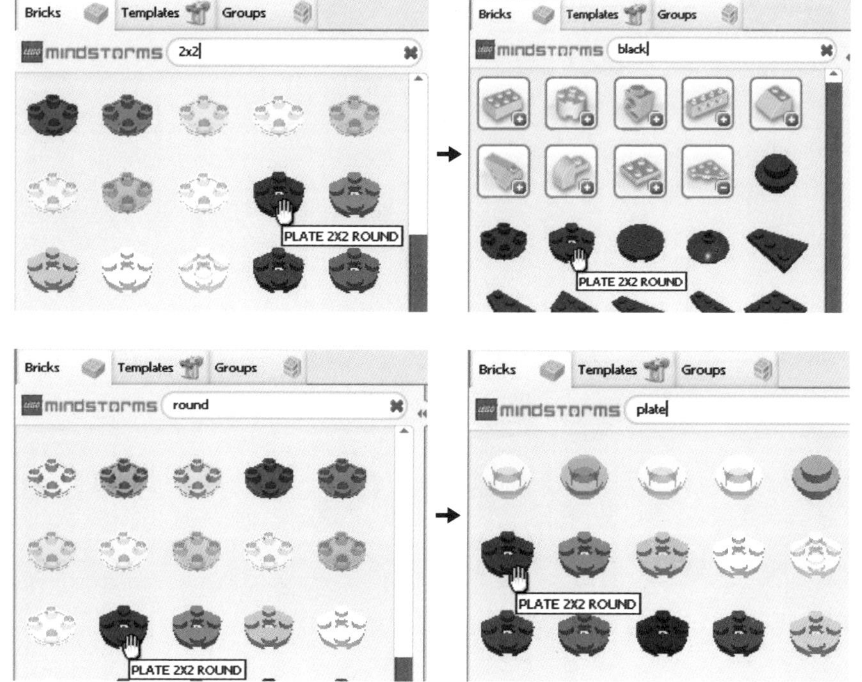

图 2-31

10）显示/隐藏积木列表区

单击如图2-32所示的红框内的箭头或按“Ctrl+2”组合键，可以隐藏积木列表区，再次单击该箭头或按“Ctrl+2”组合键，即可恢复显示积木列表区。

图2-32

11）积木列表区的调整

将鼠标指针移到如图2-33所示的位置，在鼠标指针形状变成双箭头之后，按住鼠标左键并拖动鼠标，即可改变积木列表区的大小。

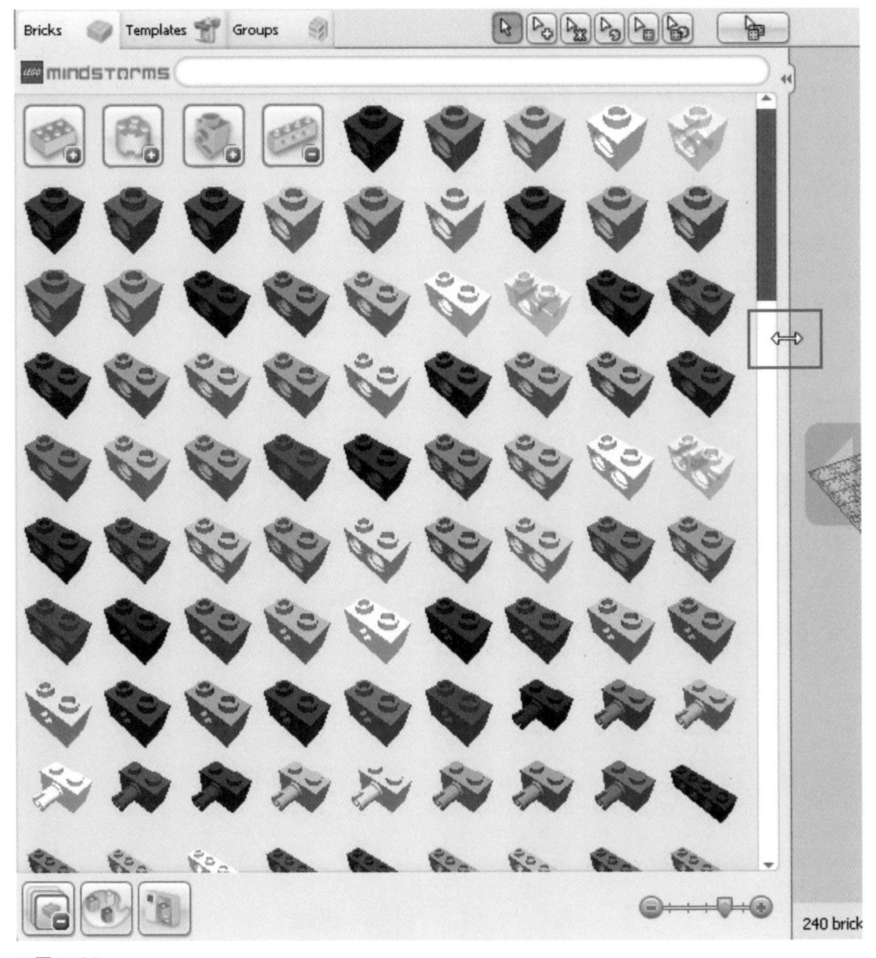

图2-33

小贴士

积木列表区右下角有比例尺，通过拖动中间的滑块可以调整积木的显示比例，如图2-34所示。

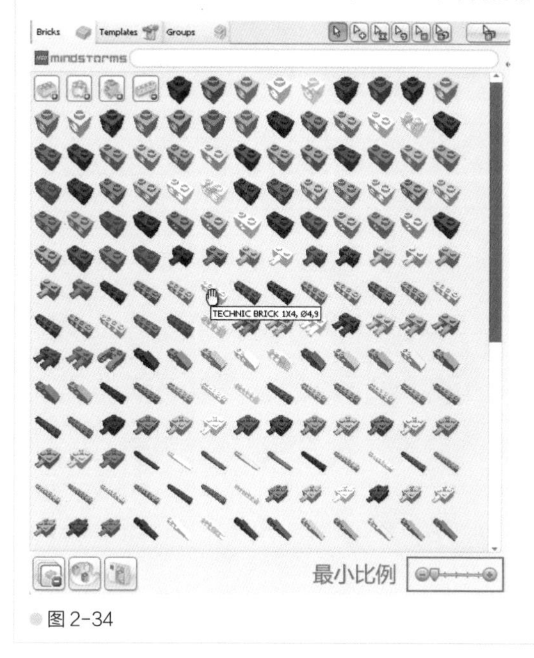

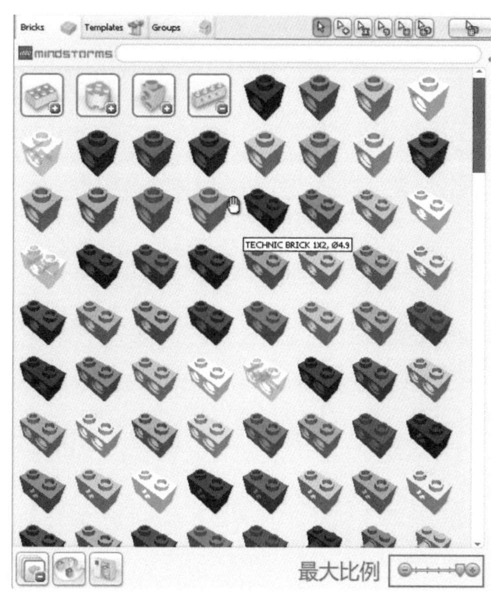

图 2-34

12）展开/折叠积木列表区

在积木列表区左下角单击“全部折叠/全部展开积木类别”按钮，可以折叠/展开积木列表区，如图2-35所示。

小贴士

乐高积木的数量非常多，如果展开全部积木的话，则查找起来是非常耗时的。我们可以单击积木类别按钮上的“+”图标来单独展开某一类别，展开之后可以通过单击“-”图标进行折叠。

13）筛选积木列表区的颜色

在积木列表区左下角单击“颜色筛选”按钮，在弹出的色板中如果选择黑色，则积木列表区只会显示所有黑色的积木，如图2-36所示。这和前文的按颜色搜索积木的功能是一样的。

小贴士

每次筛选过后记得单击“取消筛选”按钮，否则会无法显示全部类型的积木。如果发现找不到需要的积木，则可能是被筛选过滤了。

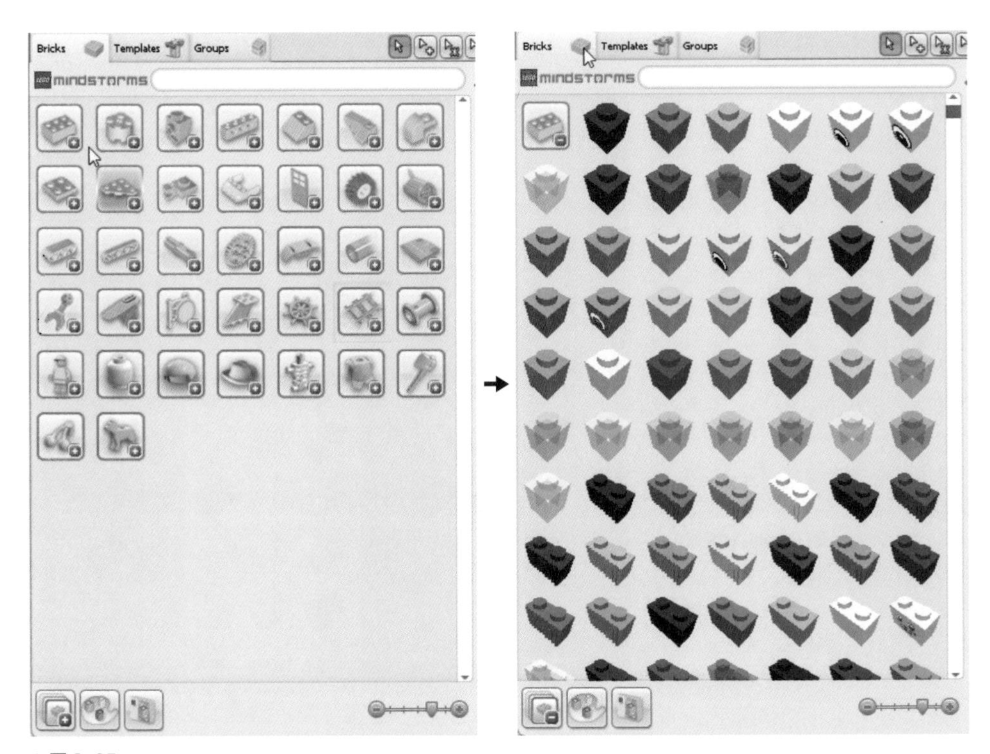
Bricks
Templates
Groups
mindstorms
Bricks
Templates
Groups
mindstorms
图 2-35

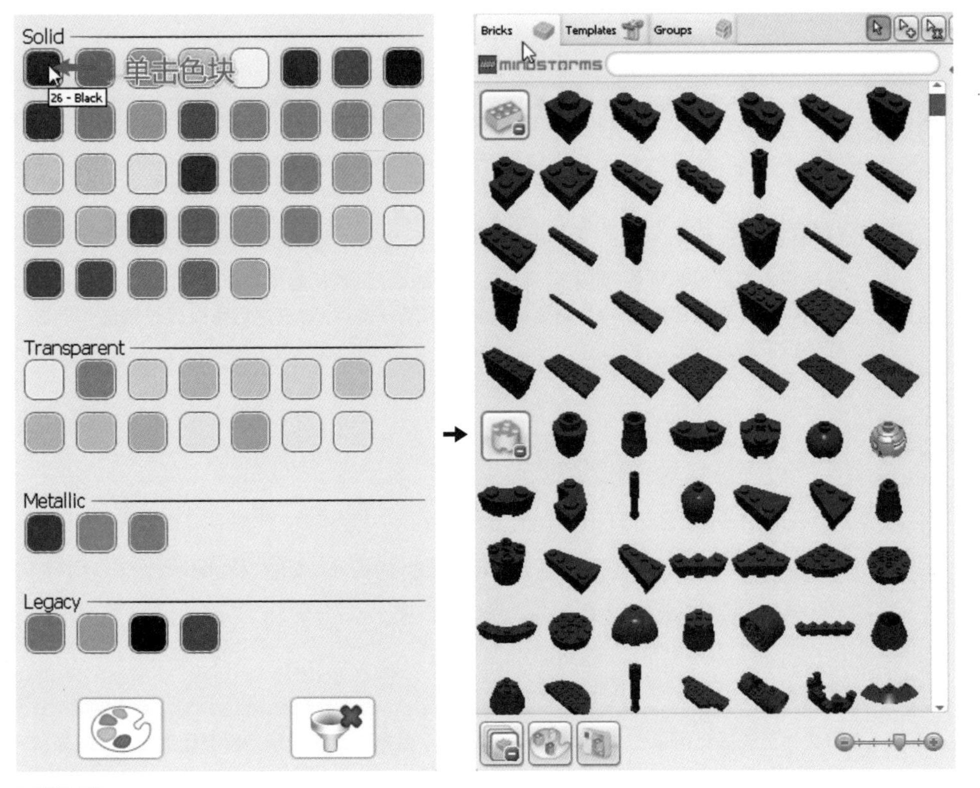
Solid
单击色块
26 - Black
Transparent
Metallic
Legacy
Bricks
Templates
Groups
mindstorms
图 2-36

在默认情况下，同种型号的积木会根据颜色、贴图的不同全部显示在积木列表区，如图2-37的左图所示。单击“显示/隐藏颜色类别”按钮之后，积木列表区的显示方式就会变成如图2-37右图所示的方式。这时只会显示积木的类型，将鼠标指针放到积木图标上才会展开显示其下所有颜色的积木。

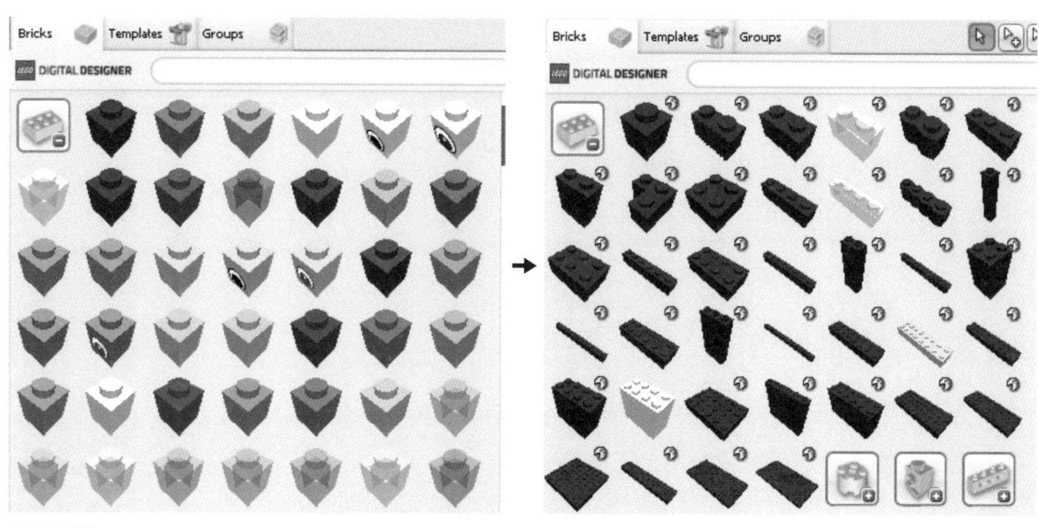

图 2-37

14）筛选积木列表区的套装

在“标准主题”模式和“头脑风暴主题”模式下具有套装筛选功能，而在“扩展主题”模式下则没有该功能。由于乐高MOC的积木种类实在太多了，如果你对乐高积木不熟悉，并在不知道积木类别的情况下去找积木的话，则可能会花费很长的时间，这也是很多人放弃使用LDD软件的原因之一。单击“按套装筛选”按钮可以大大加快找积木的速度。不过在“标准主题”模式下，LDD软件只有一种套装——“Hero Factory”（英雄工厂），在这个套装下我们可以快速找到相关积木，如图2-38所示。

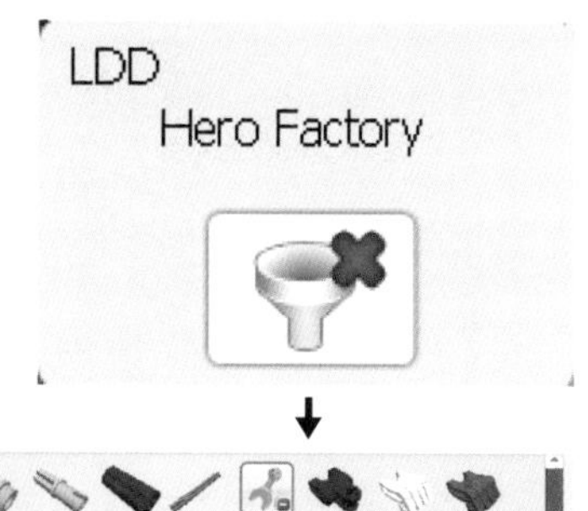

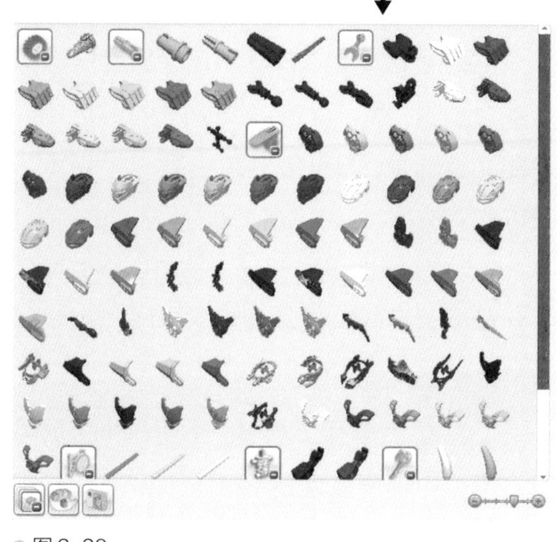

图 2-38

小贴士

在“头脑风暴主题”模式下，套装的种类就比较丰富了，不过该模式也仅是相对“标准主题”模式而言的。总体来说，LDD软件提供的可供筛选的套装实在太少了。“头脑风暴主题”模式下的套装都是乐高教育类的套装。

在套装筛选模式下，积木列表区的显示方式也会有所区别。例如，当切换到“45300 WeDo 2.0 Core Set”套装时，积木列表区的积木图标上会带有数字，表示在这个套装内该类型积木的数量。每使用一个积木，图标上的数字便会减一，如果超出套装内数量，则会显示负数。该功能非常实用，当在限定套装内器材的情况下进行创作时，就可以清楚地知道积木的使用情况，如图2-39所示。

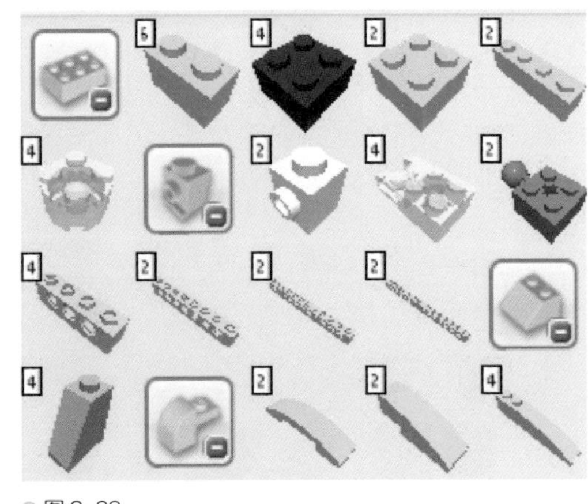

图 2-39

2.3.4 工具栏的说明

LDD软件的工具栏，如图2-40所示。用户能否顺畅地创作模型取决于能否熟练使用工具栏，下面将重点介绍工具栏中每个工具的使用方法。

1.选择工具

选择工具的快捷键为“V”。使用选择工具可以选择场景中的单个积木。单击选择工具会显示高级选择工具的面板，如图2-41所示。按“ Shift+V”组合键可以在不同的选择工具之间切换。

图 2-40

图 2-41

（1）选择工具：使用这个工具可以单选或框选积木。

（2）多选工具：使用这个工具依次单击多个积木，就可以将这些积木同时选中。需要注意的是，如果重复单击同一个积木，即可取消选择。

（3）链接选择工具：使用这个工具可以选中所有与此积木相连接的积木，便于查看积木是否拼接上了。

（4）颜色选择工具：使用这个工具可以将模型中相同颜色的积木全部选中。选中所有草绿色积木的效果如图2-42所示。

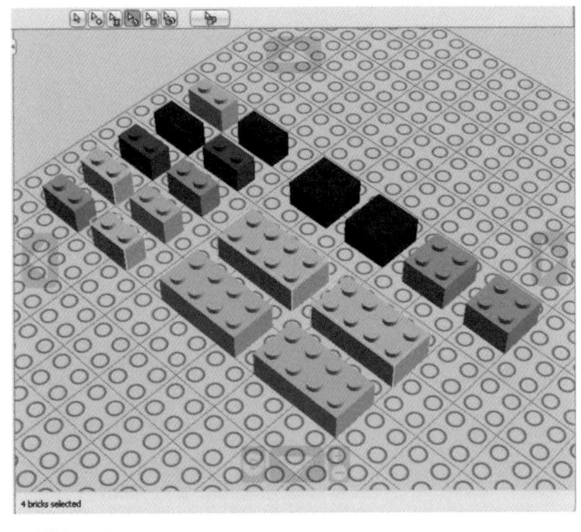

图 2-42

（5）形状选择工具：使用这个工具可以将模型中相同型号的积木全部选中。选中所有1×2积木的效果如图2-43所示。

（6）颜色和形状选择工具：使用这个工具可以将模型中相同颜色、型号的积木全部选中。选中所有草绿色的1×2积木的效果如图2-44所示。

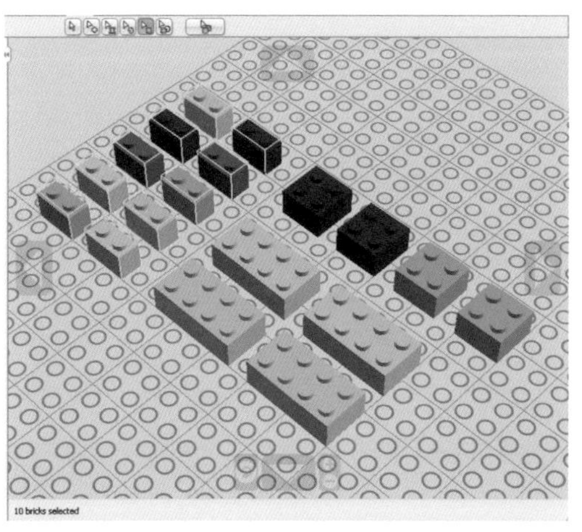

图2-43

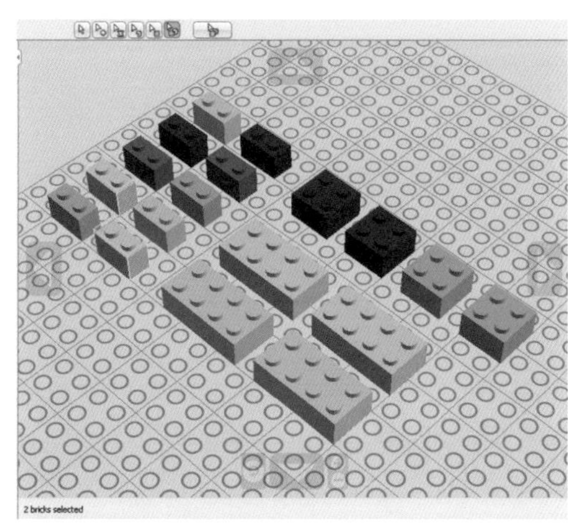

图2-44

（7）全选工具：使用这个工具可以将所有积木全部选中。

2.复制工具

复制工具的快捷键为“C”。如果需要重复使用某个积木，则可以利用复制工具复制这个积木，从而节省查找积木的时间。当然也可以利用复制、粘贴的方式来实现同样的效果。

3.铰链工具

铰链工具的作用是旋转积木的角度。在一般情况下，积木的安装角度可以通过上、下、左、右4个方向键进行调整，但是这种方式只能固定旋转90°。在实际搭建过程中，经常需要把某些积木（例如，齿轮）调整到一些特殊角度，这时就需要使用铰链工具进行微调。

小贴士

需要注意的是，微调积木的角度时必须有一个支点（旋转点），这是因为单个独立的积木是无法微调角度的，但可以调整安装角度，如图2-45所示。

在这种情况下，每个积木都无法使用铰链工具进行角度的微调，因为每个积木都是独立的。

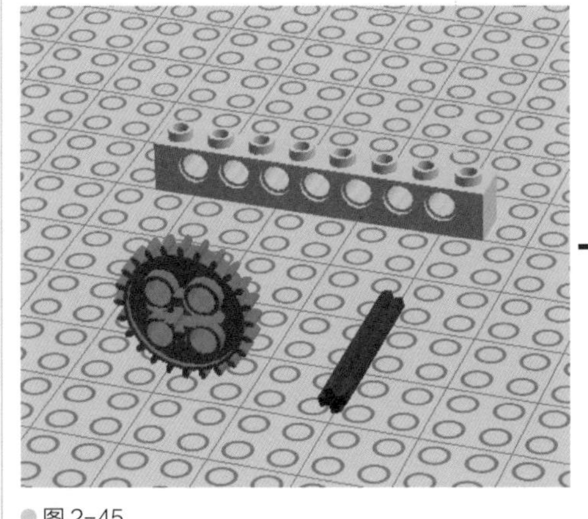

在这种情况下，每个积木同样无法使用铰链工具进行角度的微调。这是因为齿轮、轴虽然结合在一起了，但是轴没有支点（旋转点），所以同样无法旋转角度。

● 图2-45

1）使用铰链工具的方法

在使用铰链工具时要特别注意不要选错要调整的积木。一般操作步骤如下所述。

1 单击铰链工具，或者按“H”键。

2 单击需要调整的积木。在图2-46中，红色框表示当前选中的进行角度调整的积木，并且左右两张图选择的是不同积木。

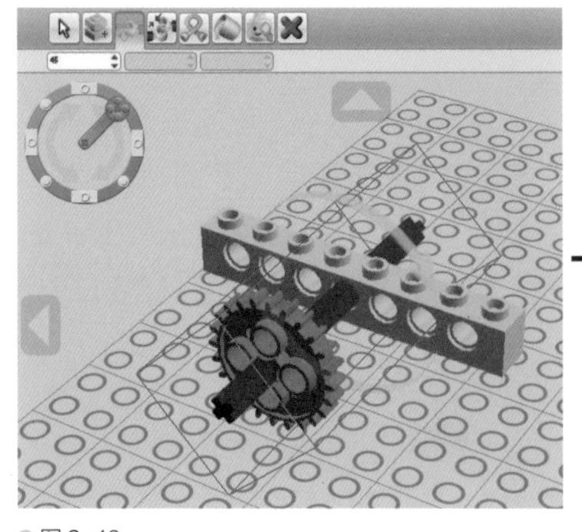

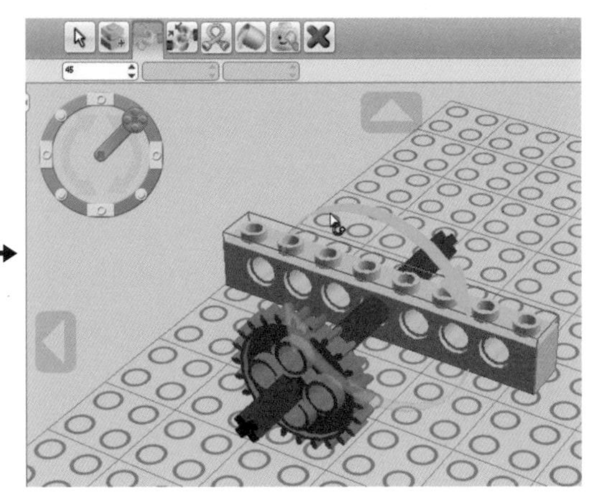

● 图2-46

3 当需要调整的积木有多个支点（旋转点）时，再次单击该积木就可以切换旋转点，如图2-47所示。

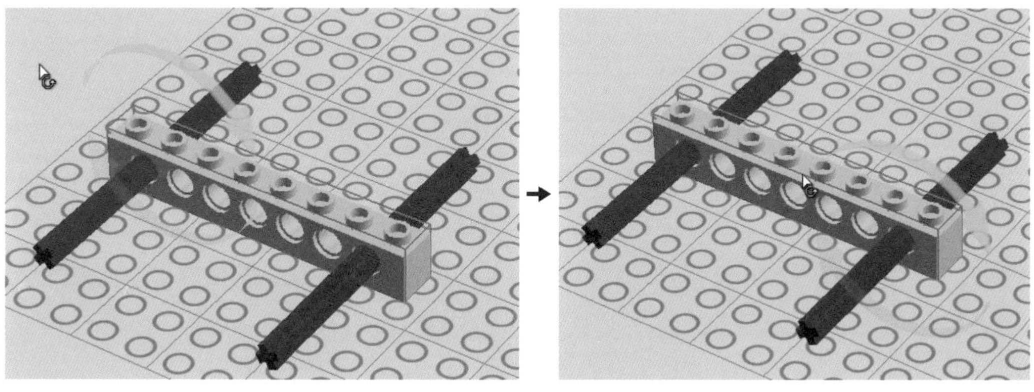

图 2-47

2）调整角度的方法

第一种：在数值框中，输入参数值并按"Enter"键，即可改变积木的角度，也可以单击数值调节按钮进行调整（注意：通过单击数值调节按钮来调整角度，每次改变的幅度为1°），如图2-48所示。

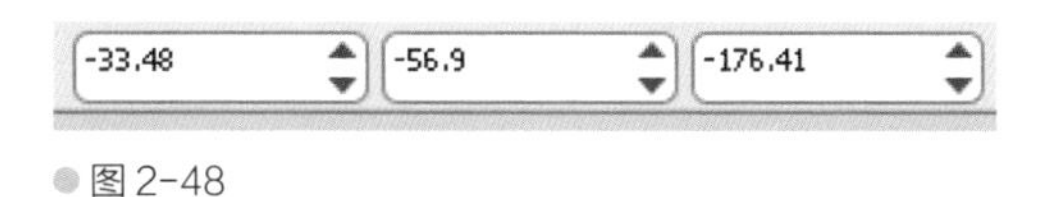

图 2-48

小贴士

一些特殊的积木最多可支持3轴的调整，分别为俯仰、横滚和偏航，如图2-49所示。

图 2-49

第二种：通过铰链轮来调整角度。铰链轮上的白点是快速定位点，单击这些定位点就可以将积木快速调整到0°、45°、90°、135°、180°等特殊角度。除此之外，还可以首先将鼠标指针移到蓝色的转柄上，此时转柄会变成绿色；然后按住鼠标左键并拖动转柄就可以调整积木的角度，如图2-50所示。

第三种：拖动积木上的绿色箭头直接调整角度，如图2-51所示。

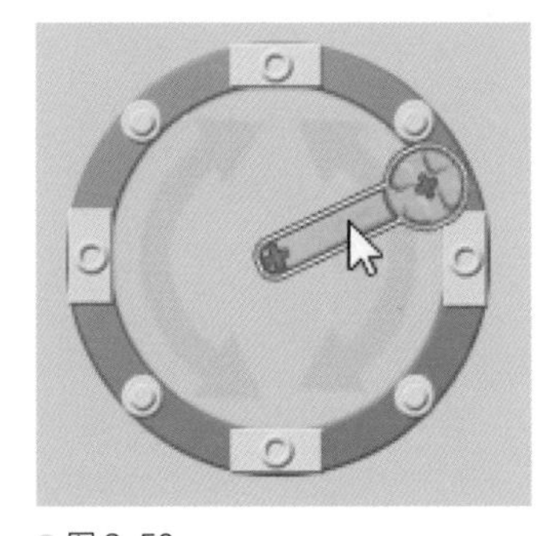

图 2-50

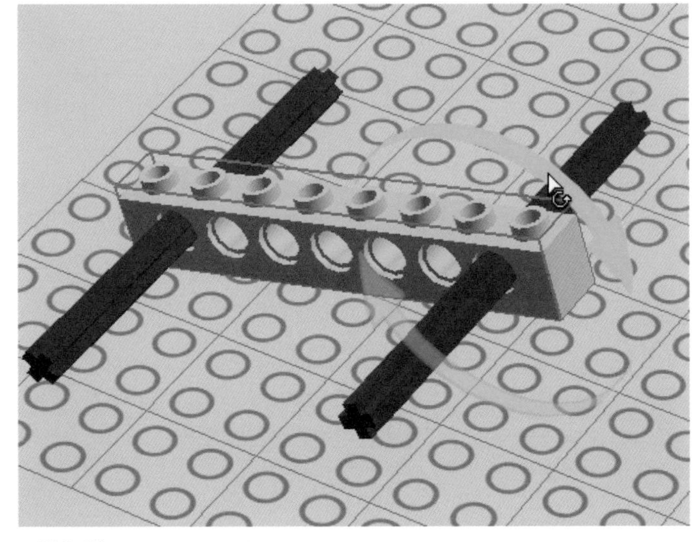

图 2-51

4.铰链对齐工具

铰链对齐工具可以快速自动连接两个单独的连接点。操作步骤如下。

1 单击铰链对齐工具，或者按“Shift+H”组合键。

2 依次单击需要连接的两个点，软件会自动完成连接，如图2-52所示。

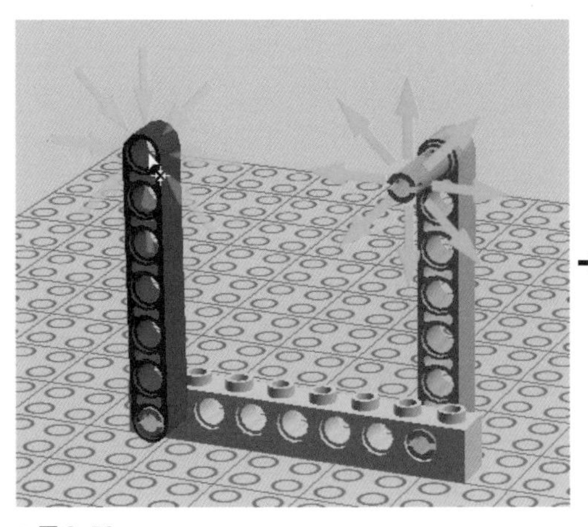

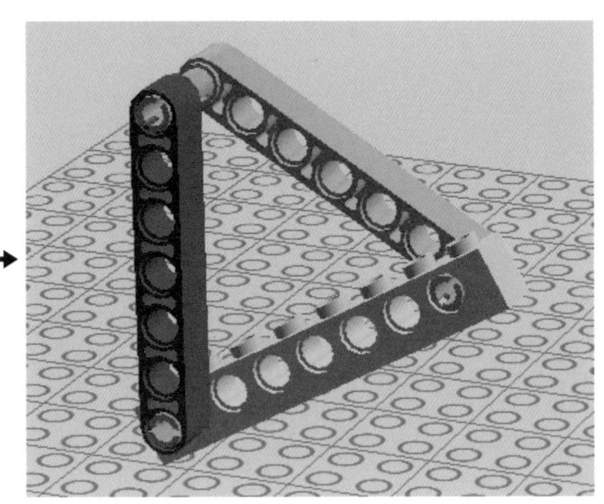

图 2-52

5.柔性工具

LDD软件中的柔性工具并不是特别好用，其功能有限。柔性工具主要用来改变链条、软轴、软管等柔性积木的形状。操作步骤如下。

1 单击柔性工具，或者按“F”键。

2 单击积木并通过移动鼠标来改变积木形状，如图2-53所示。再次单击鼠标左键，即可固定形状。

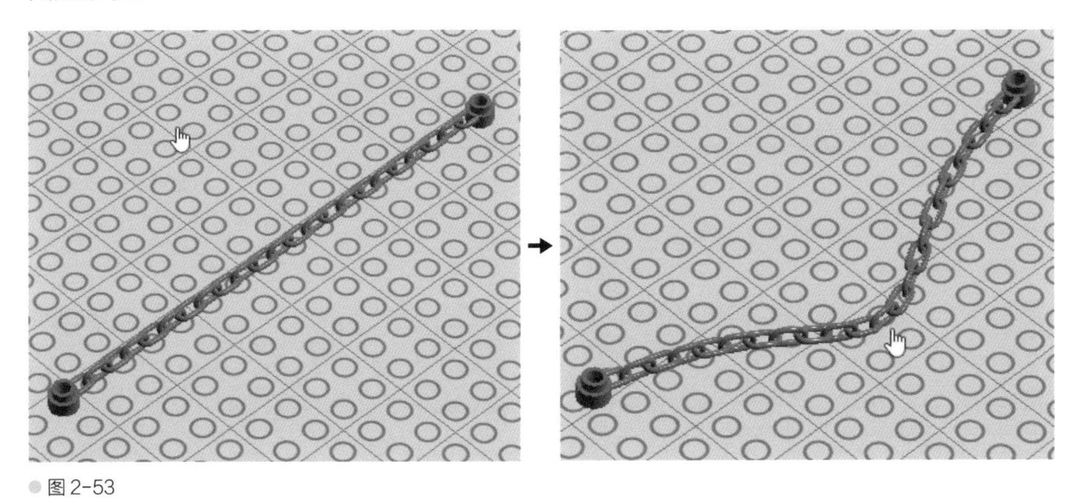

图 2-53

6.喷漆工具

喷漆工具的快捷键为“B”。使用喷漆工具可以随意改变积木的颜色。

在“扩展主题”模式下，单击喷漆工具会显示高级喷漆工具的面板，如图2-54所示。在“扩展主题”模式下，我们可以自由选择颜色并将其应用到任意积木上。

图 2-54

小贴士

需要注意的是，在“标准主题”模式和“头脑风暴主题”模式下，喷漆工具的颜色种类是有限的，仅限乐高公司实际生产过的积木颜色，或者套装中实际存在的积木颜色。

■：预设颜色选取。使用该工具可以在软件预设的色板中选取一种颜色，如图2-55所示。

：颜色选取器。使用该工具可以拾取积木的颜色（仅在“扩展主题”模式中）。

：装饰工具，其实就是贴图工具。乐高的某些积木是带有贴图的，如人仔的头，通过装饰工具可以添加或修改贴图（仅在“扩展主题”模式中），如图2-56所示。

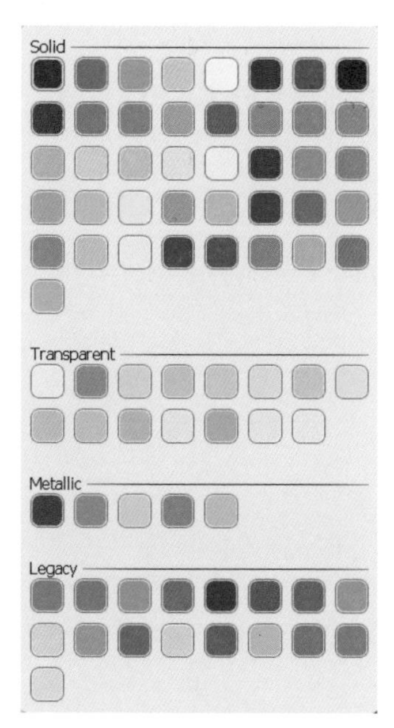

● 图 2-55

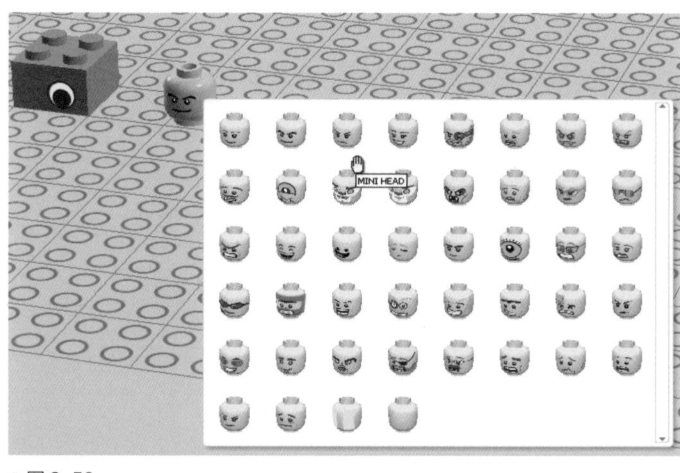

● 图 2-56

修改积木颜色的操作步骤如下。

1 单击■按钮，在弹出的色板中选择一种颜色。下面以“322-Medium Azur”色块为例进行说明，如图2-57所示。

2 在创作界面中，只需单击对应的积木，即可完成颜色的更换，如图2-58所示。

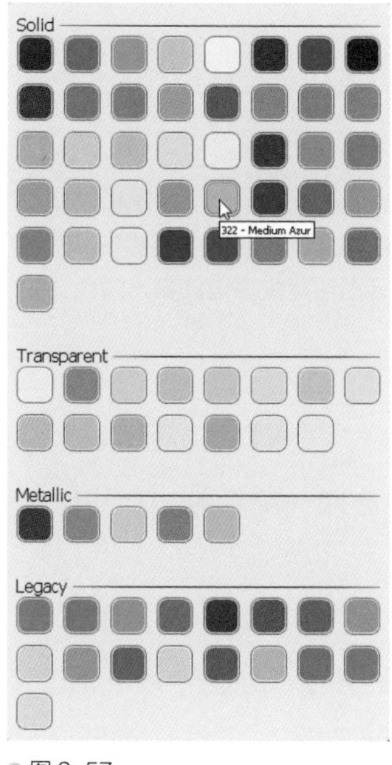

● 图 2-57

● 图 2-58

7.隐藏工具和删除工具

隐藏工具的快捷键为“L”。使用隐藏工具可以隐藏积木，但单击搭建区右上角的“显示所有隐藏积木”按钮，可以重新显示所有隐藏的积木，如图2-59所示。

删除工具的快捷键为“D”。使用删除工具可以从场景中移除积木。

图2-59

2.3.5 模式栏的说明

LDD软件有3种操作模式，如图2-60所示。从左到右分别为：建构模式，快捷键为“F5”；预览模式，快捷键为“F6”；搭建指南模式，快捷键为“F7”。在创作过程中，我们可以随时切换操作模式。

图2-60

1.建构模式

建构模式就是常说的搭建模式，也是最主要的模式。所有搭建过程都是在这个模式下完成的。后续章节将详细介绍搭建的一些技巧。

2.预览模式

在预览模式下可以预览整个作品，如图2-61所示。

图2-61

该界面左上角会出现如下3个工具，如图2-62所示。

图2-62

(1)截图工具：快捷键为“Ctrl+K”，可以将模型作品通过截图工具保存为PNG格式的图片。

(2)分解模型工具：快捷键为“Ctrl+U”，可以将模型文件以爆炸动画的方式分解为零散的状态（没什么实际作用，仅娱乐而已）。

(3)更换背景工具：更换预览模式下作品的背景，实际可更换的背景图片并不多。

3.搭建指南模式

搭建指南模式是很重要的一种模式，我们可以根据引导步骤一步步完成实物模型的搭建。

单击“搭建指南模式”按钮或按“F7”键之后，系统会弹出进度条对话框，提示正在生成搭建步骤，如图2-63所示。等到进度条全部加载完成，便会进入搭建引导步骤界面。

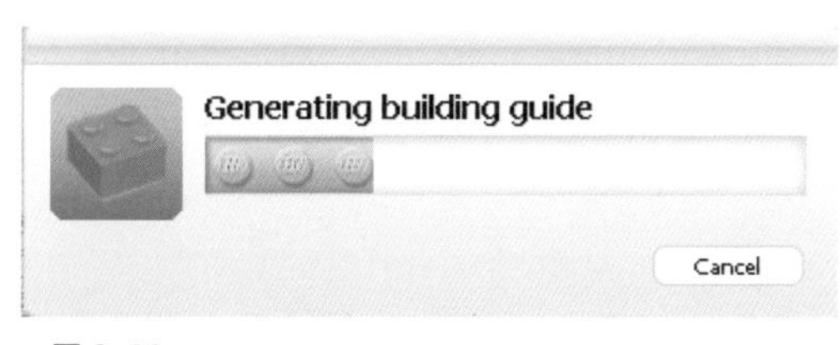

图2-63

小贴士

需要注意的是，LDD软件自动生成的搭建步骤会比较混乱，有些步骤甚至明显不合逻辑。但是，对于初学者来说，其优势在于它是自动生成步骤的，即使搭建步骤逻辑混乱，也不太影响作品的搭建。

2.4 搭建步骤播放界面

完整的搭建步骤播放界面，如图2-64所示。

◀▶：上一步/下一步，对应快捷键为左、右方向键。这两个按钮可以向前或向后切换播放搭建图纸。

：重复播放当前步骤的搭建演示动画，对应快捷键为“Space”。如果没看清楚当前的搭建步骤，则可以利用该功能重复观看搭建的演示动画。

：步骤进度条。拖动进度条上的控制点可以快速跳转到特定的步骤。

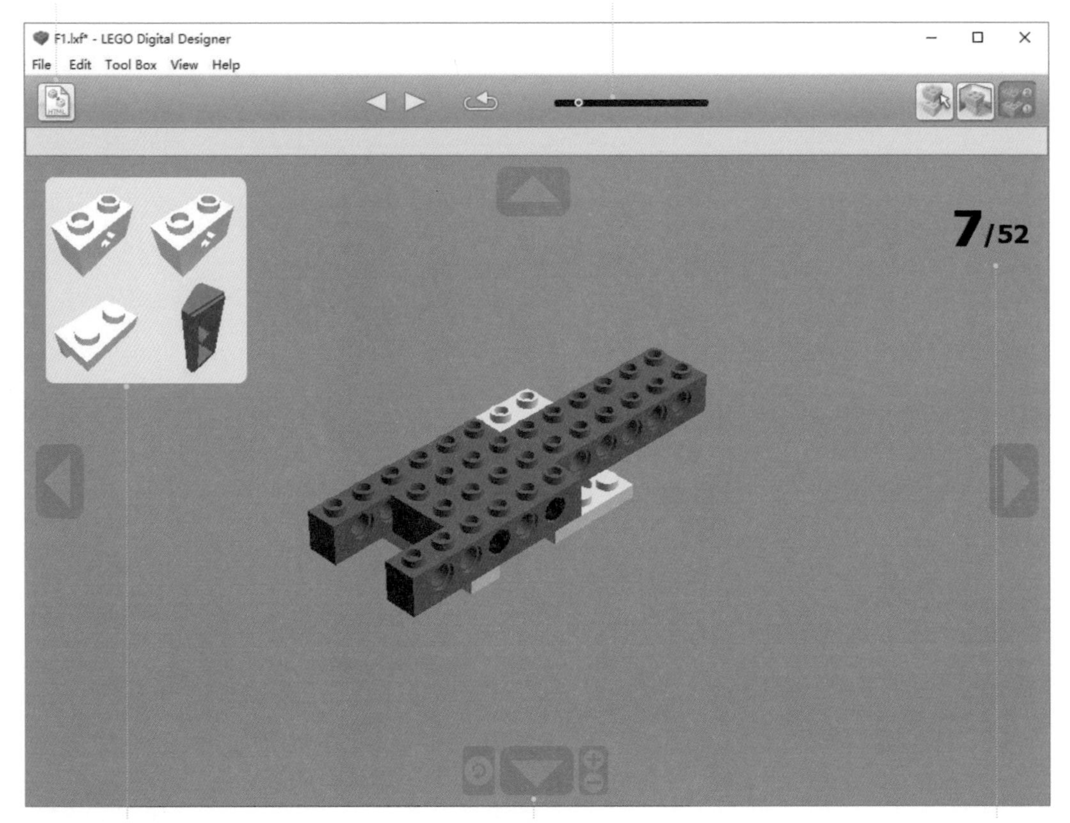

图 2-64

2.4.1 导出搭建步骤

导出搭建图纸的作用是将搭建步骤导出为".html"格式的文件。我们可以将导出的文件发送给他人进行查看，即使对方没有安装过LDD软件，也可以将导出的文件在网页浏览器或图片工具上进行查看。导出操作的步骤如下。

1 单击"导出"按钮，或者按"F7"键。

2 在弹出的对话框中，选择好保存的位置（路径）后，单击"确定"按钮，如图2-65所示。

3 等待导出完成。确认导出之后会弹出进度条对话框，显示当前导出的进度，等待完成即可，如图2-66所示。

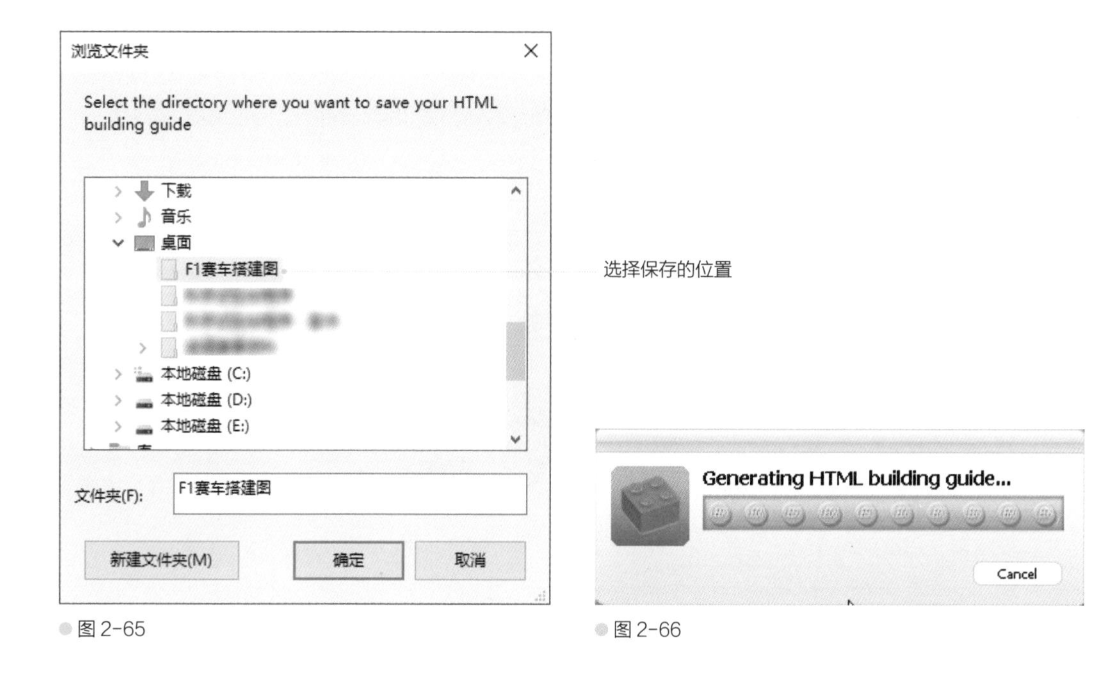

图 2-65

图 2-66

2.4.2 查看搭建图纸

导出完成之后，可以在保存的位置下找到以下两种类型的文件（文件图标可能会因为使用的计算机不同而有所区别），如图2-67所示。

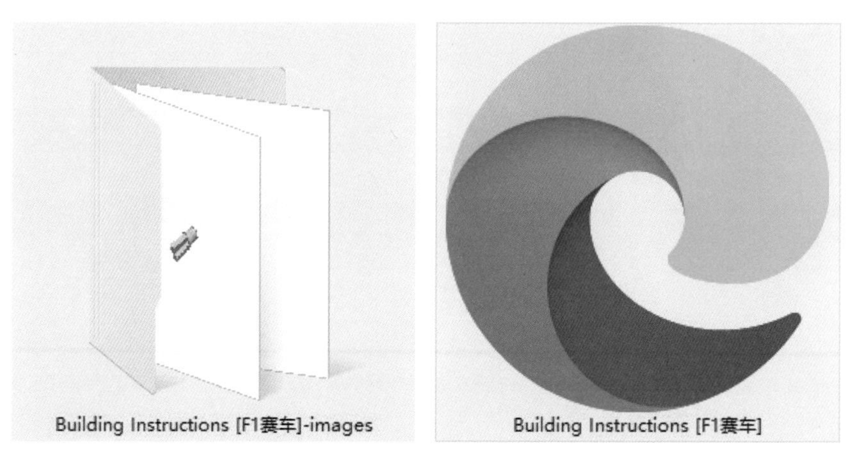

图 2-67

打开“.html”格式的文件，就可以在网页浏览器中进行查看，如图2-68所示。

除此之外，还可以打开同名的文件夹，找到文件名为“Step +数字序号”的图片，每一张图片就是一个步骤，如图2-69所示。

●图 2-68

搭建步骤图的命名格式：Step+ 数字序号

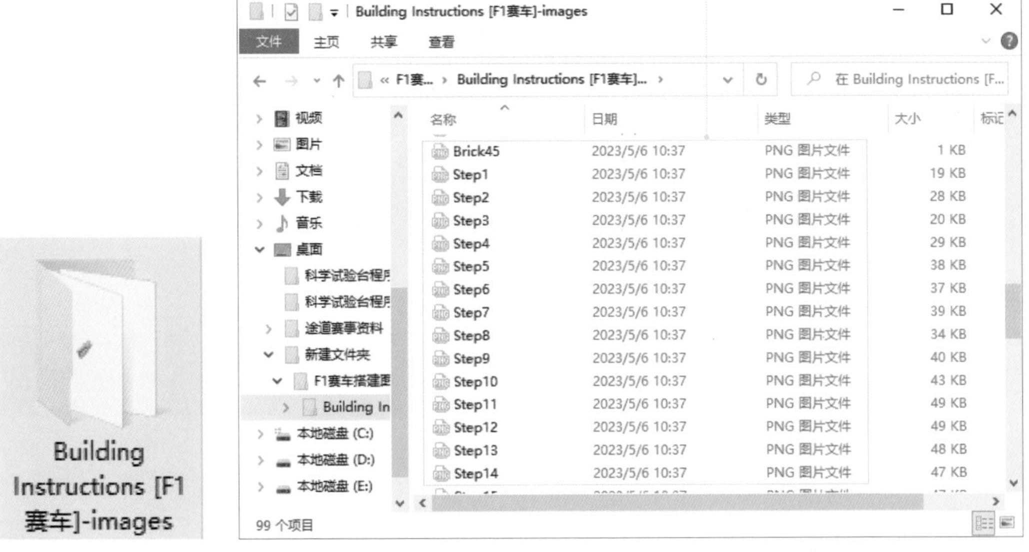

●图 2-69

第 3 章

LDD软件使用技巧

在本章中笔者会结合多年的使用经验，把一些常用的创作技巧和开发经验分享给大家。LDD软件的使用是一个熟能生巧的过程，在一开始使用时难免会有不习惯和效率低下的问题，所以“坚持”是非常重要的。

3.1 个性化设置

工欲善其事，必先利其器。用户可以根据自己的使用习惯来设置LDD软件的相关功能，从而达到事半功倍的效果。

3.1.1 熟悉软件语言

很多人在第一时间想用汉化版的软件，不过笔者还是建议大家在熟练了汉化版的LDD软件之后还是将其转为英文版，以便熟悉英文命令。因为大部分的英文软件的界面命令都是类似的，所以在熟悉了LDD软件之后，再使用其他建模软件便不会感觉很难了。下面可以对比一下LDD软件和Studio软件的界面，如图3-1所示。

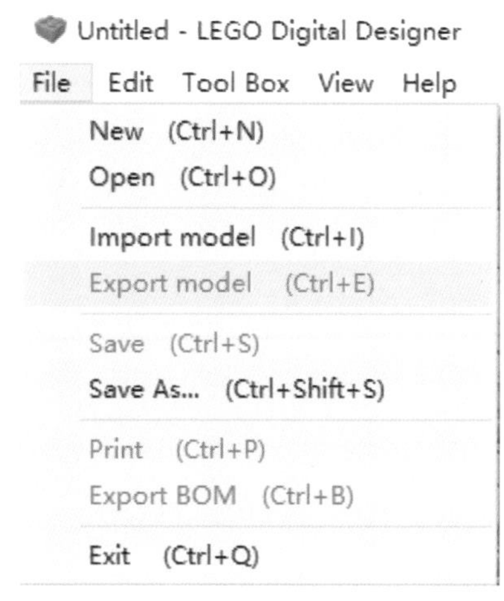

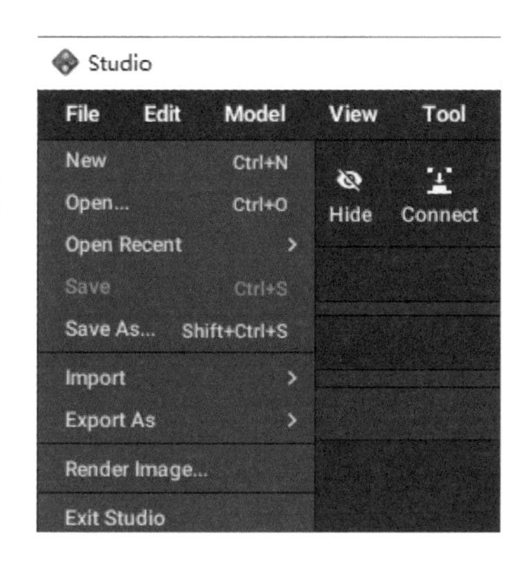

●图3-1

3.1.2 设置“重复插入选中的积木”功能

在偏好设置中有一项设置——重复插入选中的积木，默认该功能是关闭的，如图3-2所示。在开启该功能之后，只需在积木列表区选中积木，就可以在搭建区重复插入这个积木，从而免去到积木列表区重新选中积木的操作。比如，我们经常会重复插入黑销积木，开启该功能之后，只需选择一次黑销积木就可以重复插入该积木了。如果不需要重复插入积木，则只需按“Esc”键退出该功能，或者按“V”键选择其他积木。

小贴士

当然要实现类似效果，也可以使用复制工具，快捷键为“C”。具体哪种方法更好，看个人习惯。

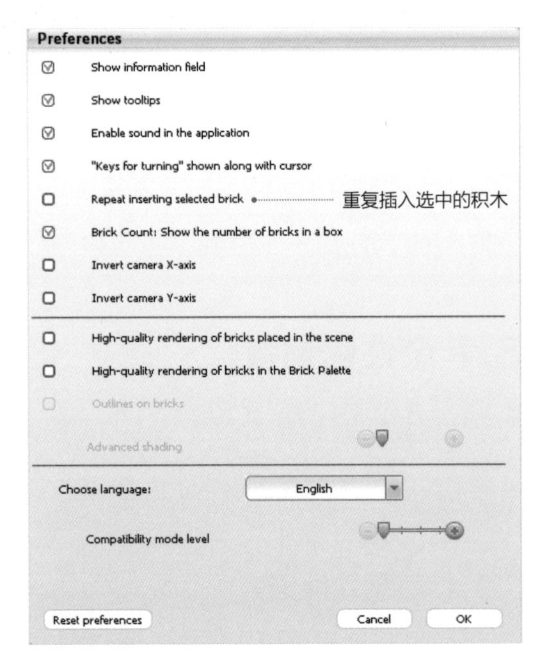

●图3-2

3.2 常用操作及快捷键

根据使用的频率，笔者列举出比较常用的一些操作及其快捷键：选择工具的快捷键为“V”，复制工具的快捷键为“C”，删除工具的快捷键为“D”，变换积木视角的快捷键为“↑”“↓”“←”“→”键，按住鼠标右键并移动鼠标可以变换视角，通过鼠标滚轮可以调整视角远近，保存功能的快捷键为“Ctrl+S”。LDD软件中的常用操作和对应的快捷键如表3-1所示。

表 3-1

快捷操作	Windows 系统	Mac 系统
视角控制		
向左旋转视角	4 键（数字锁定：开）	4 键（数字锁定：开）
向右旋转视角	6 键（数字锁定：开）	6 键（数字锁定：开）
向上旋转视角	8 键（数字锁定：开）	8 键（数字锁定：开）
向下旋转视角	2 键（数字锁定：开）	2 键（数字锁定：开）
重置视角	5 键（数字锁定：开）	5 键（数字锁定：开）
放大	+ 键（数字锁定：开）	+ 键（数字锁定：开）
缩小	- 键（数字锁定：开）	- 键（数字锁定：开）
工具栏		
选择工具	V 键	V 键
切换选择工具	Shift+V	Shift+V
铰链对齐工具	Shift+H	Shift+H
复制工具	C 键	C 键
删除工具	D 键	D 键
标签页		
创建组合	Ctrl+G	Cmd+G
创建模板	Ctrl+Alt+G	Cmd+Alt+G
快捷栏工具		
打开	Ctrl+O	Cmd+O
打印	Ctrl+P	Cmd+P
保存	Ctrl+S	Cmd+S
撤销	Ctrl+Z	Cmd+Z
重做	Shift+Ctrl+Z	Shift+Cmd+Z
搭建指南		
下一块积木	→	→
上一块积木	←	←

续表

快捷操作	Windows 系统	Mac 系统
搭建指南		
重复播放当前步骤	Space 键	Space 键
下一步	PageDown	PageDown
上一步	PageUp	PageUp
输出到 HTML	Ctrl+H	Cmd+T
菜单		
导入模型	Ctrl+I	Cmd+I
导出模型	Ctrl+E	Cmd+E
另存为	Shift+Ctrl+S	Shift+Cmd+S
退出	Ctrl+Q or Alt+F4	Cmd+Q
剪切	Ctrl+X	Cmd+X
复制	Ctrl+C	Cmd+C
粘贴	Ctrl+V	Cmd+V
删除	Delete 键	Delete 键
全选	Ctrl+A	Cmd+A
显示 / 隐藏积木列表区	Ctrl+2	Cmd+2

3.3 自定义积木套装的设置

把创作过程中比较常用的一些积木整理成一套自己常用的积木套装，这样可以极大地缩短找积木的过程，以提升创作的效率。我们知道LDD软件是有套装筛选功能的，但是该软件并不支持自定义套装，而且软件自带的套装种类又实在少得可怜。因此，笔者在这里将演示如何在LDD软件中创建自定义积木套装。

我们需要准备好工具——LIF-Extractor，其作用是提取LDD软件的系统文件。LIF-Extractor一般分为32位和64位两个版本，用户可以根据自身计算机的系统来选择。自定义套装的操作方法如下。

1 打开套装文件所在目录。一般默认路径为“C: \Users\用户名\AppData\Roaming\LEGO Company\LEGO Digital Designer\Palettes”。在这个目录下可以看到如图3-3所示的文件，这正是LDD软件的积木列表库文件。

名称
31313MindstormsEV3.lif
45300WeDo20CoreSet.lif
45544MindstormsEducationEV3.lif
45560MindstormsEducationEV3Expansion.lif
Excavator.lif
Hauler.lif
HeroFactory.lif
LDD.lif
LDDExtended.lif
LEGOMindstormsEducationNXTBaseSet.lif
LEGOMindstormsNXT.lif
LEGOMindstormsNXT2.lif
Mindstorms.lif
Snowmobile.lif

● 图3-3

2 生成“LIFExtractor.exe”的快捷方式并将其放到积木列表库文件所在的目录。将“LIF-Extractor-Win-64bit.zip”文件进行解压缩，并打开解压缩出来的文件。选中“LIFExtractor.exe”文件并单击鼠标右键，创建其快捷方式，最后将创建出来的快捷方式移到LDD软件的积木列表库文件目录下，如图3-4所示。

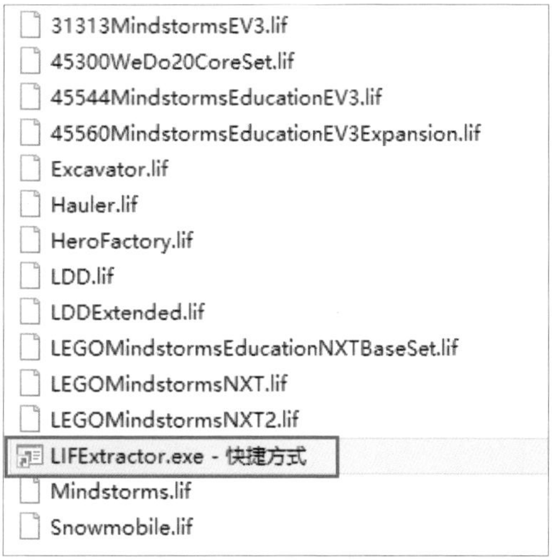

31313MindstormsEV3.lif
45300WeDo20CoreSet.lif
45544MindstormsEducationEV3.lif
45560MindstormsEducationEV3Expansion.lif
Excavator.lif
Hauler.lif
HeroFactory.lif
LDD.lif
LDDExtended.lif
LEGOMindstormsEducationNXTBaseSet.lif
LEGOMindstormsNXT.lif
LEGOMindstormsNXT2.lif
LIFExtractor.exe - 快捷方式
Mindstorms.lif
Snowmobile.lif

● 图3-4

3 提取积木代码。“LDD.lif”文件对应的是“标准主题”模式下的积木列表，“HeroFactory.lif”文件对应的是“标准主题”模式下的英雄工厂套装列表，“LDDExtended.lif”文件对应的是“扩展主题”模式下的积木列表，其他文件则是“头脑风暴主题”模式下的套装列表。“标准主题”模式下的积木种类较全，所以这里以提取“LDD.lif”文件中的积木代码为例，提取方法如图3-5所示。提取完成之后会在原目录下生成一个名为“LDD”的文件夹。

名称	修改日期	类型
31313MindstormsEV3.lif	2017/11/24 18:20	LIF 文件
45300WeDo20CoreSet.lif	2017/11/24 18:20	LIF 文件
45544MindstormsEducationEV3.lif	2017/11/24 18:20	LIF 文件
45560MindstormsEducationEV3Expa...	2017/11/24 18:20	LIF 文件
Excavator.lif	2017/11/24 18:20	LIF 文件
Hauler.lif	2017/11/24 18:20	LIF 文件
HeroFactory.lif	2017/11/24 18:20	LIF 文件
LDD.lif	2017/11/24 18:20	LIF 文件
LDDExtended.lif	2017/11/24 18:20	LIF 文件
LEGOMindstormsEducationNXTBaseS...	2017/11/24 18:20	LIF 文件
LEGOMindstormsNXT.lif	2017/11/24 18:20	LIF 文件
LEGOMindstormsNXT2.lif	2017/11/24 18:20	LIF 文件
Mindstorms.lif	2017/11/24 18:20	LIF 文件
Snowmobile.lif	2017/11/24 18:20	LIF 文件
LIFExtractor - 快捷方式	2023/5/6 10:57	快捷方式

+ 用 LIFExtractor 打开

选中文件

将文件拖到快捷方式后释放

●图 3-5

4 复制并修改LDD软件的库文件，以及自定义套装名。

首先，将“LDD”文件夹复制一份，并将复制出来的文件夹重命名为其他名称，如“FF1”。打开“FF1”文件夹，将“LDD.paxml”文件重命名为“FF1.paxml”，如图3-6所示。

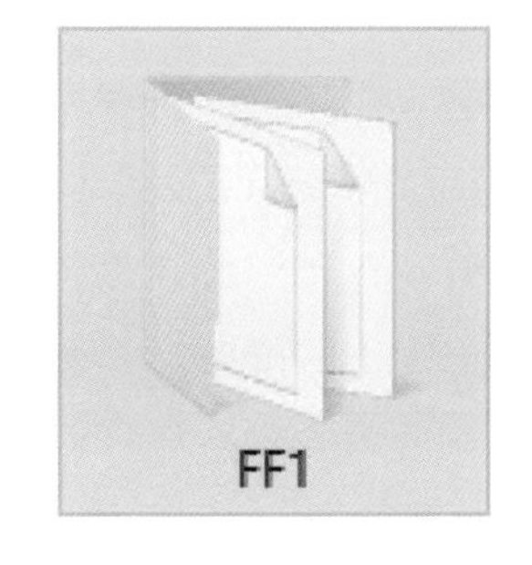

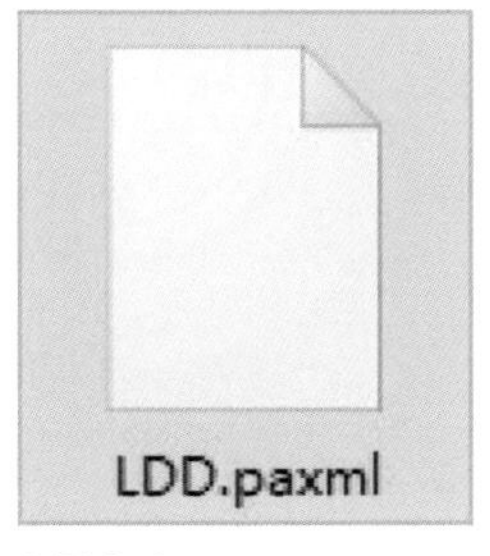

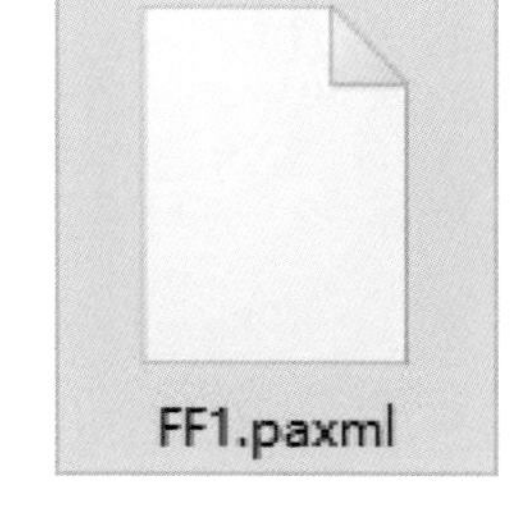

●图 3-6

小贴士

需要注意的是，名称中不要包含汉字，因为LDD软件不支持中文。

然后，用记事本打开“FF1.paxml”文件，将<Bag>至</Bag>之间的代码全部删除，并保存文件，如图3-7所示。用记事本打开“Info”文件，修改代码，并保存文件，如图3-8所示。

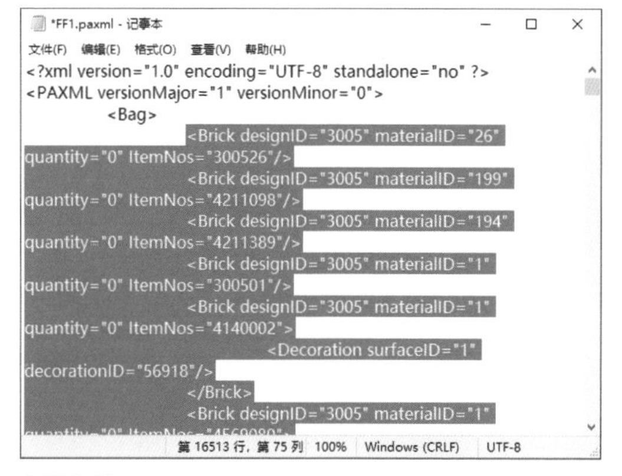

● 图 3-7

Info - 记事本

文件(F) 编辑(E) 格式(O) 查看(V) 帮助(H)

```
<?xml version="1.0" encoding="UTF-8" standalone="no" ?>
<BAXML versionMajor="1" versionMinor="0">
  <Bag name="LDD" version="8" countable="false" buyable="false" brand="LDD" brandFilter="true"/>
</BAXML>
```

将 LDD 修改为 FF1

● 图 3-8

在图3-8中还有一段代码brand=“LDD”，这段代码代表套装会在“标准主题”模式和“头脑风暴主题”模式下显示。所以，自定义套装“FF1”也会在“标准主题”模式和“头脑风暴主题”模式下显示，其效果如图3-9所示。

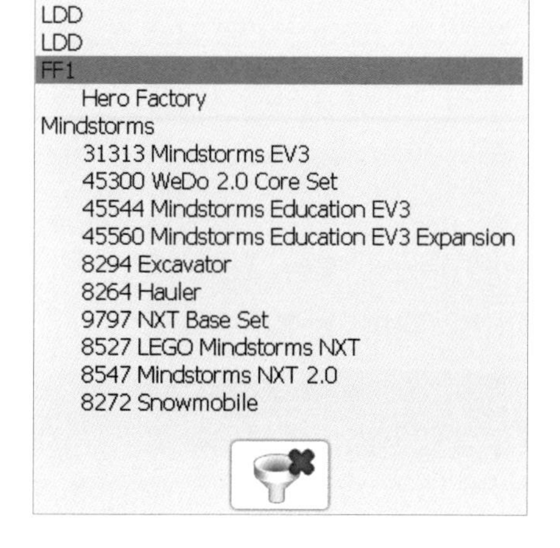

● 图 3-9

小贴士

如果将代码brand=“LDD”修改为brand=“Mindstorms”，则套装将只会在“头脑风暴主题”模式下显示。

5 查找并复制积木代码。

首先，打开“LDD”文件夹下的“LDD.paxml”文件，以及“FF1”文件夹下的“FF1.paxml”文件。以给自定义套装“FF1”添加“黑销”这个积木为例，我们可以先在LDD软件中找到黑销，再在状态栏中查看相关信息，如图3-10所示。查看到积木编码为2780，色码为26-Black。

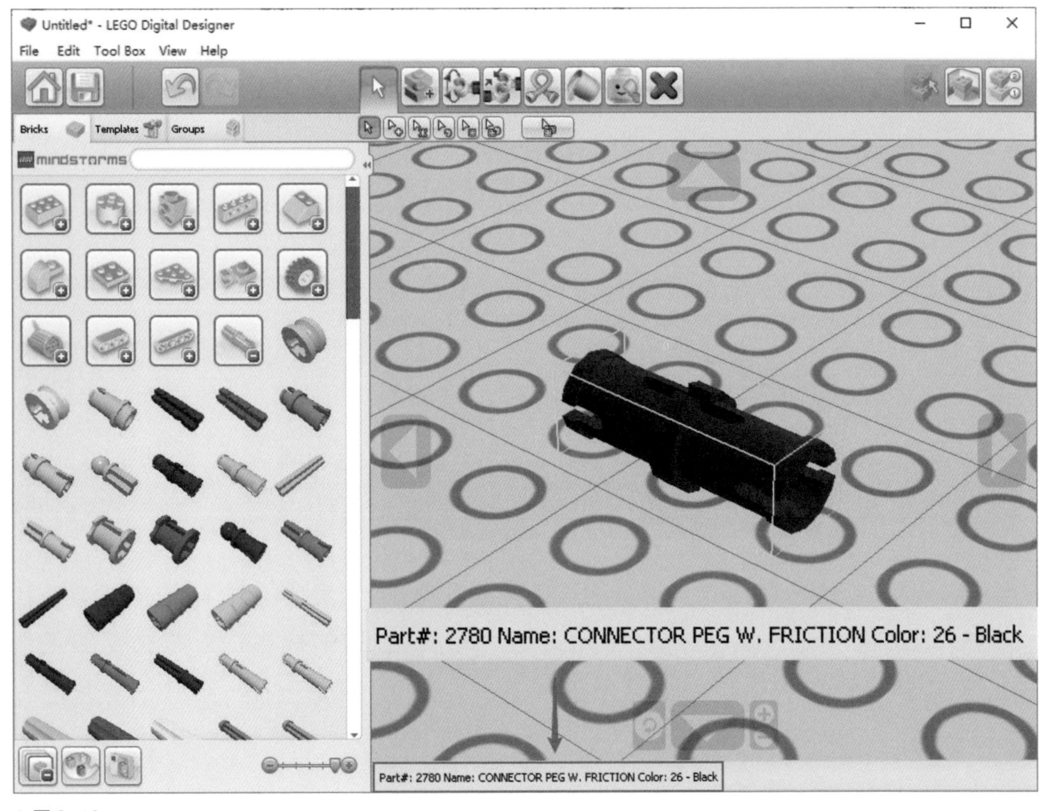

● 图3-10

然后，切换到刚才打开的“LDD.paxml”文件，选择“编辑”菜单下的“查找”命令，在弹出的“查找”对话框中输入黑销的积木编码2780，单击“查找下一个”按钮，如图3-11所示。在如图3-12所示的红框位置即为查找的黑销积木代码。

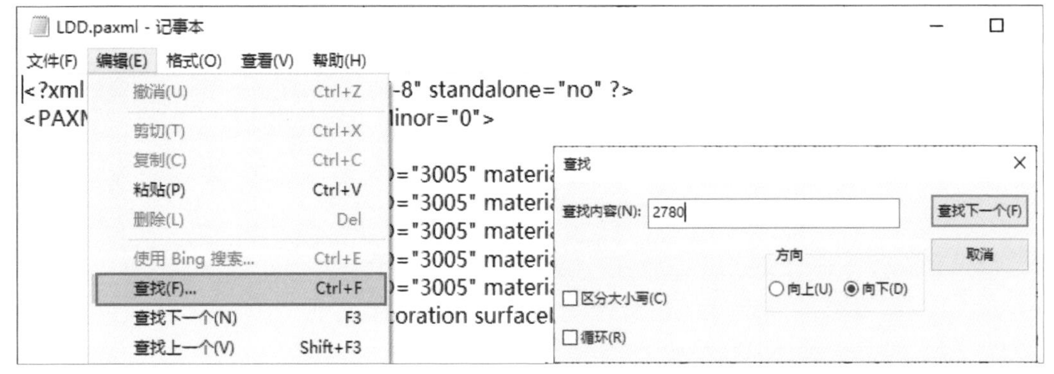

● 图 3-11

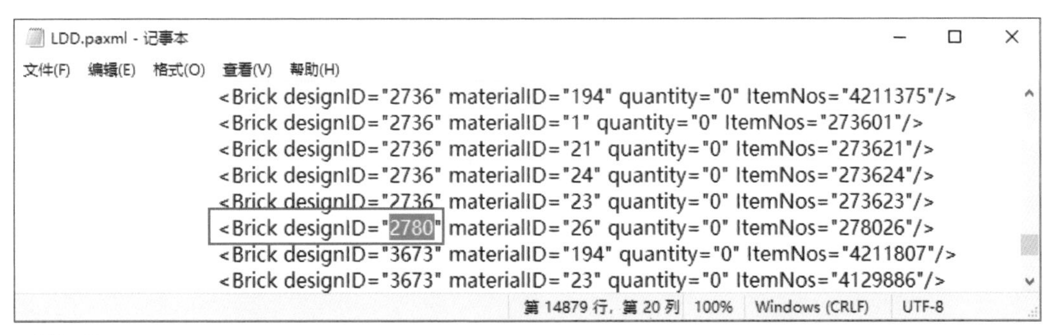

● 图 3-12

小贴士

代码说明如下。

（1）<Brick designID="2780"：积木代码。

（2）materialID="26"：颜色代码（用户可以根据需求进行修改，相关色码的数字可以在LDD软件中查看）。

（3）quantity="0"：数量（其中，0代表无限制，1、2、3……代表有具体数量，用户可以可根据需求修改具体数字）。

（4）ItemNos="278026"/>：类别代码。

最后，将整行代码复制到“FF1.paxml”文件中并保存，如图3-13所示。

重新打开LDD软件，就可以在套装筛选列表中看到自定义套装“FF1”中的积木列表，如图3-14所示。按照上面的步骤依次添加其他的积木代码，从而完成自定义积木套装的设置。

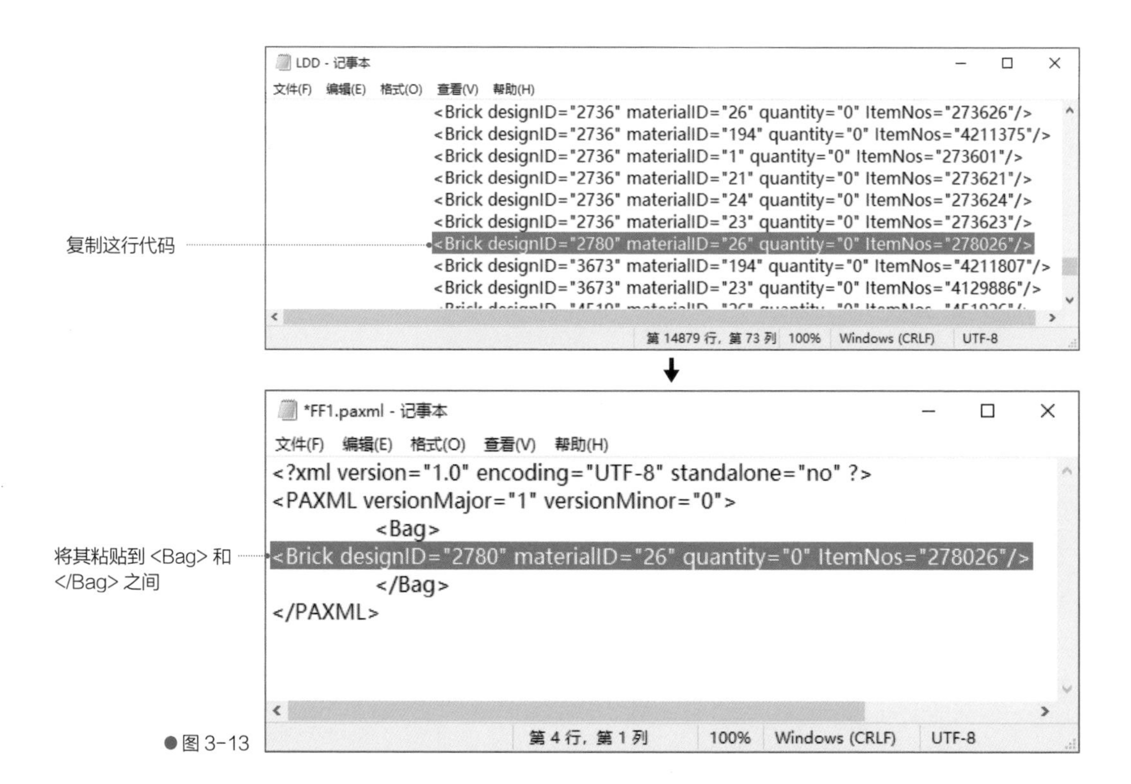
LDD - 记事本
文件(F) 编辑(E) 格式(O) 查看(V) 帮助(H)
<Brick designID="2736" materialID="26" quantity="0" ItemNos="273626"/>
<Brick designID="2736" materialID="194" quantity="0" ItemNos="4211375"/>
<Brick designID="2736" materialID="1" quantity="0" ItemNos="273601"/>
<Brick designID="2736" materialID="21" quantity="0" ItemNos="273621"/>
<Brick designID="2736" materialID="24" quantity="0" ItemNos="273624"/>
<Brick designID="2736" materialID="23" quantity="0" ItemNos="273623"/>
<Brick designID="2780" materialID="26" quantity="0" ItemNos="278026"/>
<Brick designID="3673" materialID="194" quantity="0" ItemNos="4211807"/>
<Brick designID="3673" materialID="23" quantity="0" ItemNos="4129886"/>
第 14879 行，第 73 列 100% Windows (CRLF) UTF-8
复制这行代码
*FF1.paxml - 记事本
文件(F) 编辑(E) 格式(O) 查看(V) 帮助(H)
<?xml version="1.0" encoding="UTF-8" standalone="no" ?>
<PAXML versionMajor="1" versionMinor="0">
<Bag>
<Brick designID="2780" materialID="26" quantity="0" ItemNos="278026"/>
</Bag>
</PAXML>
第 4 行，第 1 列 100% Windows (CRLF) UTF-8
将其粘贴到 <Bag> 和 </Bag> 之间

●图 3-13

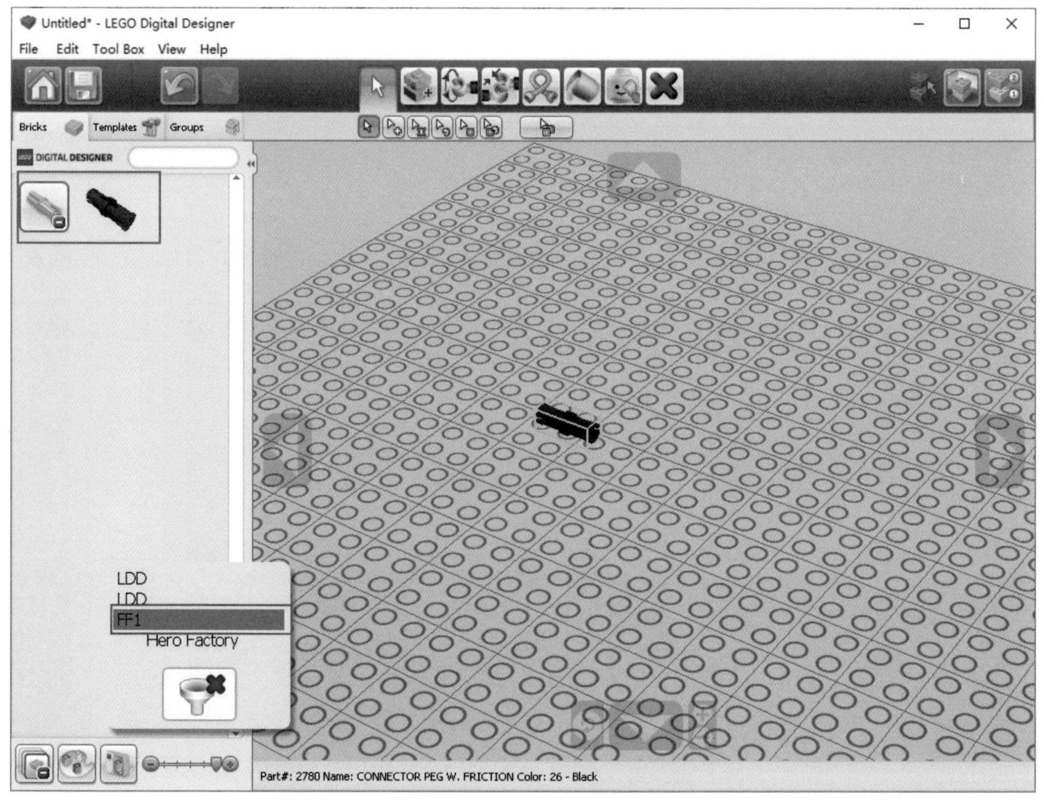
Untitled* - LEGO Digital Designer
File Edit Tool Box View Help
Bricks Templates Groups
DIGITAL DESIGNER
LDD
LDD
FF1
Hero Factory
Part#: 2780 Name: CONNECTOR PEG W. FRICTION Color: 26 - Black

●图 3-14

3.4 齿轮的装配

齿轮是经常使用的积木，很多人跟笔者反馈过不知道如何装配齿轮。这里就详细介绍一下齿轮的装配方法。其实，装配齿轮只需注意一个点，就是齿轮之间的齿是要相互错开的，否则是无法装配在一起的，如图3-15所示。

齿轮之间的齿没有错开，所以无法装配在一起

● 图 3-15

齿轮的装配方法如下。

1 使用铰链工具旋转其中一个齿轮，使齿轮之间的齿错开，如图3-16所示。

● 图 3-16

小贴士

需要注意的是，先将视角尽量调整到可以正面（斜向视角有误差）观察到齿轮之间齿位置的方位，以便调整齿轮角度。

2 将齿轮装配到位，效果如图3-17所示。

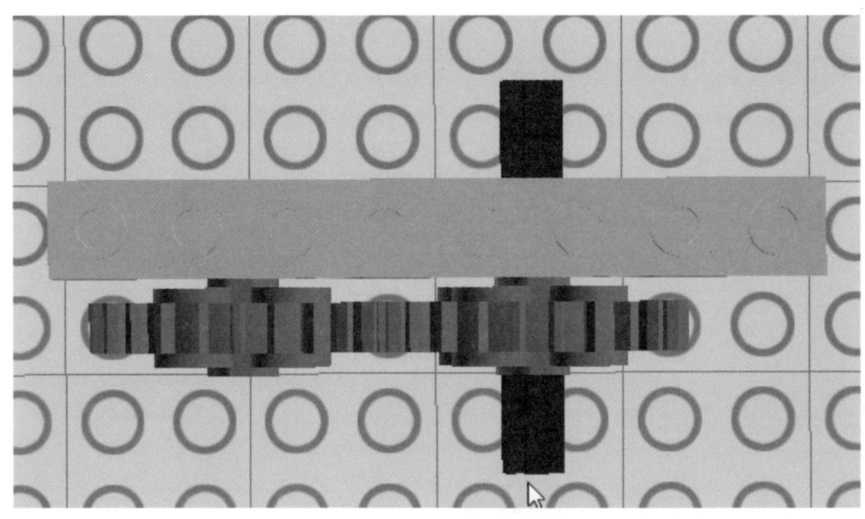

●图 3-17

所有齿轮都是按照这个方法进行装配的。熟练之后你就会知道不同的齿轮之间需要错开的角度，后期就不需要观察齿轮齿的位置，直接在角度参数的数值框中输入角度值即可，如图3-18所示。

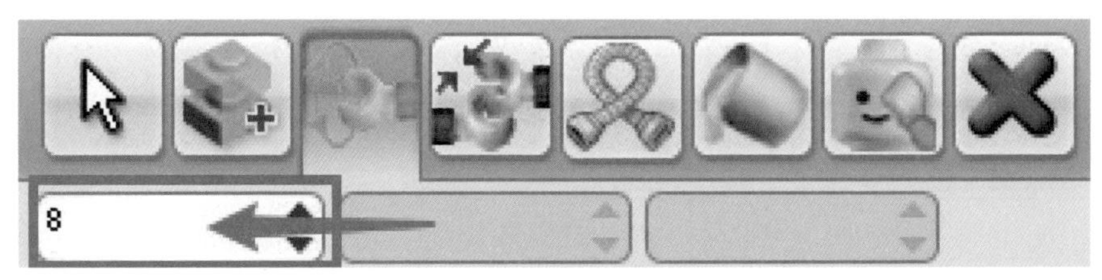

●图 3-18

3.5 辅助定位

在使用铰链工具或铰链对齐工具对积木进行角度调整后，有时可能会出现整个模型的角度都发生改变的情况，不方便后续搭建。例如，前文使用铰链对齐工具搭建的三角形，在完成之后的模型变成如图3-19所示的倾斜角度。

为了使模型正立回来，虽然可以使用铰链工具来调整整个模型的角度，但是这样做的缺点就是无法确定正立的角度。因此，我们可以通过积木之间的“装配关系”来快速矫正角度，操作方法如下。

1 放置一个与绿色7孔梁有装配关系的积木，如一个1×2的砖块积木，如图3-20所示。

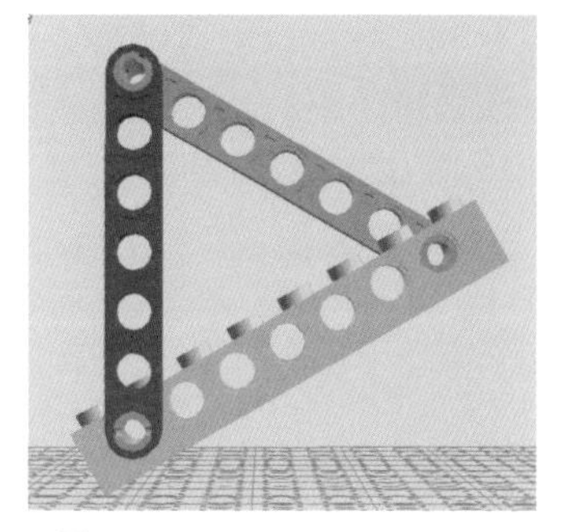
●图 3-19

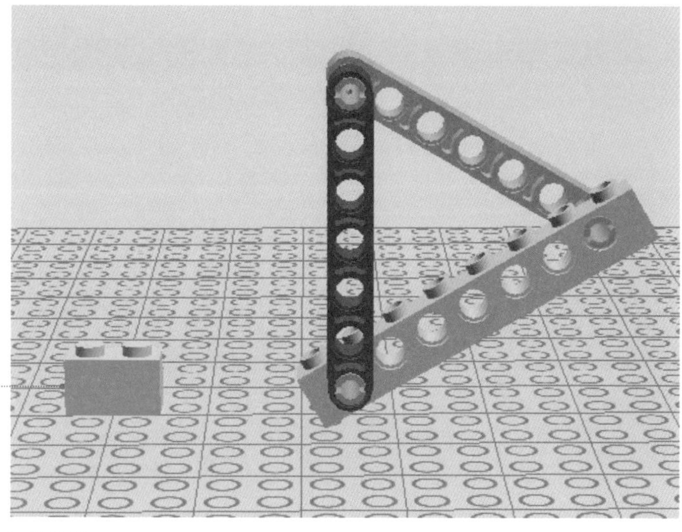

●图 3-20

2 将整个三角形和天蓝色的砖块积木装配在一起，如图3-21所示。绿色孔梁和天蓝色的砖块积木是有装配关系的，所以软件会自动调整三角形的角度，以便和天蓝色的砖块积木拼搭在一起。最后，删除辅助定位积木。

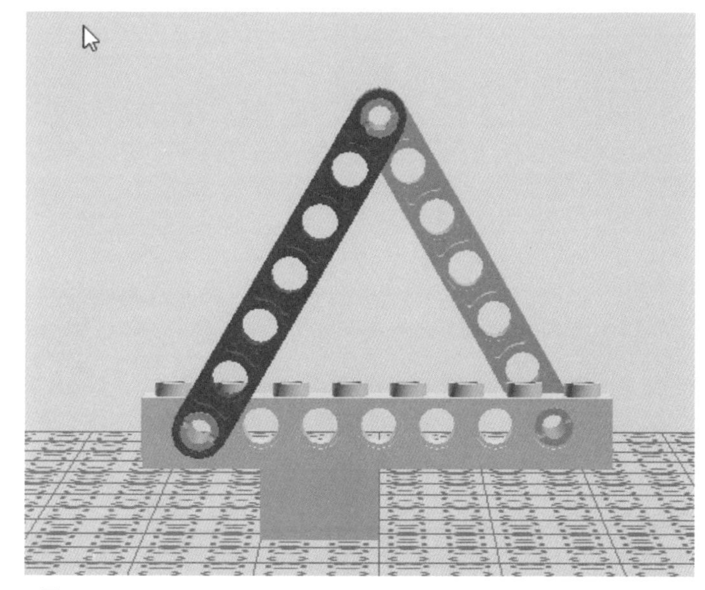
●图 3-21

小贴士

辅助定位的方法不仅限于上面所示的案例，这里笔者想要传达一个核心概念：当搭建一些没有装配关系的积木时，通常会借助另外的一些积木来实现。

3.6 非常规搭建方法

非常规搭建方法是指一些在真实搭建中可以装配，但是在LDD软件中没有装配关系的搭建方法。由于这种搭建方法不被官方所认可，因此在官方作品中不会出现这些搭建方法。不过在实际搭建中，非常规搭建方法却被广泛使用，如薄板之间的90°角装配，积木的凸点与连杆、梁的孔洞之间的装配，如图3-22所示。

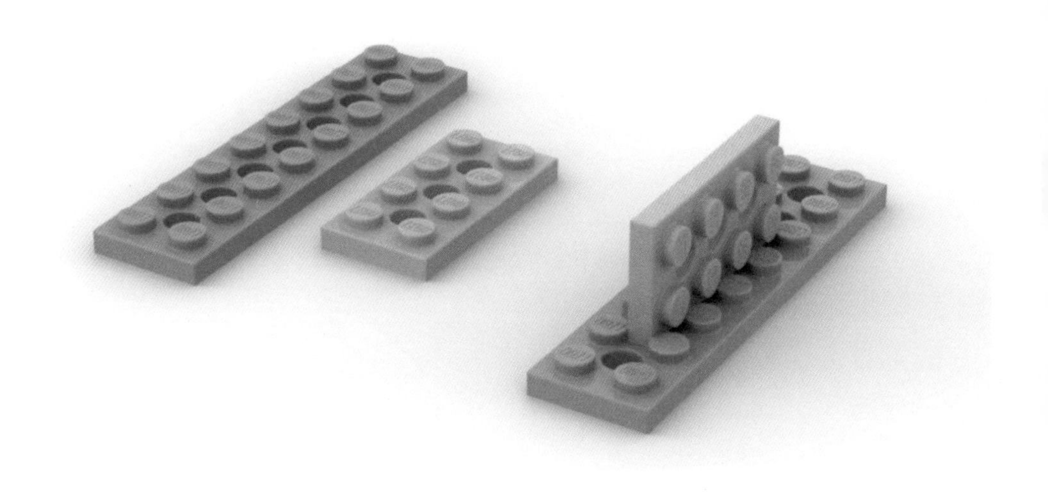

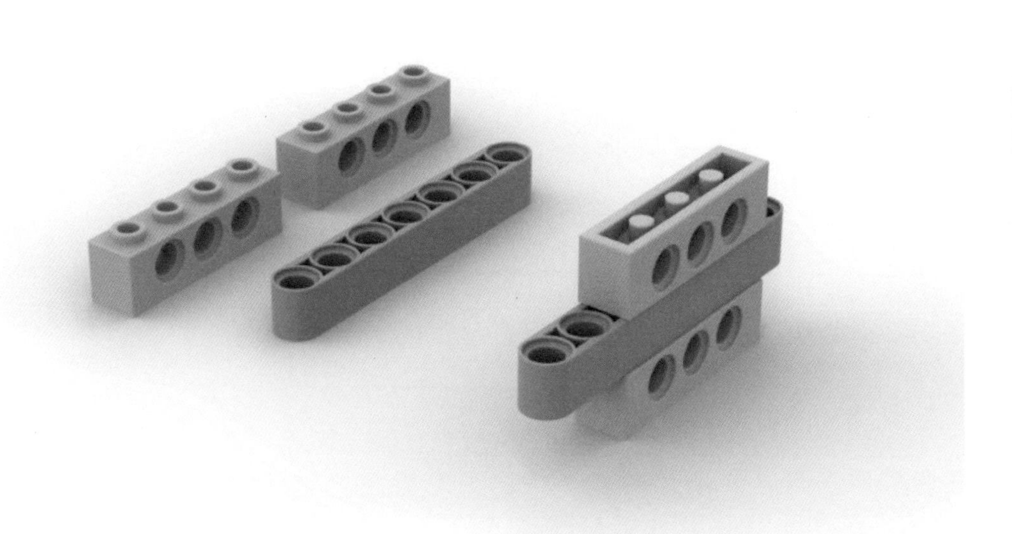

●图 3-22

在LDD软件中要实现这些非常规搭建就需要使用辅助定位的方法。下面以薄板之间的90° 角装配为例进行说明，将黄色的2×4薄板插入绿色的2×8薄板中，操作步骤如下。

1 添加辅助定位的积木。这里选用轴和一个转换器，选用轴的原因是带孔薄板可以以轴为轨道任意移动；而转换器可以用来定位轴的位置，如图3-23所示。

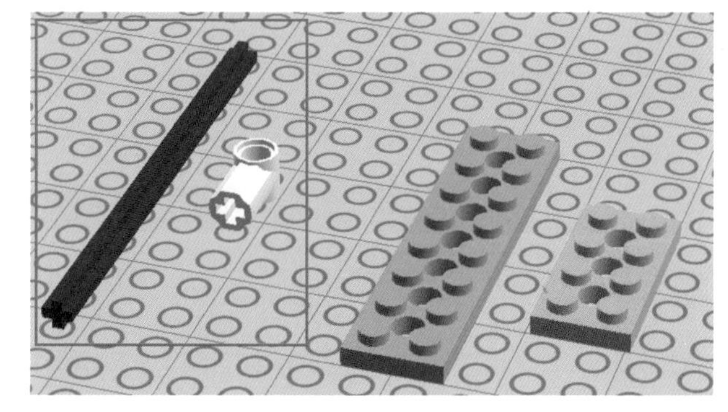

● 图 3-23

2 设置好轴的位置，如图3-24所示。

● 图 3-24

3 删除多余的积木，如图3-25所示。

● 图 3-25

4 利用定位轴移动黄色薄板，如图3-26所示。

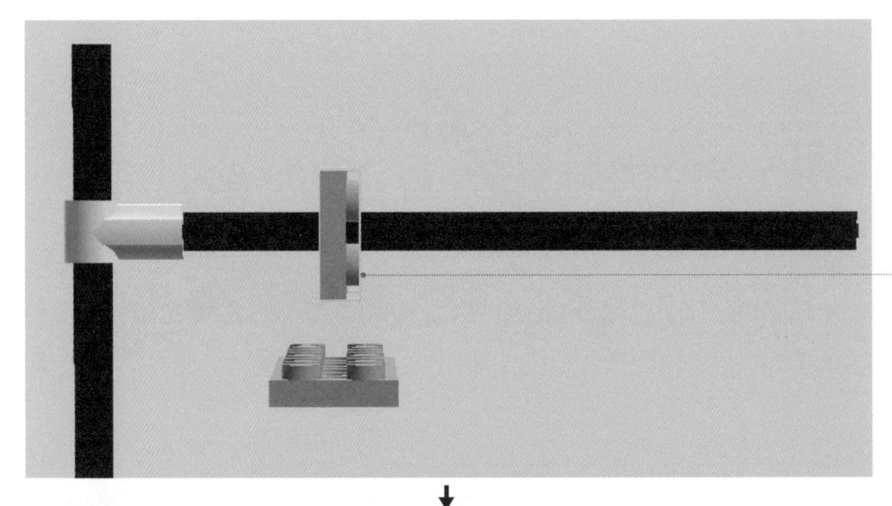

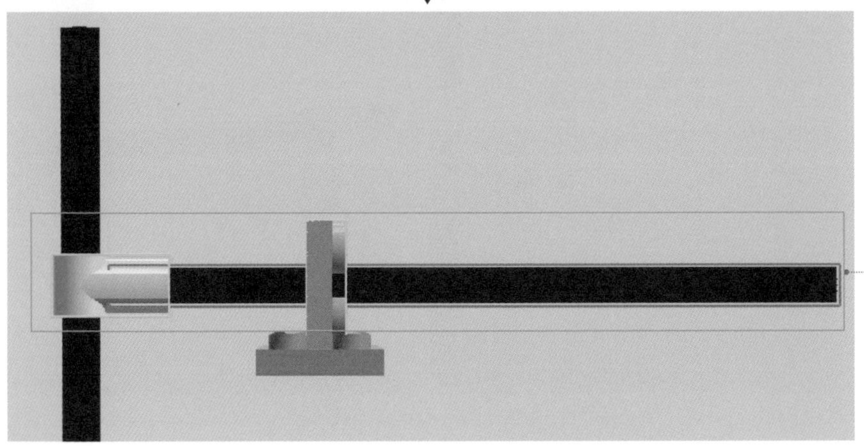

将蓝框部分的整体上下移动，使黄色薄板卡到绿色薄板中间

●图 3-26

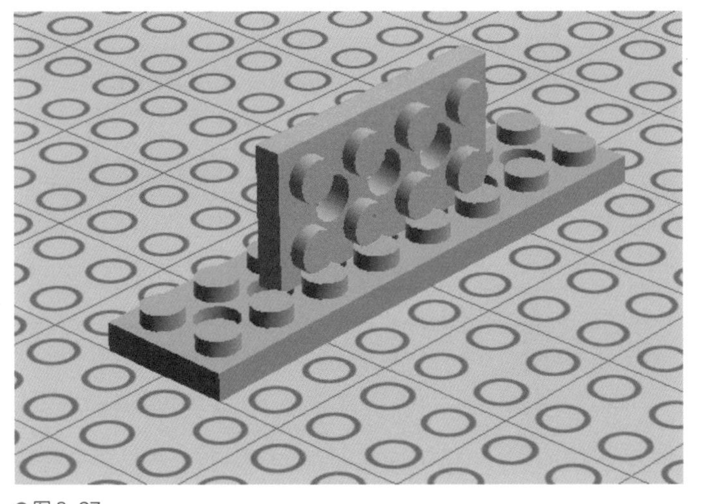

●图 3-27

5 删除所有定位的积木，如图3-27所示。

小贴士

非常规搭建方法的关键就是要善于选用用来定位的辅助积木，较为常用的就是轴，因为轴可以作为轨道使用，以便调整积木位置。

3.7 履带的安装

LDD软件中履带片和导轮之间没有装配关系，如图3-28所示。这就使履带的安装变得麻烦起来。在这里同样需要用到辅助定位的方法，不过履带安装最难的部分是履带片和导轮贴合的部分。

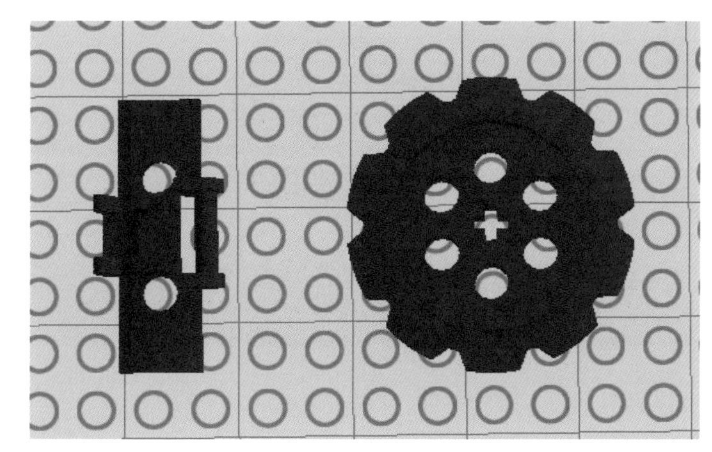

●图 3-28

首先，仔细观察一下导轮，我们会发现在导轮上有10个凹槽，说明可以安装10片履带片。然后，将10片履带片围成一圈，操作方法如下。

1 搭建出一条由10片履带片组成的履带，如图3-29所示。

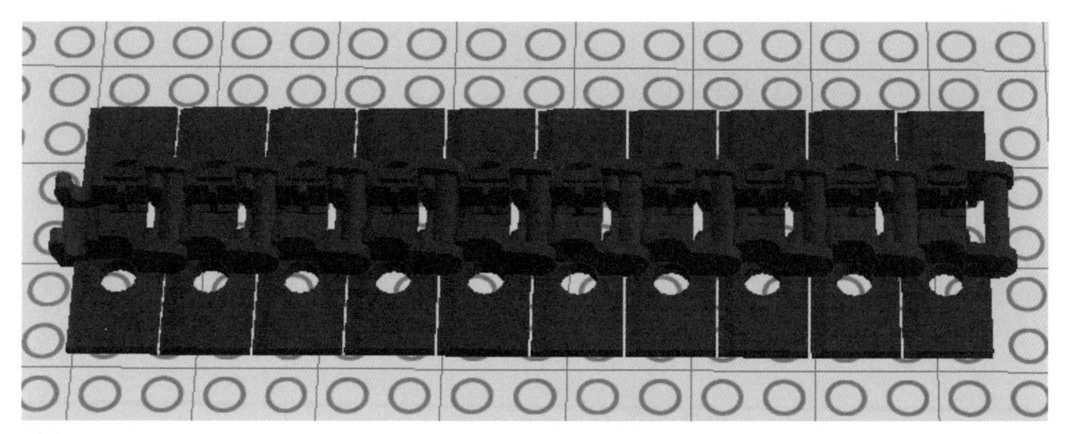

●图 3-29

2 利用铰链工具调整每片履带片的角度。我们发现履带片的默认角度值是90或-90，圆的一圈为360°，那么每一片履带片应该偏转360°÷10=36°，即要输入的参数值为90-36=54。如果初始角度值为-90，那么应该输入-54。根据计算出来的参数依次调整每片履带片的角度，中间的履带片有两个偏转轴，所以调整时要注意选择正确的偏转轴。最终使履带片围成一圈，效果如图3-30所示。

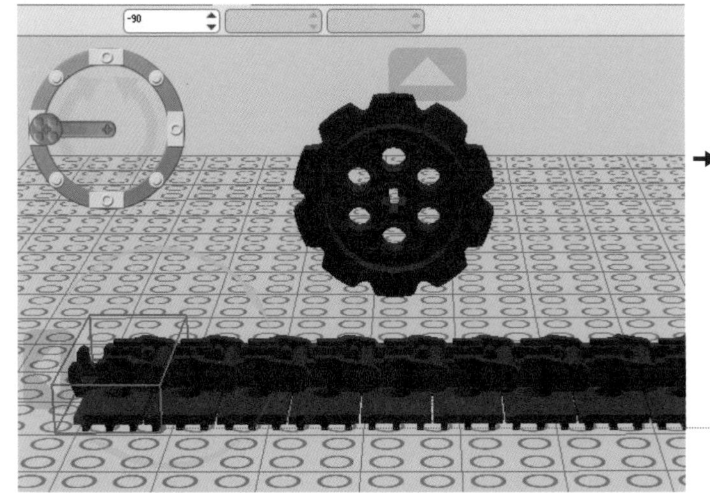

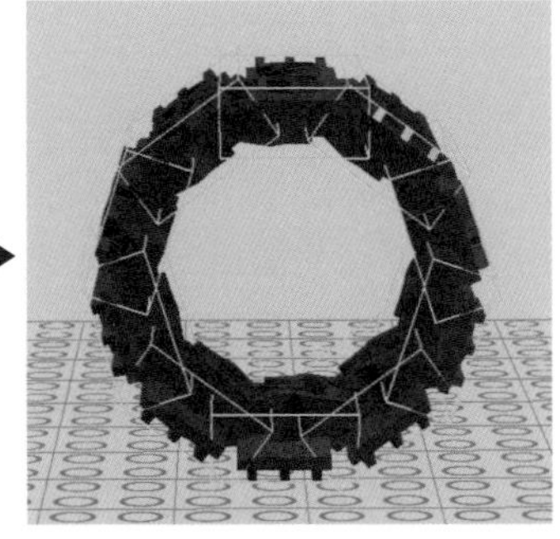

初始角度值为 90 或 -90，效果是一样的

●图 3-30

定位轴 1

定位轴 2

用销堵掉导轮上的销孔，可以避免干扰到十字孔

●图 3-31

3 设置定位轴。首先初步完成如图3-31所示的布局。定位轴1和2是必需的，完成布局之后可以删除其他多余的积木，如图3-32所示。

●图 3-32

4 优化观察视角。将影响观察的积木隐藏起来，主要看大家的习惯，这里将履带只保留显示最底下且水平的这片，如图3-33所示。

●图 3-33

5 调整导轮的垂直位置和水平位置，如图3-34所示。

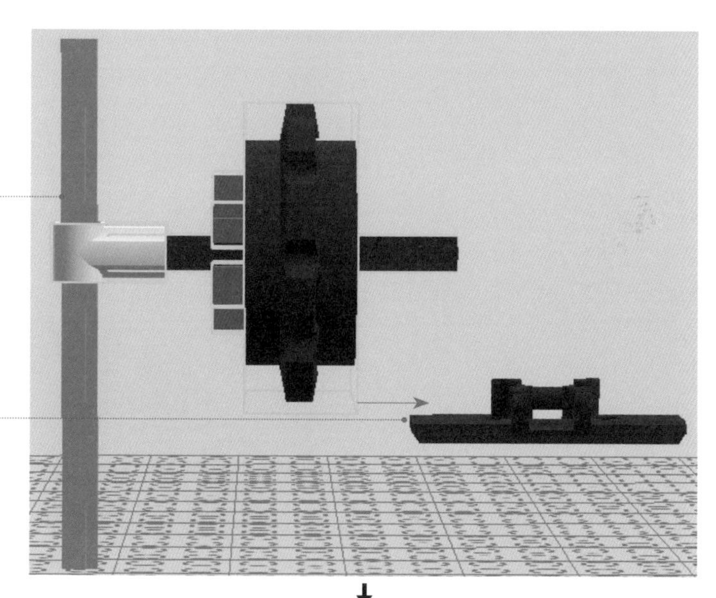

将定位轴 1 改为垂直方向

利用定位轴 1，将导轮调整到箭头所示的垂直位置

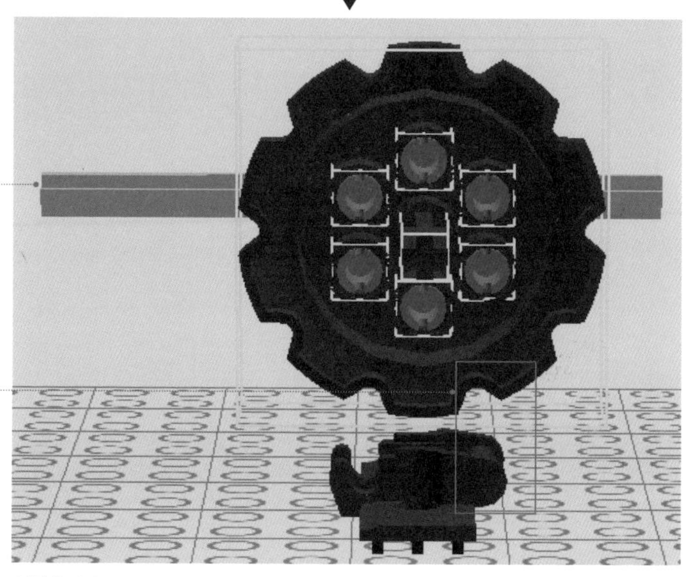

先将定位轴改为水平方向

再左右调整导轮，使导轮的凹槽对准履带片上的轴

●图 3-34

6 调整导轮的前后位置，如图3-35所示。恢复显示所有积木，删除辅助定位的积木，从而完成装配，如图3-36所示。

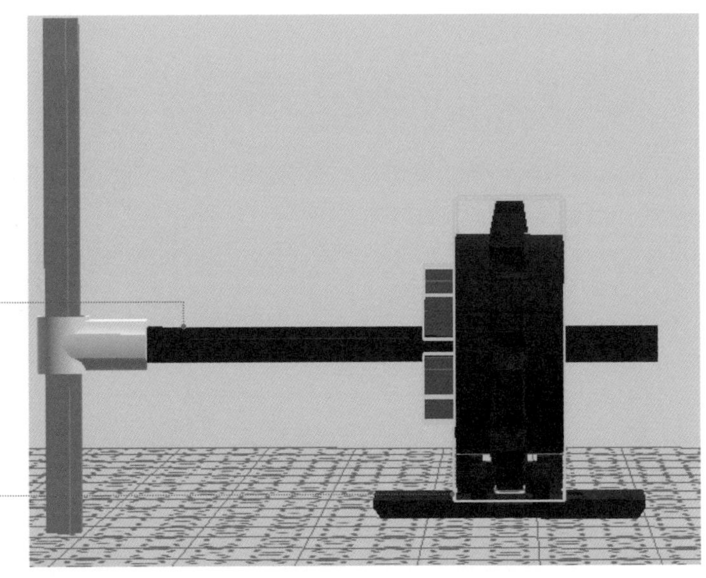

● 图 3-35

● 图 3-36

小贴士

如果总是无法完成装配，则需要注意观察导轮的上下、前后、左右的位置是否正确，因为这是一个需要耐心细致调整的过程。要善于运用以下技巧：合理调整观察的视角；运用隐藏工具隐藏阻挡视线的积木；学会堵住多余的装配孔，只保留需要的孔等。

搭建长跨度履带的操作方法如下。

1 将之前的搭建好的履带的部分履带片删除，只保留半边即可，如图3-37所示。

2 复制出一个新的履带导轮，通过方向键进行上、下、左、右角度的调整，如图3-38所示。

3 延长履带，并将全部积木拼接在一起，如图3-39所示。

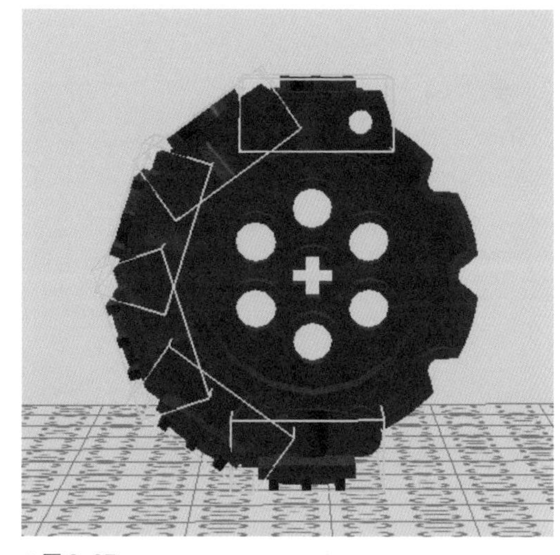

●图 3-37

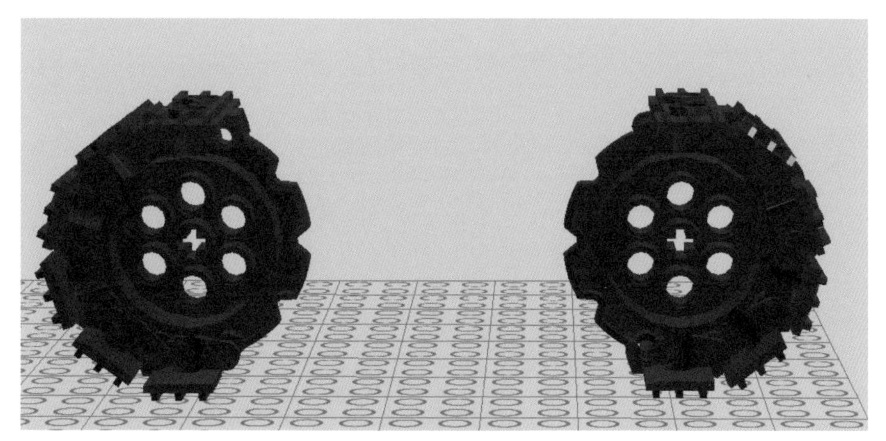

●图 3-38

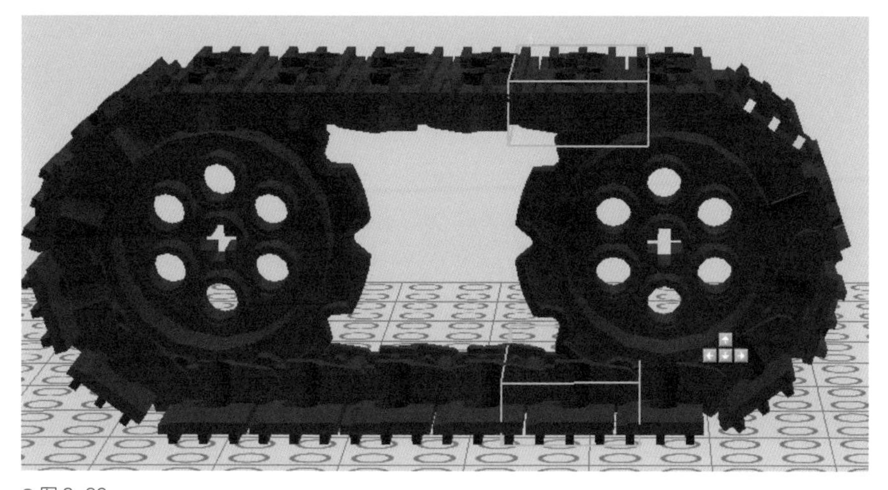

●图 3-39

利用此方法可以搭建任意长度的履带。

3.8 常用结构模板的保存

我们可以把“模板”理解为收藏夹。利用模板功能可以将一些搭建起来比较复杂烦琐的结构、常用的结构，或者别人的一些创新巧妙的结构保存起来，这样就方便再次使用或学习了，如图3-40所示。

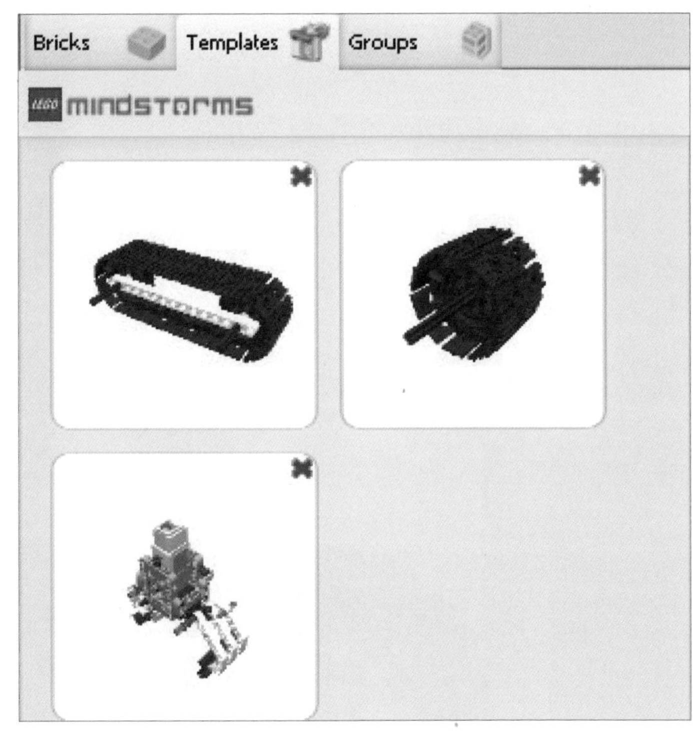

●图 3-40

小贴士

LDD软件中履带的安装是比较复杂烦琐的，还有一些经典的抓取结构，只需将安装好的履带、抓取结构作为模板保存起来，后期就可以直接拿出来应用，也可以修改后使用。

第 4 章

Studio软件指南

Studio软件是由bricklink网站于2016年推出的一款积木搭建软件，也是笔者最喜欢的一款积木搭建软件。虽然Studio软件不是乐高官方的软件，但是其易用性和功能的多样性绝对会让你印象深刻。

4.1 Studio软件概况

目前，Studio软件已经更新到2.0版本，其操作方式与LDD软件十分接近，并且在易用性方面Studio软件更胜一筹。Studio软件的一大亮点就是不仅可以方便快捷地生成乐高积木渲染图，还可以制作搭建步骤说明书。Studio软件支持导入LDD软件的模型文件，可以将自己的“.io”格式的文件转换成LDD软件的文件，实现与LDD软件的互通。该软件具有以下特点。

（1）MOC作品文件可以导出和分享。

（2）可以和LDD软件互通模型文件。

（3）可以制作搭建图。

（4）可以渲染高分辨率图片。

（5）可以渲染搭建步骤视频。

（6）可以渲染搭建步骤GIF。

（7）可以导出MOC作品的积木清单，并且支持在bricklink网站一键下单购买。

（8）其他特色功能，如结构稳定性检测等。

小贴士

Studio软件对计算机的硬件要求比LDD软件的要高，目前乐高丹麦比隆总部的大多数设计师都在使用此款软件。Studio软件目前还没有官方中文版本。

4.1.1 Studio软件的下载及安装

在Studio软件的官方网站上，用户可以根据自身计算机的系统找到对应的版本下载，如图4-1所示。下载完成之后，会得到安装文件包。Studio软件的安装步骤如下。

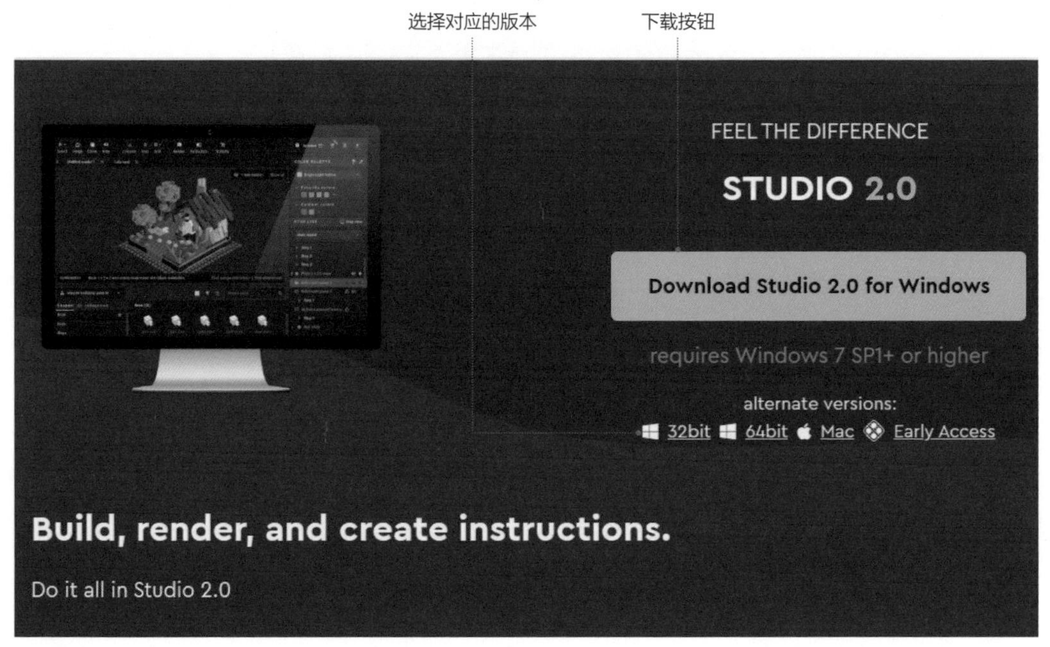

●图 4-1

1 双击安装文件包，在弹出的对话框中，单击"运行"按钮。在"License Agreement"界面中，选中"I accept the agreement"单选按钮，并单击"Next"按钮，如图4-2所示。

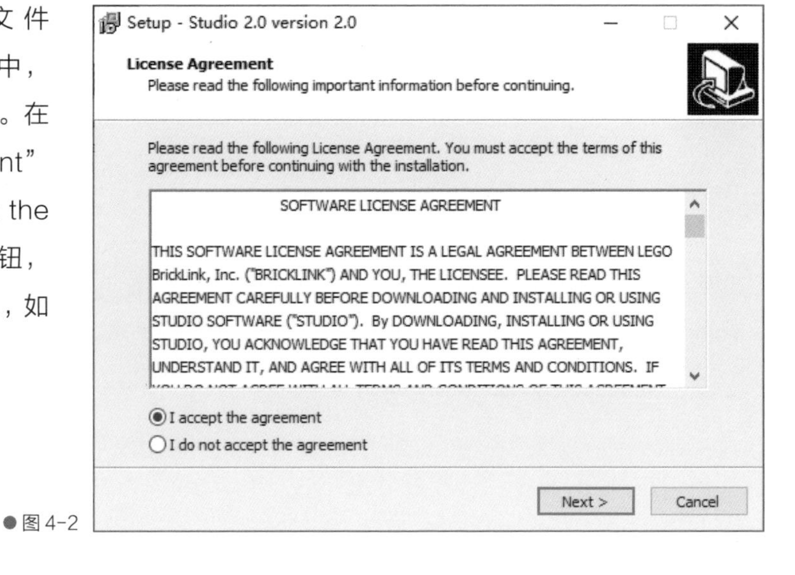

●图 4-2

2 选择软件安装的路径。如果不想采用默认路径，则可以通过单击“Browse”按钮来指定其他的路径，并单击“Next”按钮，如图4-3所示。

Setup - Studio 2.0 version 2.0
Select Destination Location
Where should Studio 2.0 be installed?
Setup will install Studio 2.0 into the following folder.
To continue, click Next. If you would like to select a different folder, click Browse.
C:\Program Files\Studio 2.0
Browse...
At least 1,697.7 MB of free disk space is required.
< Back
Next >
Cancel

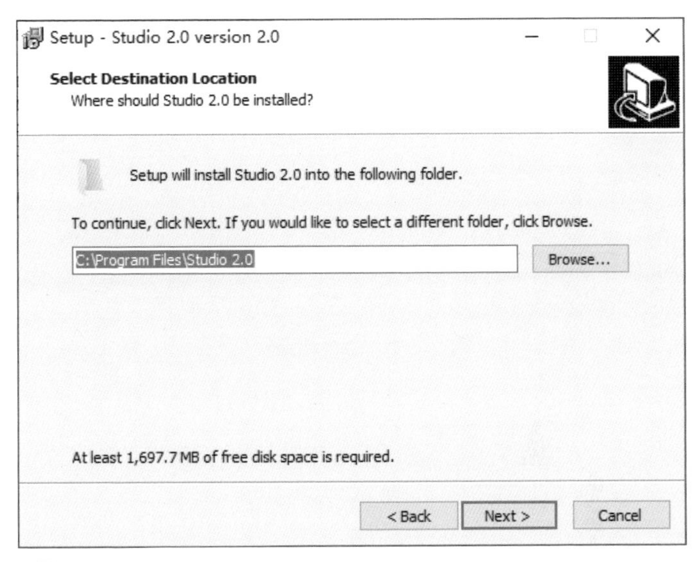

● 图 4-3

3 如果需要创建桌面快捷键方式，则勾选“Create a desktop shortcut”复选框；如果不需要，则直接单击“Next”按钮，如图4-4所示。

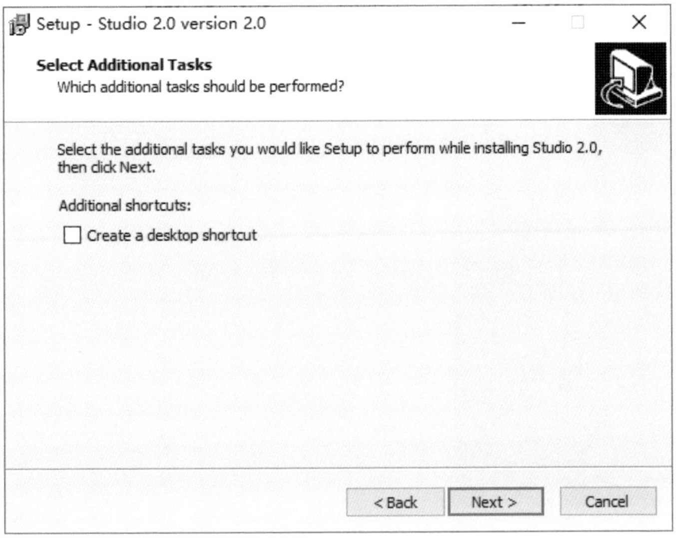

Setup - Studio 2.0 version 2.0
Select Additional Tasks
Which additional tasks should be performed?
Select the additional tasks you would like Setup to perform while installing Studio 2.0, then click Next.
Additional shortcuts:
Create a desktop shortcut
< Back
Next >
Cancel

● 图 4-4

4 在“Ready to Install”界面中单击“Install”按钮，进行软件安装，如图4-5所示。

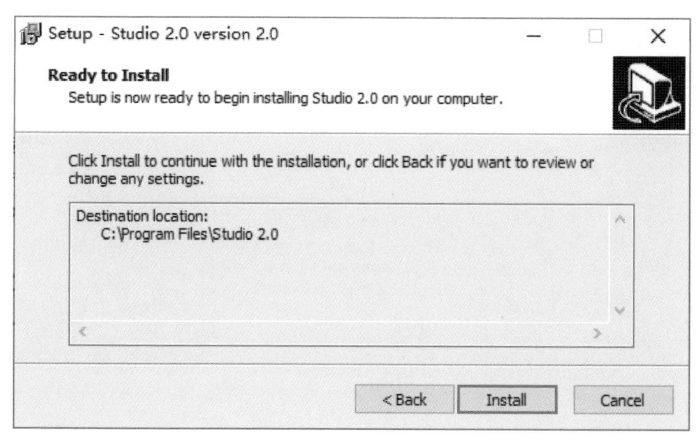

●图4-5

5 在弹出的对话框中，等待进度条加载完成。在最终的“Completing the Studio 2.0 Setup Wizard”界面中，建议选中默认的“Yes,restart the computer now”单选按钮，即立即重启计算机，如图4-6所示。这样一来，Studio软件就安装完成了。

●图4-6

4.1.2 Studio软件的欢迎界面

双击Studio软件的图标，打开Studio软件，首先进入的就是欢迎界面，其各部分的功能如图4-7所示。

● 图4-7

4.2 Studio软件的社区

在Studio软件的社区分享板块可以很方便地看到全球其他积木爱好者分享的优秀作品。单击按钮，可以放大或缩小展示窗口的大小，如图4-8所示。

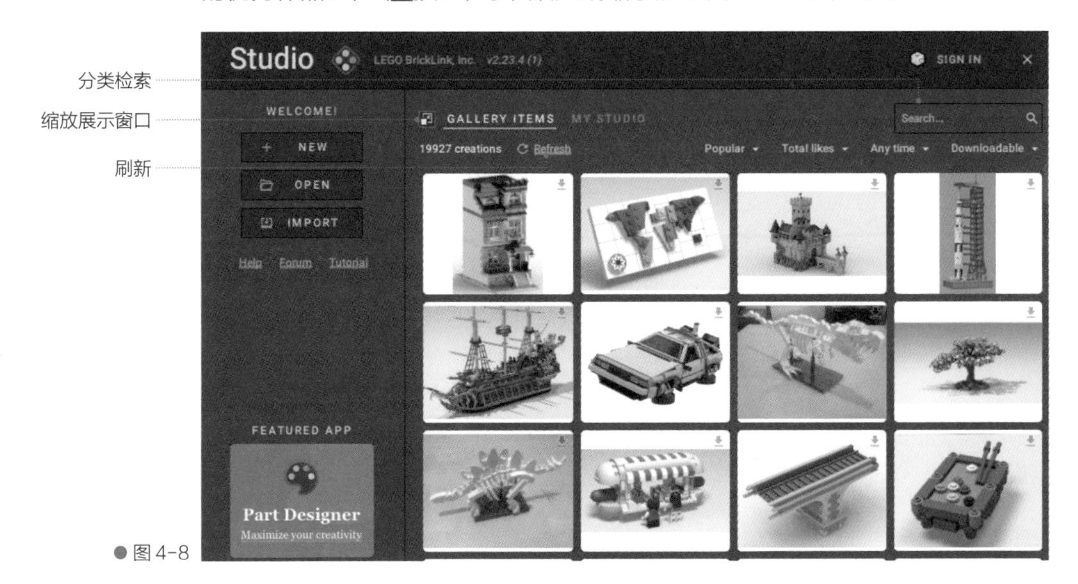

● 图4-8

4.2.1 常用的分类搜索方式

为了方便用户查找喜欢的作品，Studio软件的社区提供了4种常用的分类搜索方式。

第一种是“Staff picks”（类别）方式搜索，单击三角箭头会弹出如图4-9所示的下拉列表。

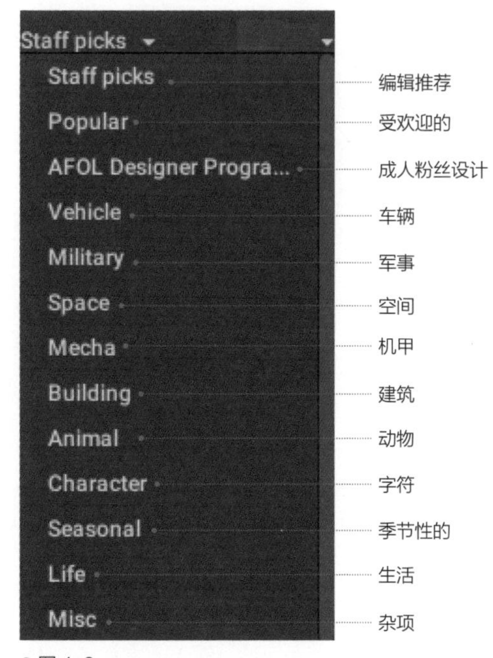

●图4-9

小贴士

乐高AFOL全称为“Adult fan of LEGO”，也就是年龄超过18岁的乐高玩家。

第二种是“Recently liked”（条件筛选）方式搜索，单击三角箭头会弹出如图4-10所示的下拉列表。

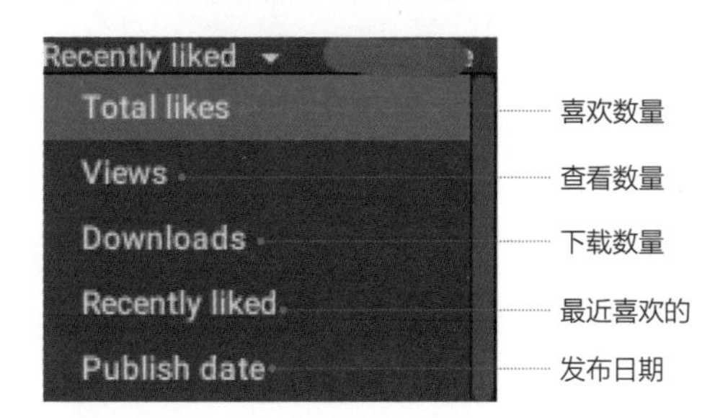

●图4-10

第三种是“Any time”（发布时间）方式搜索，单击三角箭头会弹出如图4-11所示的下拉列表。

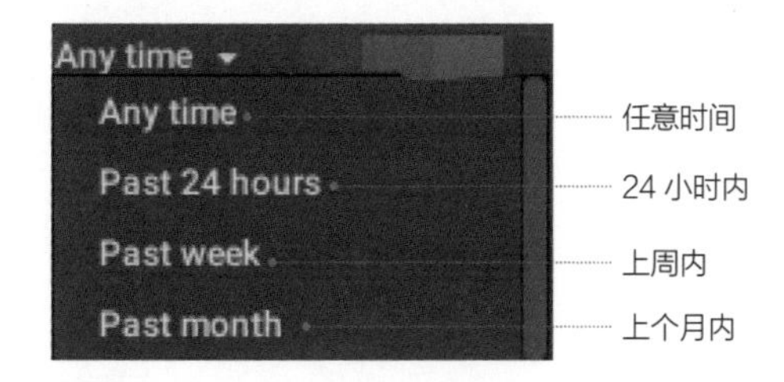

●图4-11

第四种是“All designs”（作品权限）方式搜索，单击三角箭头会弹出如图4-12所示的下拉列表。

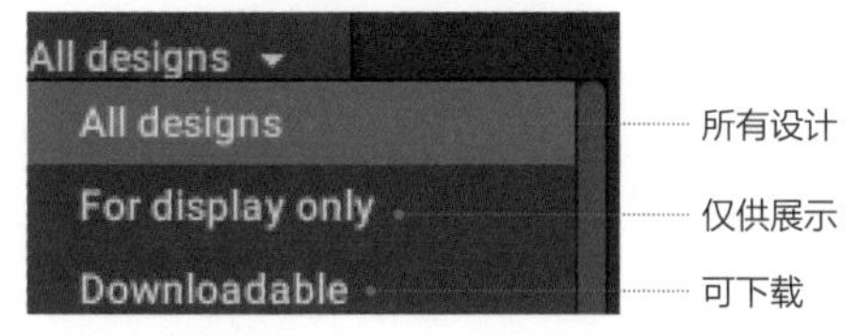

●图4-12

4.2.2 如何成为bricklink会员

在下载社区作品之前，必须先注册成为bricklink会员。单击Studio软件欢迎界面右上角的“SIGN IN”（登录）按钮，如图4-13所示。

登录
Studio
LEGO BrickLink, Inc. v2.23.4 (1)
SIGN IN
WELCOME!
NEW
OPEN
IMPORT
Help
Forum
Tutorial
NEW CREATION
RECENTLY OPENED FILES
CREATE NEW
Design from scratch
旋转木马.io
105 Parts
太空电梯.io
76 Parts
机器伙伴.io
64 Parts

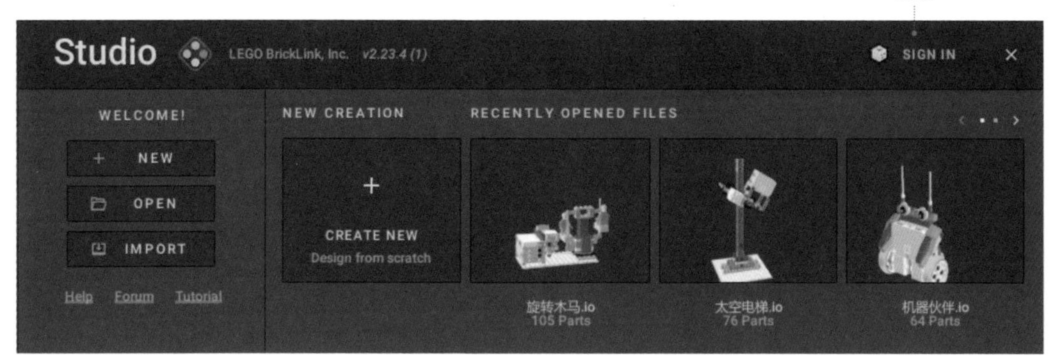

●图4-13

在弹出的“Sign into BrickLink”对话框中，单击“Create Account”按钮来创建账户，如图4-14所示。随后计算机会自动打开注册页面，创建账户的操作步骤如下。

Sign into BrickLink
USERNAME
Create Account
PASSWORD
Forgot Password?
type password...
创建账户
Stay signed in
Sign in

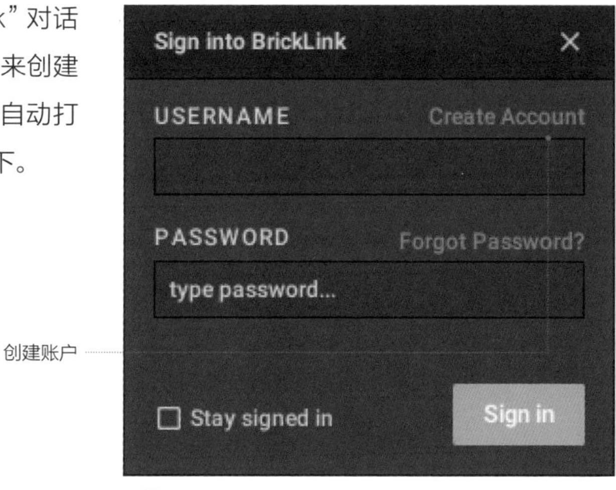

●图4-14

1 单击注册页面上的“Register”（注册）按钮，如图4-15所示。

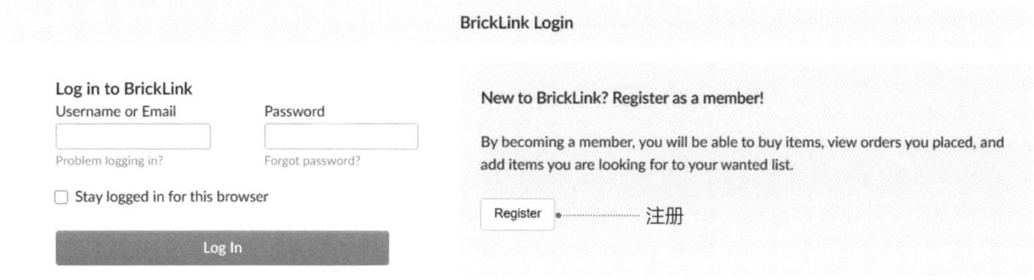

BrickLink Login
Log in to BrickLink
Username or Email
Password
Problem logging in?
Forgot password?
Stay logged in for this browser
Log In
New to BrickLink? Register as a member!
By becoming a member, you will be able to buy items, view orders you placed, and add items you are looking for to your wanted list.
Register
注册

●图4-15

2 在弹出的页面上填写注册信息，填写完成后单击页面最下方的“Next”按钮进行下一步操作，如图4-16所示。

Create an account

Account

Email address 填写邮箱地址

A confirmation email will be sent to this email address.

Username 填写用户名

Only use letters, numbers, periods (.), or underscores (_).

Password 填写账户密码

Your password must be 8-15 characters long without spaces and is case sensitive. Use only letters, numbers, and certain special characters.

Date of birth 选择出生日期

MM DD YYYY 月份 日期 年份

Location

China

- Select province - 选择省份

Next

● 图4-16

3 完整阅读服务条款，按照图4-17所示勾选同意条款的复选框。最后，单击页面底部的“Create account”（创建账户）按钮。

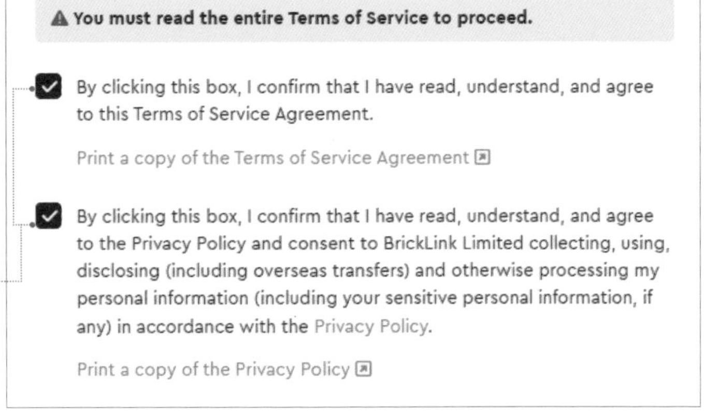

You must read the entire Terms of Service to proceed.
By clicking this box, I confirm that I have read, understand, and agree to this Terms of Service Agreement.
Print a copy of the Terms of Service Agreement
By clicking this box, I confirm that I have read, understand, and agree to the Privacy Policy and consent to BrickLink Limited collecting, using, disclosing (including overseas transfers) and otherwise processing my personal information (including your sensitive personal information, if any) in accordance with the Privacy Policy.
Print a copy of the Privacy Policy
勾选这两个复选框

● 图4-17

4 登录邮箱完成认证。

首先，bricklink网站会向注册时填写的邮箱发送一封认证邮件，需要我们登录邮箱完成认证，如图4-18所示。

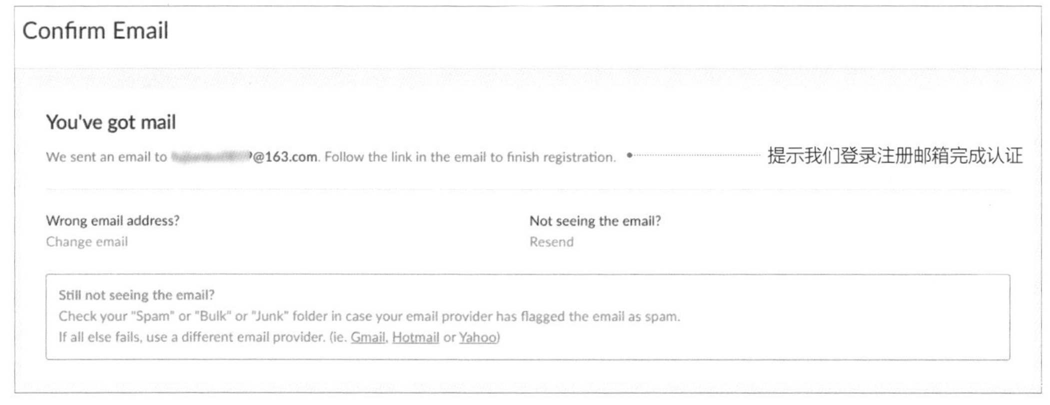

● 图4-18

然后，登录邮箱，打开对应的邮件，单击"Confirm my email address"（确认邮件地址）按钮。认证成功之后会跳出如图4-19所示的页面，至此就完成了账户的注册。

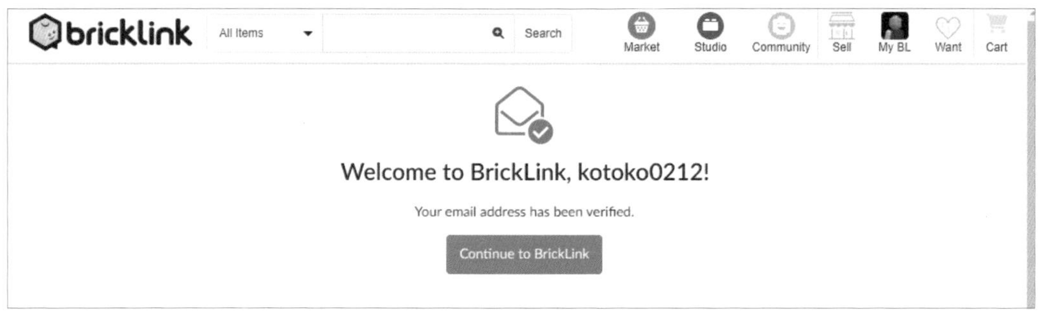

● 图4-19

5 返回Studio软件的"Sign into BrickLink"对话框，输入注册好的用户名和密码，单击"Sign in"按钮登录。登录完成之后，单击"Okay"按钮，如图4-20所示。至此，成功登录bricklink会员账号。

● 图4-20

4.2.3 下载作品

在Studio软件中，我们可以下载其他人的MOC作品，首先搜索出可下载的作品，如果在作品右上角有一个下载按钮图标，则表明该作品可以提供下载功能，如图4-21所示。

●图 4-21

单击作品预览图，进入导入界面，并单击该界面右下角的“Import”（导入）按钮，如图4-22所示。

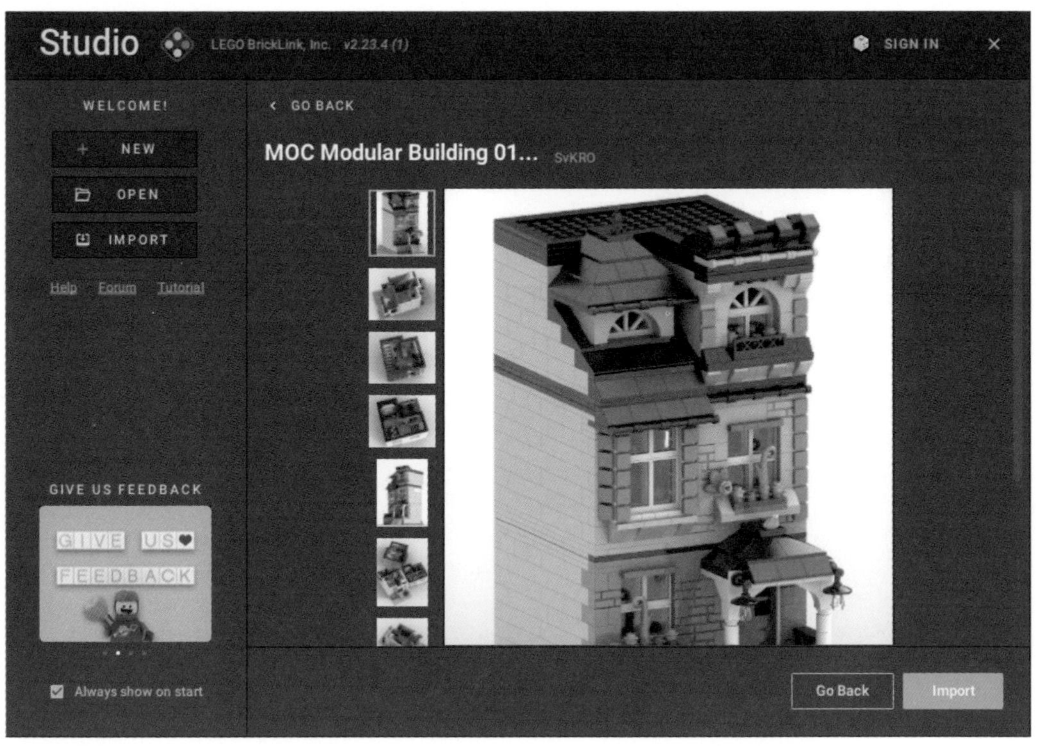

●图 4-22

进度条加载完成后，就完成了作品的导入，效果如图4-23所示。导入之后，我们便可以对作品进行欣赏、学习和二次创作。

●图 4-23

4.3 Studio软件的创作界面

在Studio软件的欢迎界面中，单击“+NEW”按钮（该按钮用来创建一个空白的新文件），即可进入Studio软件的创作界面。该界面主要分为以下几个板块，如图4-24所示。

●图 4-24

4.3.1 “Recent”积木列表的设置

Studio软件有一个很人性的功能，即“Recent”（最近）积木列表，其作用就是显示最近使用过的积木，我们可以从这里快速地选取积木，就不必到创作界面左侧的积木列表区中翻找。

为了方便使用，还可以调整“Recent”积木列表的宽度和高度。将鼠标指针放到“Recent”积木列表的边框上，当鼠标指针变成形状时，按住鼠标左键拖动，即可改变“Recent”积木列表的宽度和高度，如图4-25所示。

如果不需要该功能，则可以直接单击“Recent”积木列表上的按钮来关闭。如果需要重新开启该功能，则可以选择菜单栏中“View”菜单的“Show Recently Used Parts”命令来显示最近使用过的积木，如图4-26所示。

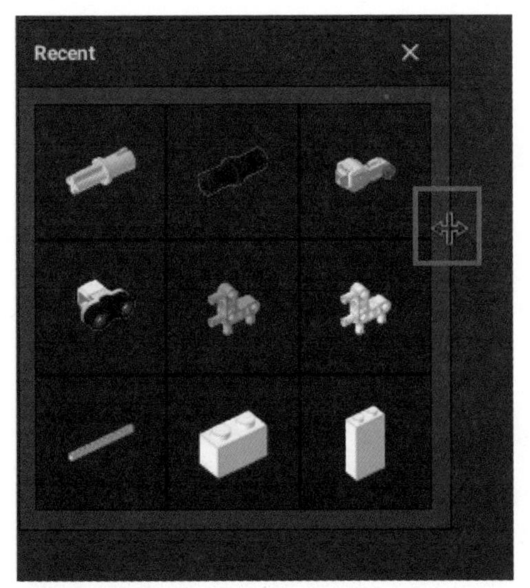

●图4-25

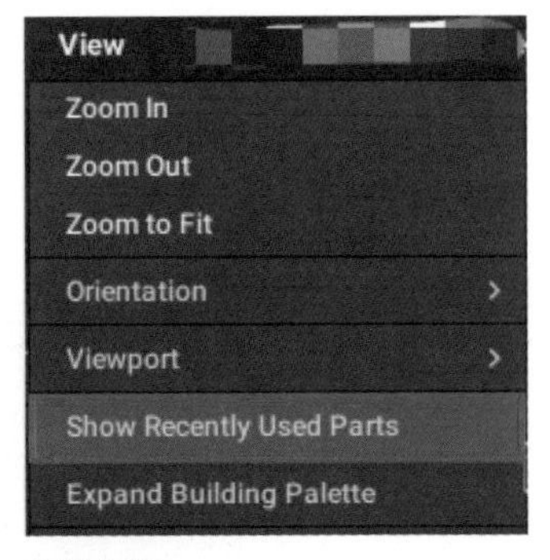

●图4-26

4.3.2 菜单栏的说明

Studio软件的菜单栏和LDD软件的大同小异，如图4-27所示。如果大家对LDD软件已经比较熟悉了，则对Studio软件的菜单栏并不会觉得陌生，而且上手操作起来也会非常轻松。下面对Studio软件的菜单栏进行详细说明。

File Edit Model View Tool BrickLink Help

●图4-27

1.“File”菜单

“File”菜单有9个子菜单，各个子菜单的功能如图4-28所示。下面着重介绍“Import”（导入）、“Export As”（导出为）这两个子菜单的功能。

●图 4-28

1）“Import”子菜单

“Import”子菜单下有4个二级子菜单，其功能如图4-29所示。

●图 4-29

Import Model：用来导入其他格式的模型文件，如LDD软件的“.lxf”格式的文件。目前，Studio软件支持导入的文件格式有“.io”“.mo”“.ldr”“.mpd”“.lxf”“.lxfml”等。

导入的操作方法为在弹出的对话框中，首先选择模型文件所存储的位置，然后选择需要导入的模型文件，最后单击“打开”按钮，如图4-30所示。

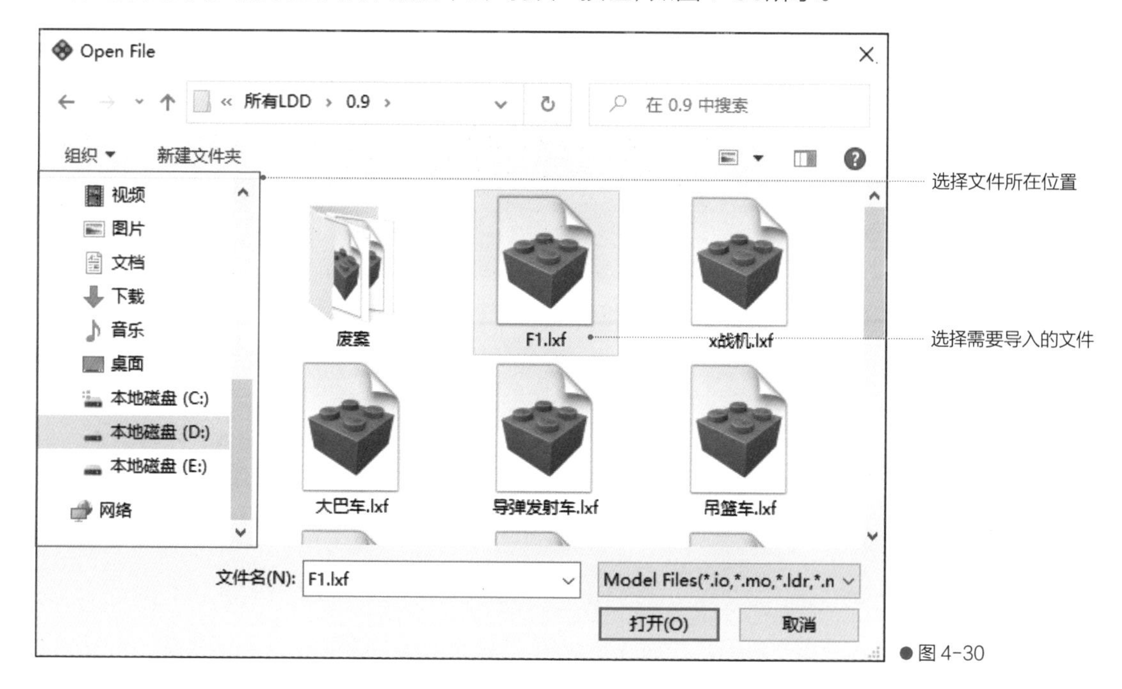

●图 4-30

Import Official LEGO Set：用来导入乐高官方积木套装，导入的界面如图4-31所示。套装的导入方式有两种，如图4-31的2号红框所示，其中“In Scene”的意思是将套装中的所有积木直接导入场景中，“As Palette”的意思是将套装作为积木列表。

●图4-31

这里以“乐高EV3机器人套装45544”为例，只需在图4-31的1号红框中输入套装编号，Studio软件即可自动进行搜索并生成预览图，其效果如图4-31的3号红框所示。

先单击“In Scene”按钮，再单击图4-31中4号红框的“Import”按钮，最后在弹出的对话框中单击“OKay”按钮，其最终效果如图4-32所示。

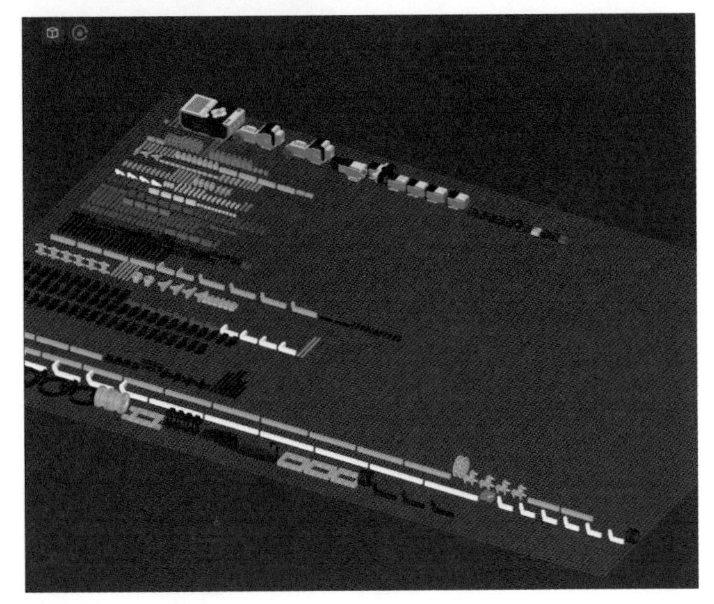

●图4-32

除此之外，还可以先单击“As Palette”按钮，再单击“Import”按钮，并在弹出的对话框中单击“OKay”按钮，最后就可以在Studio软件的创作界面左侧的积木列表区中找到该套装，如图4-33所示。首先选择图4-33中1号红框的“INSERT”选项，然后单击2号红框中的三角箭头，在弹出的下拉列表中找到对应套装编号45544，此处“45544-1 EV3 Core Set”就是刚才导入的积木套装。4号红框所展示的就是45544套装的所有积木。

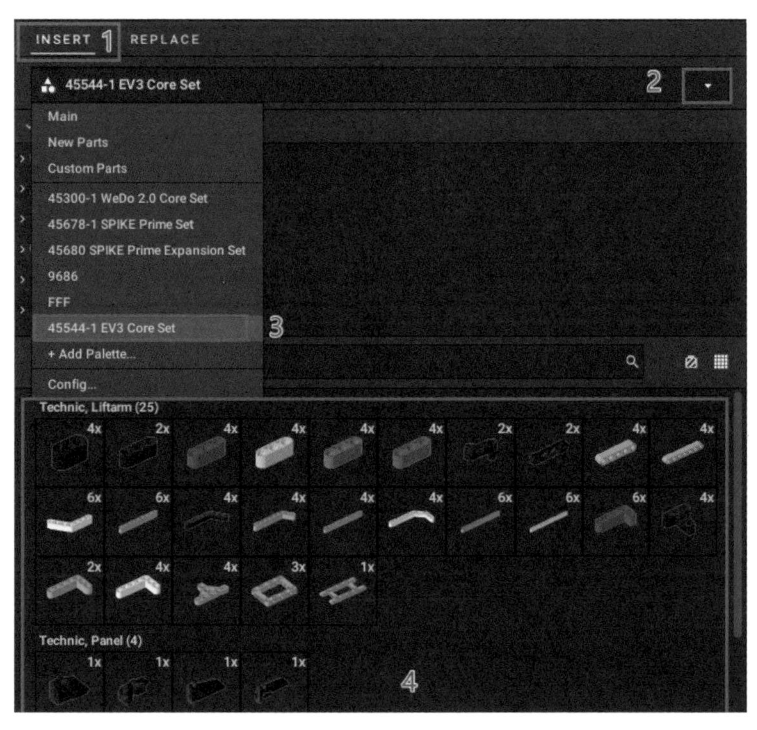

●图 4-33

大家对该功能是不是很眼熟，这其实就是LDD软件中按套装筛选积木的功能。当然Studio软件也是支持自定义积木套装的，其操作比LDD软件要方便得多，具体的操作方法在后面的章节中会详细介绍。

Import 3D Model：用来导入其他软件格式的3D模型文件。目前，Studio软件支持的3D文件格式仅限“.obj”和“.stl”格式。

导入的操作方法为在弹出的对话框中，选择模型文件所存储的位置，并选择需要导入的模型文件，单击“打开”按钮，如图4-34所示。

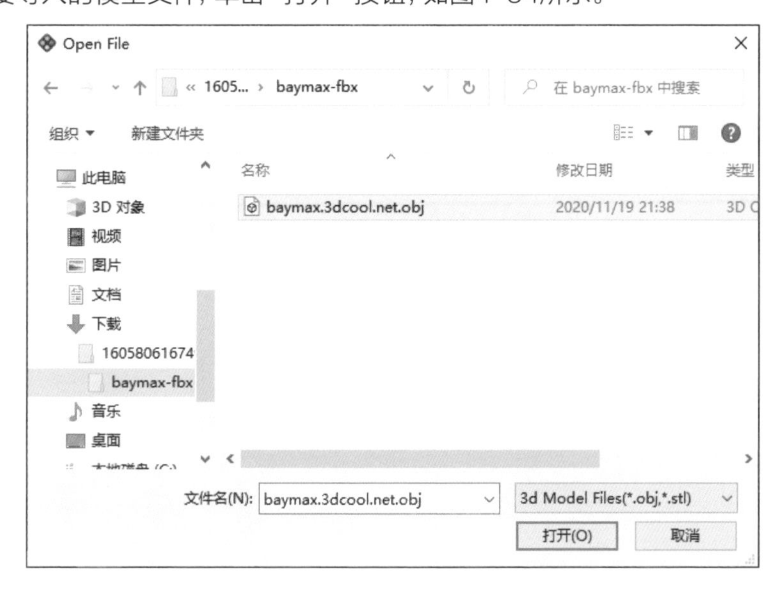

●图 4-34

在弹出的对话框中设置相关参数，具体设置如图4-35所示。

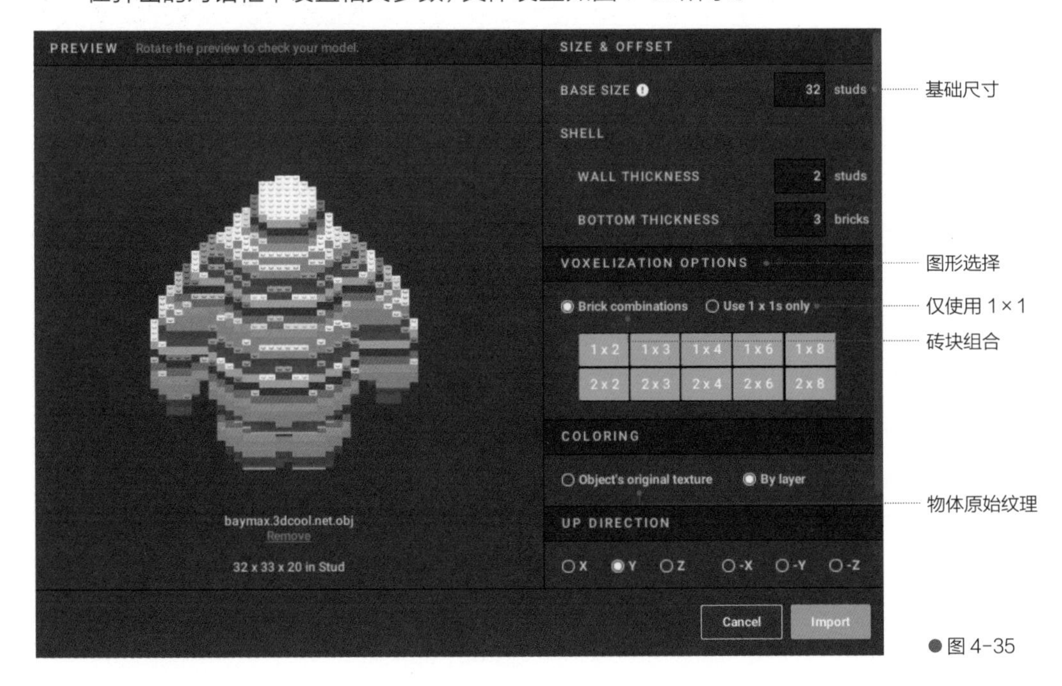

●图 4-35

Import Mosaic：用来将二维平面图片转化为像素画，操作方法如下。

1 导入图片。首先在弹出的对话框中找到图片的存储位置，然后选择需要导入的图片，最后单击“打开”按钮，如图4-36所示。

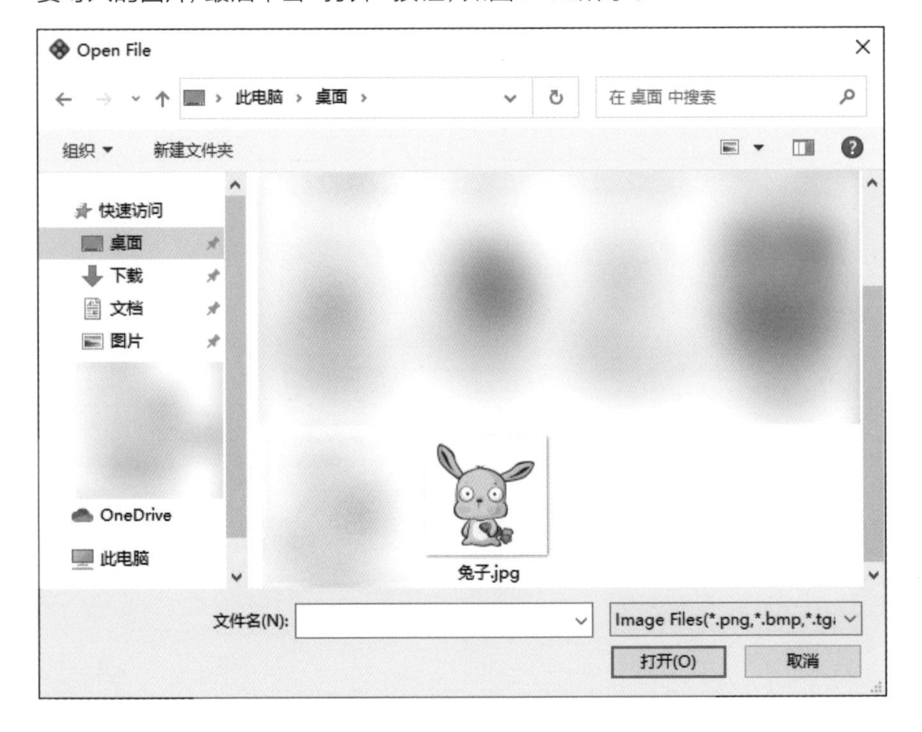

●图 4-36

2 设置相关参数。选择界面中的“MOSAIC”标签页，便会在界面的右侧弹出相关的参数设置项，如图4-37所示。

●图4-37

小贴士

改变基础尺寸的大小可以调整像素画的整体精细度。“Type”选区可以更改像素画使用的积木类型。单击“ORIGINAL|MOSAIC”，可以在原图和像素画之间来回切换，用来对比转换前、后的效果。其他参数项的设置也比较简单，笔者就不再赘述了。

3 单击“Import”按钮，等待进度条加载完成后，就会生成像素画效果，如图4-38所示。

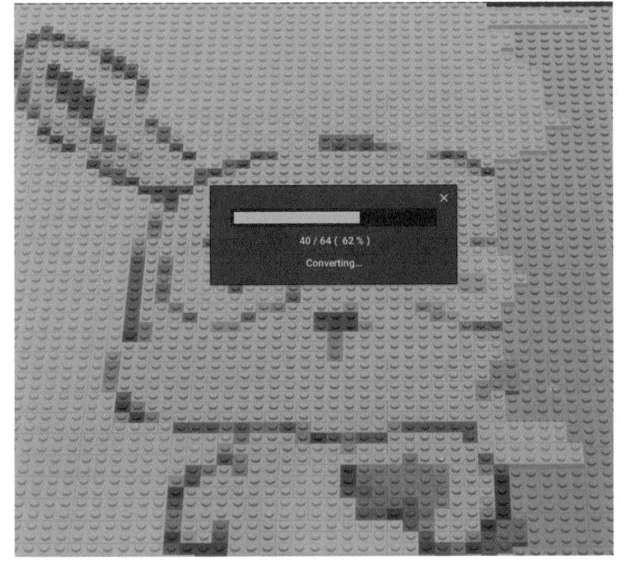

●图4-38

2）“Export As”子菜单

“Export As”子菜单下有7个二级子菜单，如图4-39所示。“.ldr”是LDraw软件使用的格式。LDraw也是一款乐高积木搭建软件，其实它是一系列软件的集合。“.lxfml”是LDD软件使用的格式。“.pov”是图像渲染软件“POV-Ray”使用的格式。Studio软件的导出操作比较简单，笔者就不在这里做示范了。

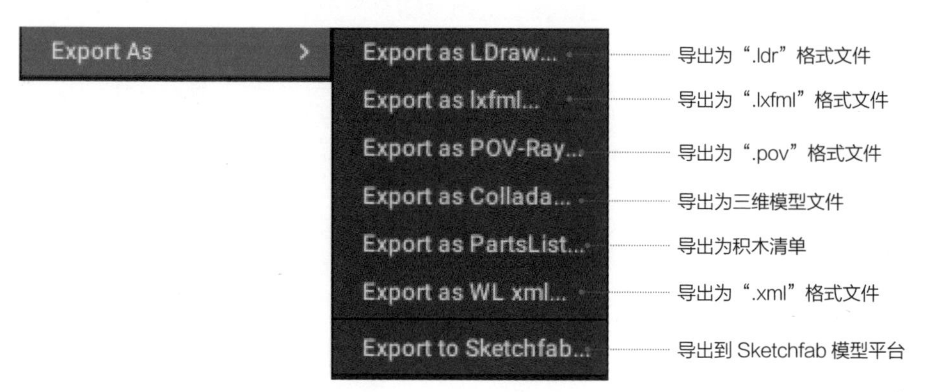

●图4-39

导入/导出功能使用起来十分方便，这也是Studio软件受欢迎的原因之一。利用导入/导出功能可以实现多种软件平台文件的互通。笔者的习惯是先使用LDD软件设计模型，再导入Studio软件进行精修和渲染。

小贴士

模型文件在跨平台使用后可能会出现积木错位、积木无法显示、颜色显示错误等情况。例如，LDD软件中的电子元器件在导入Studio软件之后便会出现以上这些情况，不过这些都是小问题，只需调整修复即可。

2.“Edit”菜单

“Edit”菜单有7个子菜单，各个子菜单的功能如图4-40所示。基本的操作及快捷方式和LDD软件的基本一致，所以也不再展开介绍了。

●图4-40

在“Preferences”（偏好设置）对话框中，偏好设置有3个标签页，分别为“GENERAL”（一般）、“APPEARANCE”（外观）、“SHORTCUTS”（快捷键），如图4-41所示。

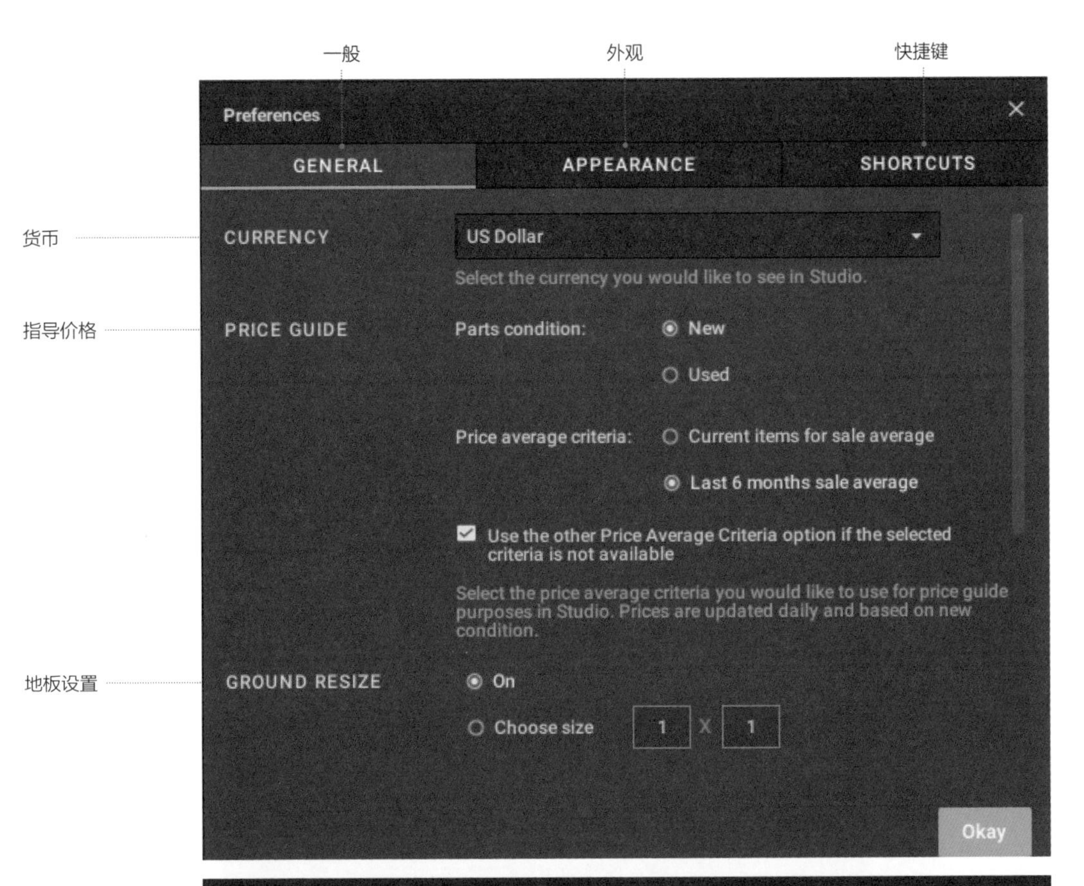
一般
外观
快捷键
Preferences
GENERAL
APPEARANCE
SHORTCUTS
货币
CURRENCY
US Dollar
Select the currency you would like to see in Studio.
指导价格
PRICE GUIDE
Parts condition:
New
Used
Price average criteria:
Current items for sale average
Last 6 months sale average
Use the other Price Average Criteria option if the selected criteria is not available
Select the price average criteria you would like to use for price guide purposes in Studio. Prices are updated daily and based on new condition.
地板设置
GROUND RESIZE
On
Choose size
1
X
1
Okay

Preferences
GENERAL
APPEARANCE
SHORTCUTS
condition.
GROUND RESIZE
On
Choose size
1
X
12
With ground auto-resize turned on, the ground will automatically expand to contain your model. You can alternatively choose a static size to work with.
GROUND ELEVATION
Automatically adjust ground elevation.
自动调节地板高度
BRICK INSERTING
Repeat inserting a selected brick.
重复插入选定的积木
AUTO RECOVERY
Recover unsaved models after an unexpected crash.
意外崩溃后恢复未保存的模型
COLOR VALIDATOR
Run Undetermined type validator when opening .io files.
Group similar issues by default.
Default state for issue parts.
Collapse all
Okay

●图 4-41

1）“GENERAL”（一般）标签页

使用“GENERAL”（一般）标签页可以设置模型积木价格的查询方式，积木的价格会根据bricklink网站上的售价每天更新。“GROUND RESIZE”（地板设置）指的是创作界面地板的大小设置，如图4-42所示。选中“On”单选按钮，进入自动调整模式，地板会随着模型的大小变化而变化。选中“Choose size”单选按钮，可以设置地板的固定大小。

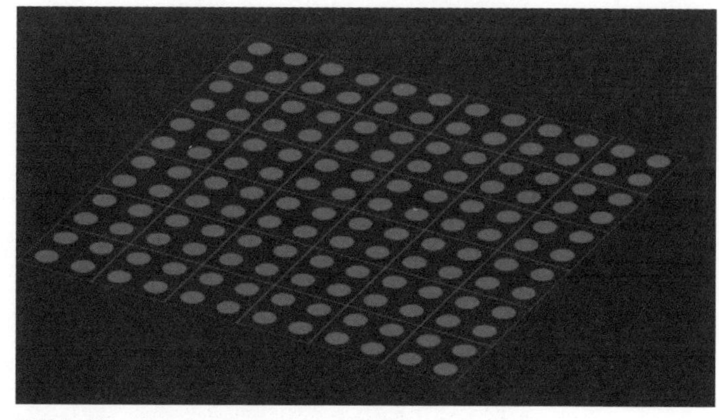

●图4-42

2）“APPEARANCE”（外观）标签页

“APPEARANCE”（外观）标签页的设置项如图4-43所示。

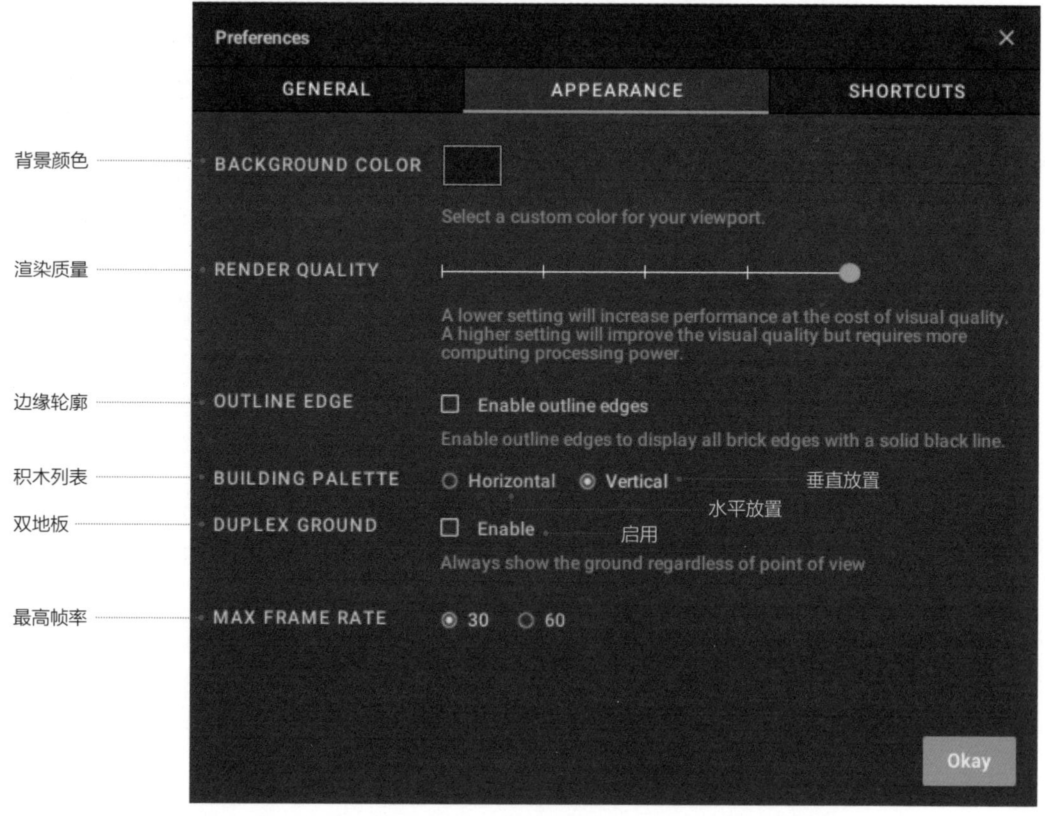

●图4-43

“BACKGROUND COLOR”（背景颜色）选项可以设置创作界面的背景颜色。“RENDER QUALITY”（渲染质量）选项可以调整渲染的图片的质量，并且质量越高，渲染的时间越长。“OUTLINE EDGE”（边缘轮廓）选项可以利用实心黑线显示所有积木的轮廓，如图4-44所示。

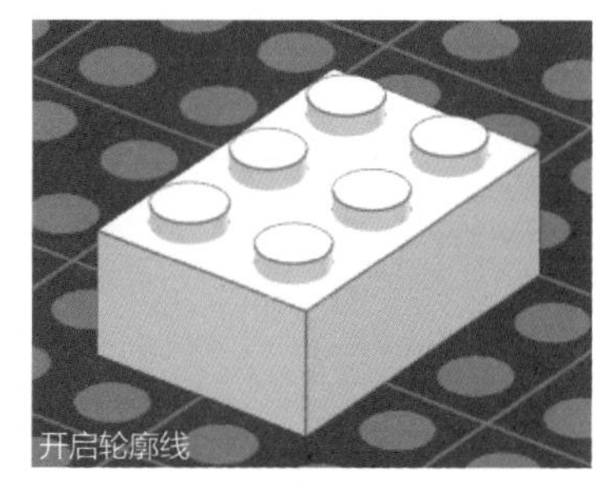

● 图 4-44

在“BUILDING PALETTE”（积木列表）选区中，可以将积木列表设置为水平放置或垂直放置，如图4-45所示。

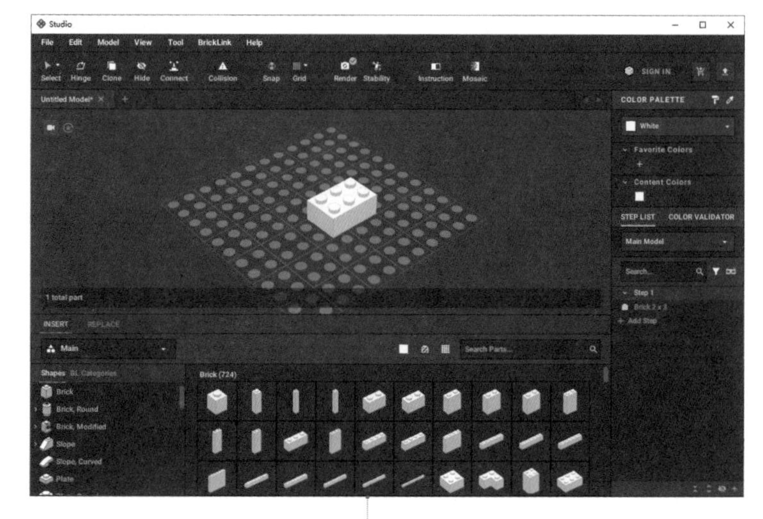

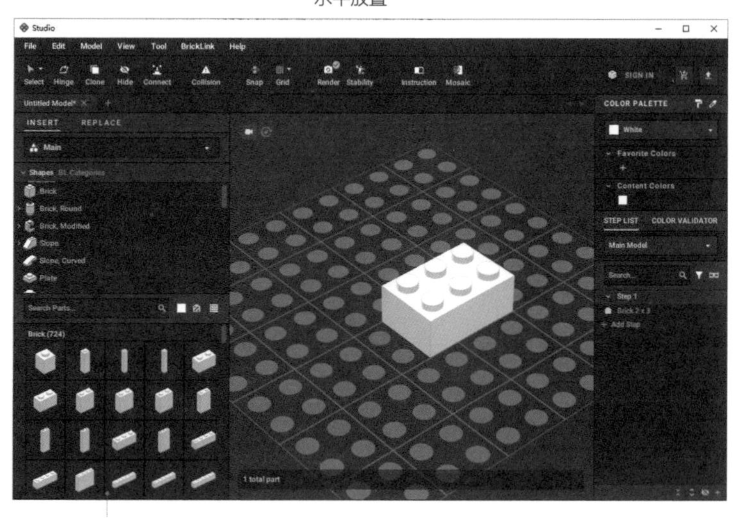

● 图 4-45

在“DUPLEX GROUND”（双地板）选区中，如果勾选“Enable”（启用）复选框，则可以使地板总是可见的，即使视角低于地板时，也可以看到地板，如图4-46所示。

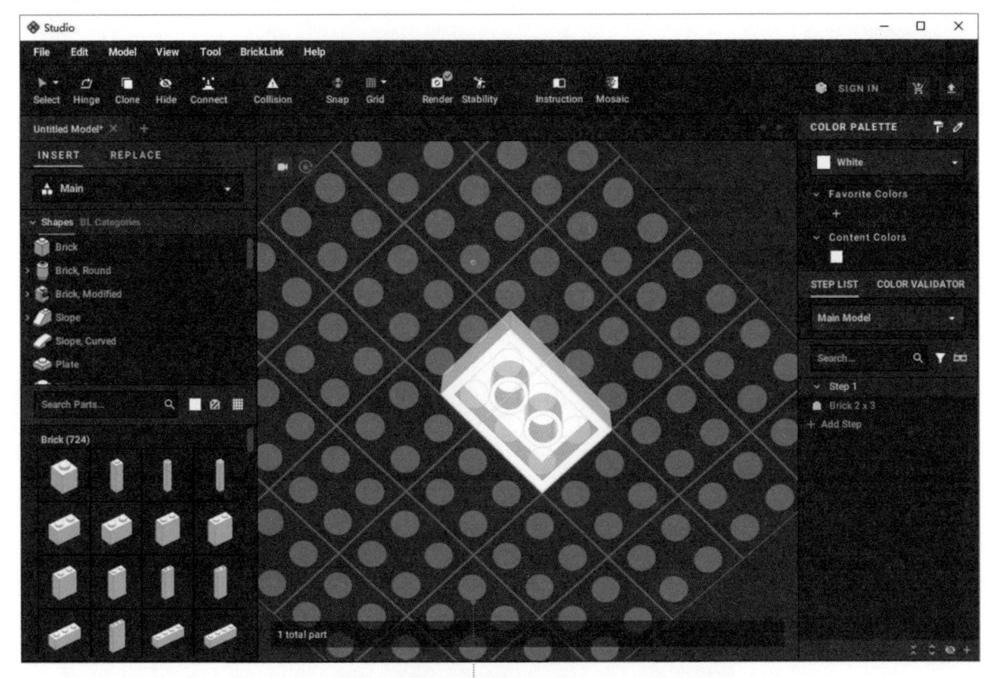

开启后，始终显示地板

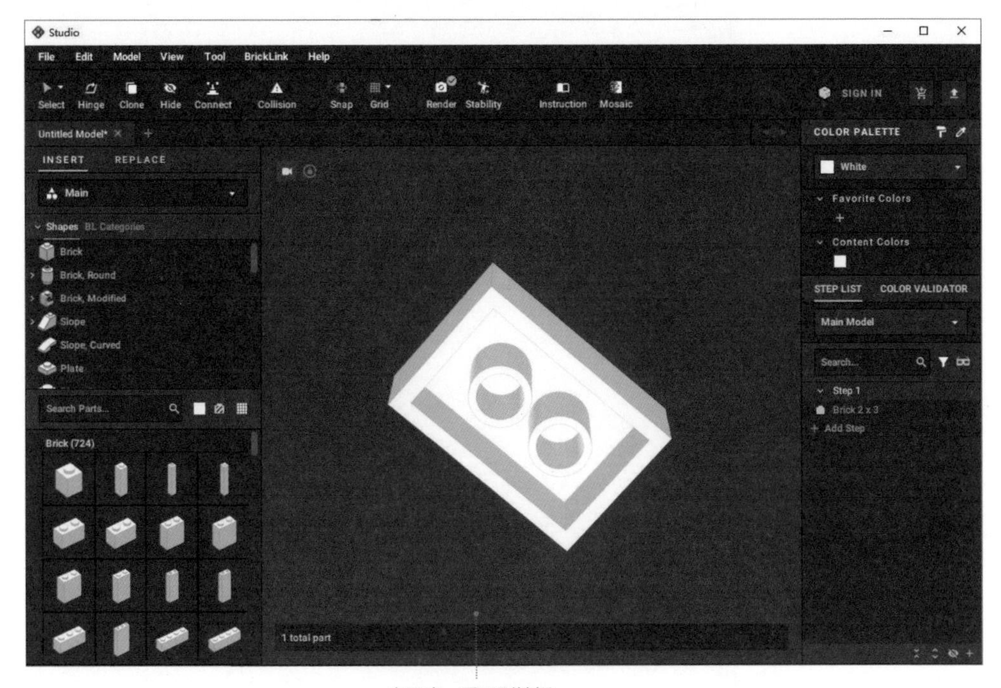

未开启，看不到地板

●图4-46

“MAX FRAME RATE”（最高帧率）的设置主要看个人计算机配置的高低，如果配置比较高，则可以选用较高的帧率。该设置项主要影响软件使用时的流畅感。

3）“SHORTCUTS”（快捷键）标签页

Studio软件将快捷操作主要分为了以下几类，如图4-47所示。

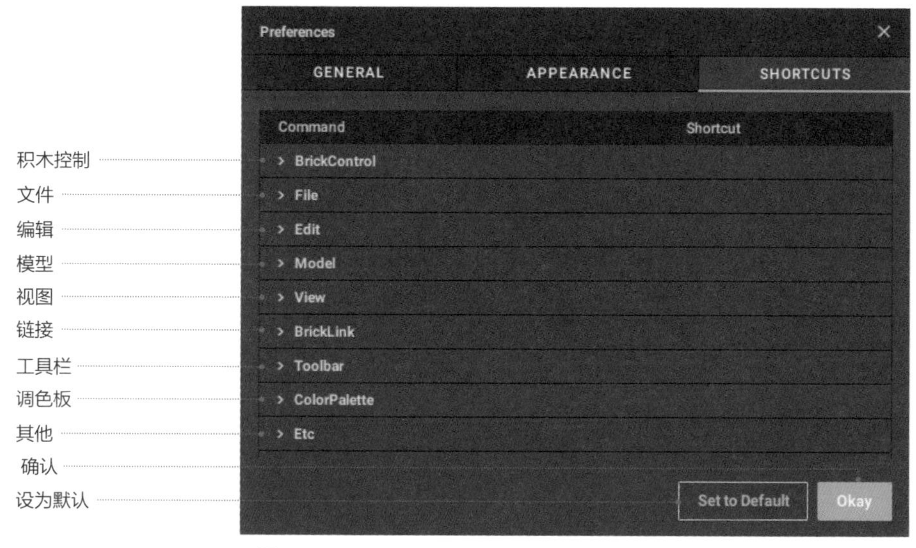

●图4-47

这里以“File”分类下的“Import a Model”为例，只需单击该项的空白框，即可输入自定义快捷键。如果输入的快捷键原先已被使用，则会在底部弹出一个冲突提示，并提示该快捷键原先使用的地方及现在将要用于的地方；如果想要改回原来的设置，则可以单击“Set to Default”（设为默认）按钮，如图4-48所示。对于常用的操作，我们一定要熟练使用快捷键，多多练习。

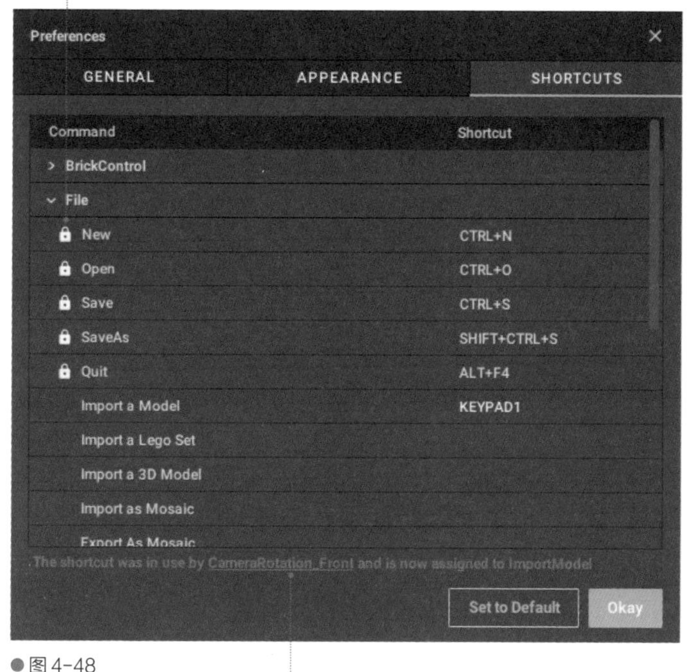

●图4-48

3.“Model”菜单

“Model”菜单有9个子菜单，各个子菜单的功能如图4-49所示。

Model
Add Step Ctrl+T —— 添加步骤
Remove Step(s) —— 移除步骤
Create into Submodel Ctrl+G —— 创建到子模型
Edit Submodel —— 编辑子模型
Release Submodel Ctrl+U —— 重设子模型
Hide L —— 隐藏
Show All Ctrl+L —— 全部显示
Show Only Selected Bricks —— 仅显示选定的积木
Model Info —— 模型信息

●图4-49

“Add Step”（添加步骤）和“Remove Step(s)”（移除步骤）这两个子菜单在后期设置模型搭建步骤时会用到。在创作界面的右下角可以看到对应的步骤面板，如图4-50所示。

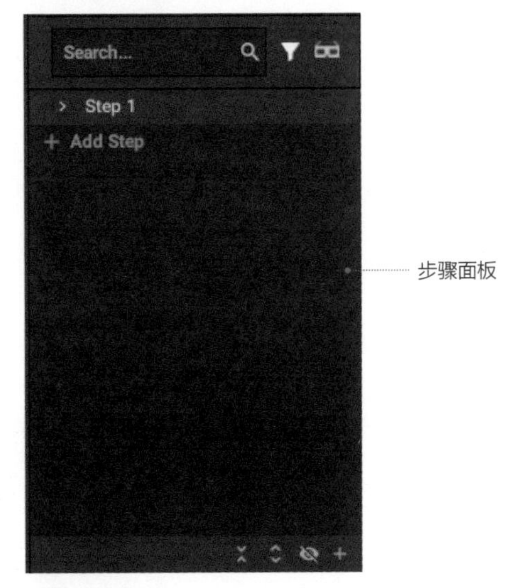

●图4-50

“Create into Submodel”（创建到子模型）、“Edit Submodel ”（编辑子模型）、“Release Submodel”（重设子模型）这3个子菜单主要用来将复杂的大模型分成多个小模型来编辑，具体操作将在后面的章节展示。

“Hide”（隐藏）子菜单用来隐藏积木，便于搭建及观察。“Show All”（全部显示）子菜单用来将隐藏的积木全部显示出来。“Show Only Selected Bricks”（仅显示选定的积木）子菜单用来隐藏除选中积木之外的所有积木。“Model Info”（模型信息）子菜单用来显示模型相关信息。

4.“View”菜单

“View”菜单有10个子菜单，各个子菜单的功能如图4-51所示。“View”菜单都是关于创作界面视角的一些操作。

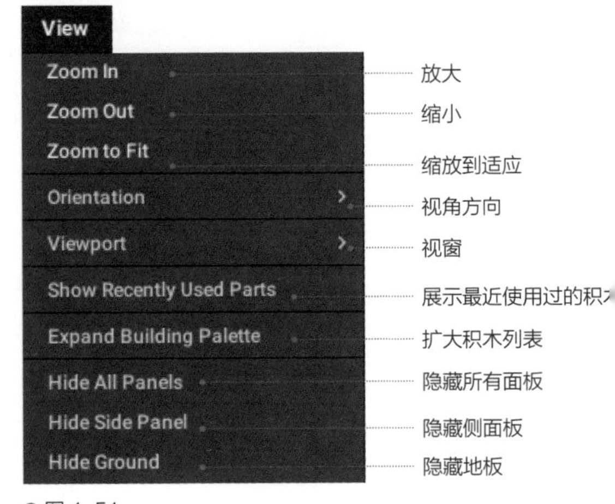

●图4-51

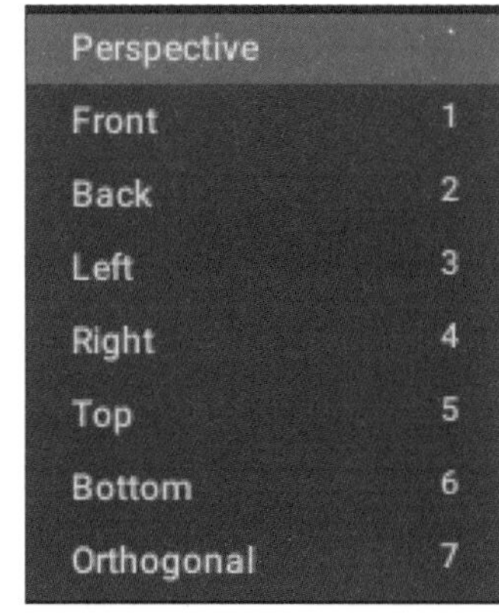

● 图4-52

"Orientation"（视角方向）子菜单有8个二级子菜单，如图4-52所示。通过"~"键和小键盘上的数字键可以快速切换视角。

"Viewport"（视窗）子菜单下有两个二级子菜单，用来在创作界面中添加或删除视窗，如图4-53所示。

● 图4-53

"Show Recently Used Parts"（展示最近使用过的积木）子菜单用来显示或隐藏最近使用过的积木。

"Expand Building Palette"（扩大积木列表）子菜单用来将积木列表最大化显示。

"Hide All Panels"（隐藏所有面板）子菜单会隐藏所有面板，仅显示创作区。

"Hide Side Panel"（隐藏侧面板）子菜单会隐藏侧面板。

"Hide Ground"（隐藏地板）子菜单会隐藏创作界面的地板。

5. "Tool"菜单

"Tool"菜单有两个子菜单，各个子菜单的功能如图4-54所示。

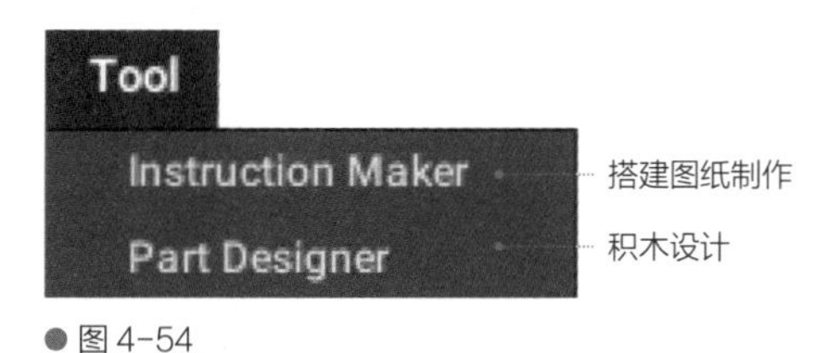

● 图4-54

"Instruction Maker"（搭建图纸制作）是非常重要的一个功能，可以像乐高官方一样制作那种漂亮的搭建图纸。本书将在后面的章节详细介绍其使用方法。

"Part Designer"（积木设计）是bricklink推出的一款积木设计软件。现在很多乐高MOC玩家都使用Studio软件的2.0版本来设计自己的作品。随着设计制作的深入，我们经常会遇到需要定制属于自己专属积木的情况。

小贴士

乐高官方每年都会推出大量的新积木（非同模换色），而Studio软件的2.0版本通常无法及时加入新积木，所以很多设计师都会利用Part Designer软件设计自己独有的积木。关于这款软件，本书不再展开介绍，若有兴趣，可以自行研究。

6. “BrickLink” 菜单

该菜单主要都是关于bricklink会员账号相关功能的命令，如图4-55所示。“Build Together”（共同创作）是Studio软件的特色功能，在登录账号之后，我们就可以和别人共同创作作品了。具体的操作方法交由大家自行摸索。

●图 4-55

7. “Help” 菜单

“Help” 菜单有6个子菜单各项子菜单的功能，如图4-56所示。

●图 4-56

4.3.3 工具栏的说明

Studio软件的工具栏主要有以下工具，如图4-57所示。

●图 4-57

1. Select（选择）工具

该工具的快捷键为“V”。Studio软件同样支持多种选择模式，这和LDD软件是一样的，如图4-58所示。

●图 4-58

2. Hinge（旋转）工具

该工具的默认快捷键为“H”。在按下该快捷键之后，只需单击需要旋转的积木，即可对该积木进行旋转。当在LDD软件中旋转积木时，必须设定一个旋转点，而Studio软件则没有这个限制，如图4-59所示。

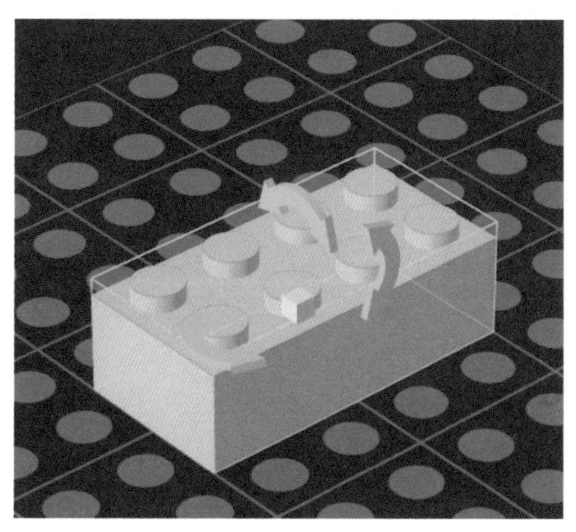

●图 4-59

3.Clone（复制）工具

该工具的快捷键为“C”，利用此工具可以重复复制积木，直到取消操作。

4. Hide（隐藏）工具

该工具的快捷键为“L”，利用此工具可以将积木隐藏。

5. Connect（连接）工具

用户可以自定义该工具的快捷键。此工具可以快速、精准地将两个有装配关系的积木拼接在一起。操作方法如下。

1 单击该工具之后，单击其中一块积木，选择拼接的定位点，如图4-60所示。

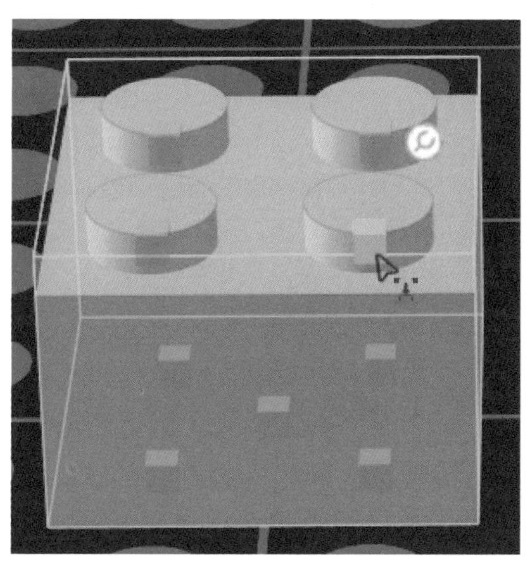

●图 4-60

2 将鼠标指针移到另一块目标积木上，选择拼接的定位点（仅显示可用的拼接点），如图4-61所示。

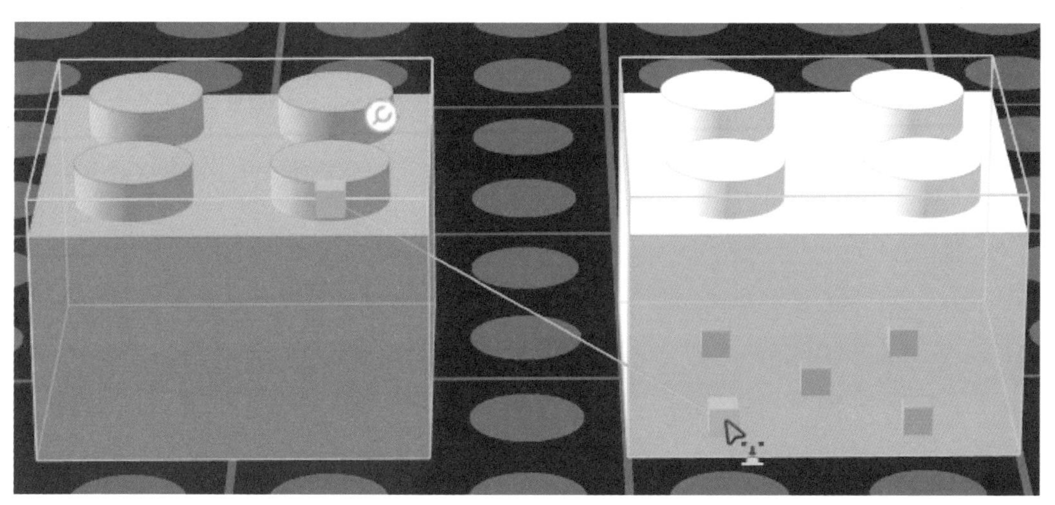

●图 4-61

最终完成效果如图4-62所示。

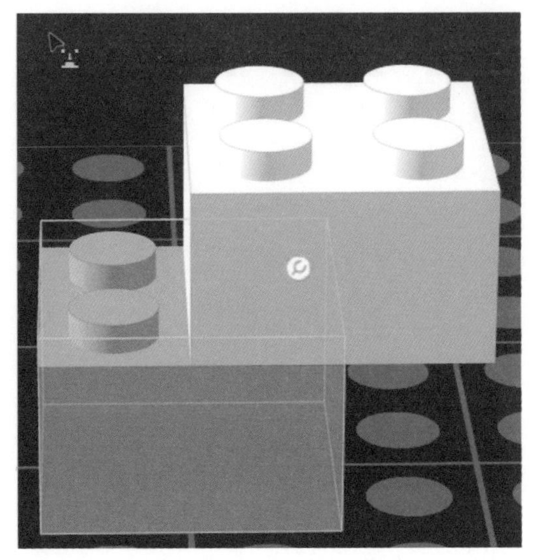

●图 4-62

小贴士

需要注意的是，拼接时移动的是第一块积木，而目标积木是不动的。例如，案例中将黄色积木移到白色积木的下方。

6. Collision（碰撞检测，也被称为穿模检测）工具

单击这个工具可以开启或关闭碰撞检测，也就是穿模检测，具体效果如图4-63所示。开启该功能之后，我们就可以很直观地发现模型中有问题的地方。

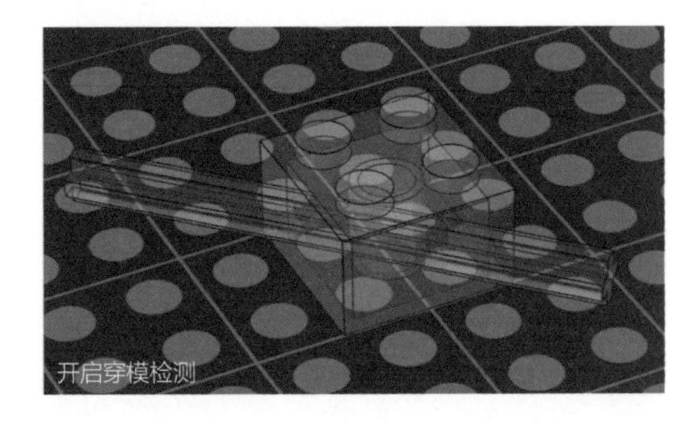

●图 4-63

7. Snap（吸附）工具

单击这个工具可以开启或关闭吸附功能。开启该功能之后，在拼搭积木时，有装配关系的积木之间会有自动吸附对齐的效果，这和LDD软件的吸附效果是一样的。

8. Grid（网格）工具

该工具的作用是调整积木移动时的精细程度。单击Grid工具右侧的三角形，可以根据需求选择3种不同精度的网格。从上到下分别是粗网格、中网格、细网格。网格越大，单次移动的距离就越大，但是精确度就越差。

9. Render（渲染）工具

该工具的作用是将模型文件渲染成照片或视频，如图4-64所示。该功能将在第6章进行详细讲解。

●图 4-64

10. Stability（稳定性检测，主要检测结构的稳定性）工具

稳定性检测也是Studio软件的一个特色功能，单击该工具后会在创作界面的右上角弹出一个对话框，这里用一个简单模型来做案例说明，具体效果如图4-65所示。

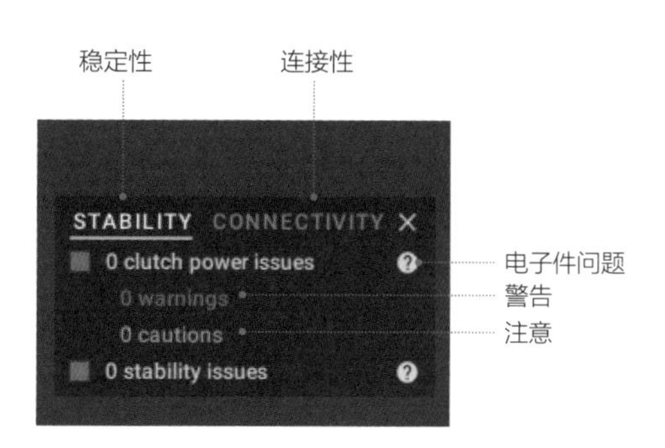

●图 4-65

软件检测到问题时会用红圈（警告）、粉圈（注意）、绿圈（正常）来表示，在如图4-66所示的红圈处有稳定性问题。

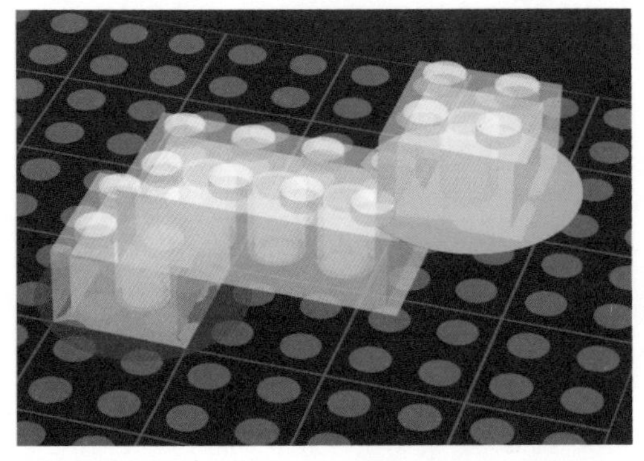

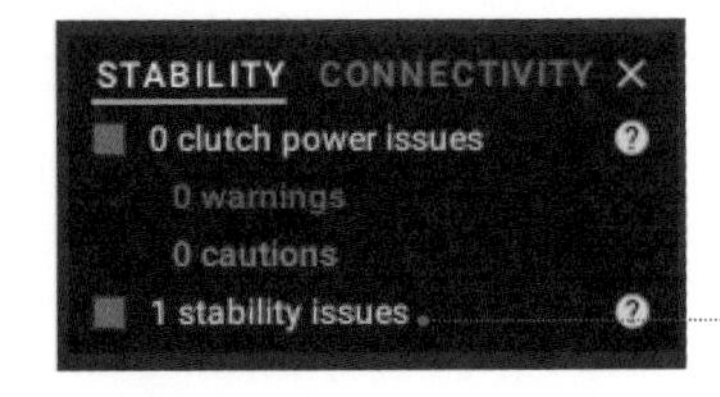

提示有 1 处稳定性问题

● 图 4-66

当软件检测积木连接的问题时，会将有问题的积木用粉色重点突出显示出来，如图4-67所示。

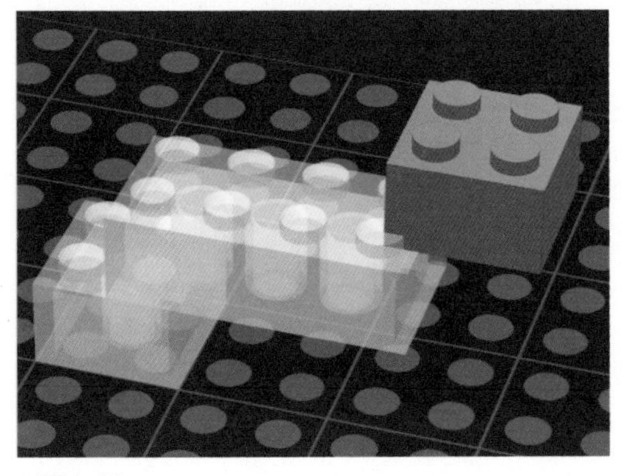

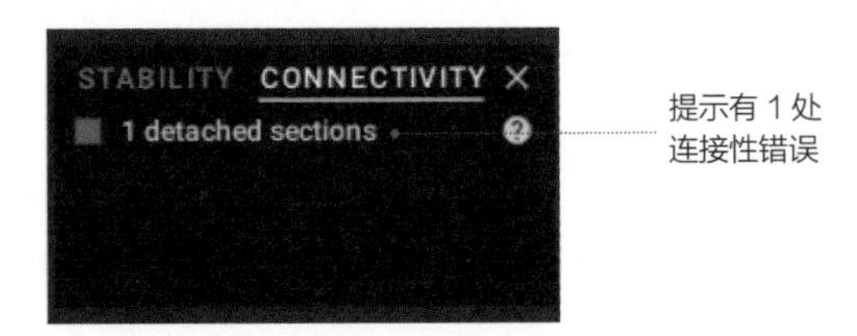

提示有 1 处连接性错误

小贴士

稳定性检测并不总是正确的，所以该功能的检测结果仅供参考。

● 图 4-67

11. Instruction（搭建指南）工具

使用该工具可以制作搭建图纸，如图4-68所示。

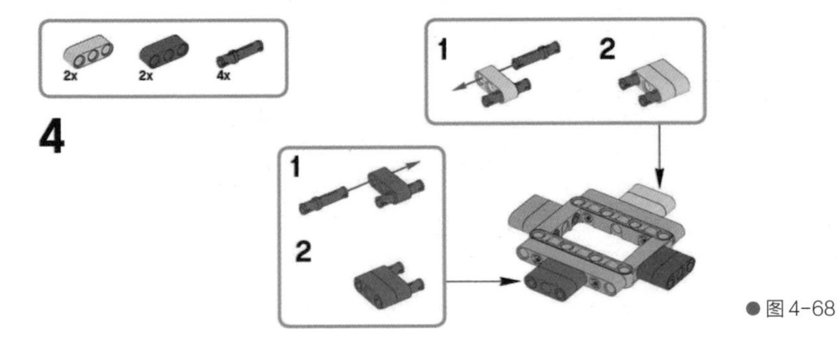

● 图 4-68

12. Mosaic（像素画）工具

使用该工具不仅可以将当前模型俯视角度的画面转化为像素画，还可以将二维平面图转化为像素画。

4.3.4 标签页的说明

Studio软件支持同时开启多个模型文件（LDD软件只能开启一个模型文件），当开启多个模型文件后，可以在标签页进行切换，如图4-69所示。这样就可以非常方便地在多个模型文件之间进行浏览。以前笔者在LDD软件中为了学习某个模型的一些搭建方法，只能不停打开和关闭LDD软件文件，但在Studio软件中就不需要如此麻烦了。

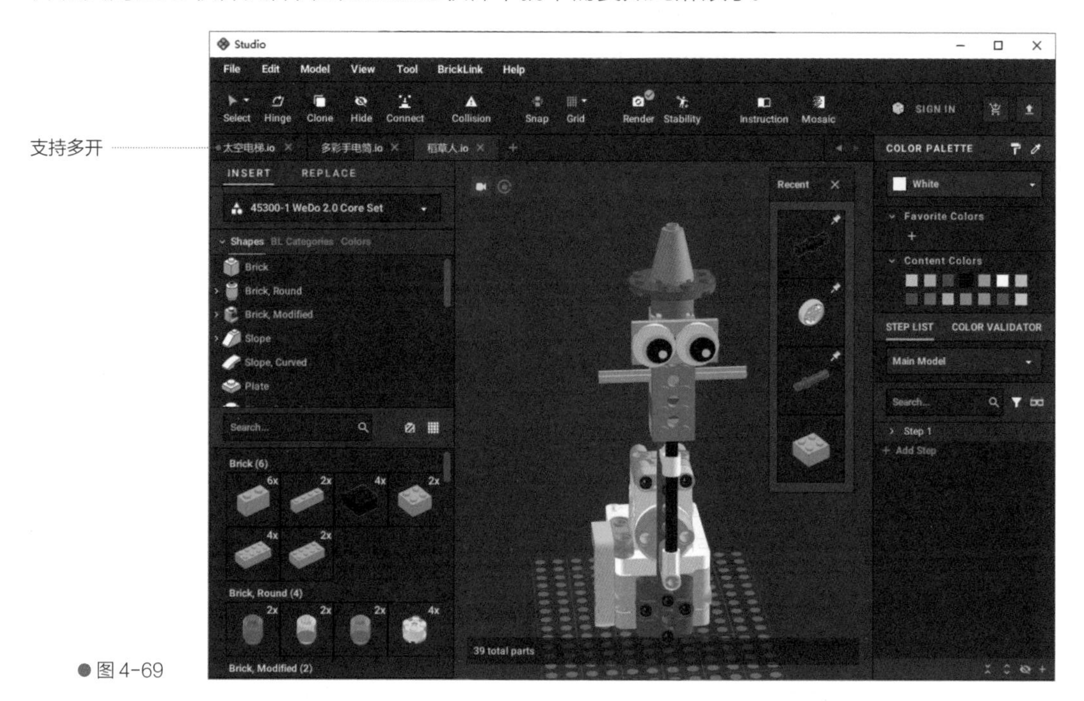

●图4-69

4.3.5 积木列表区的说明

Studio软件的积木列表区如图4-70所示。Studio软件的积木列表区和LDD软件的非常相似，但是Studio软件的积木列表区的功能要比LDD软件的丰富得多，还会对具体的功能进行说明。

1.积木操作模式

积木的操作模式主要分为“INSERT”（插入）和“REPLACE”（替换）两种。

“INSERT”模式是基本的创作模式，在积木列表区选择好积木后就可以在创作区插入积木。在“REPLACE”模式下可以将原来的积木直接替换成其他积木。如果要替换小鸟的眼睛，则可以先选择模型中的眼睛积木，再输入部件编号查找，最后选择替换的积木，如图4-71所示。

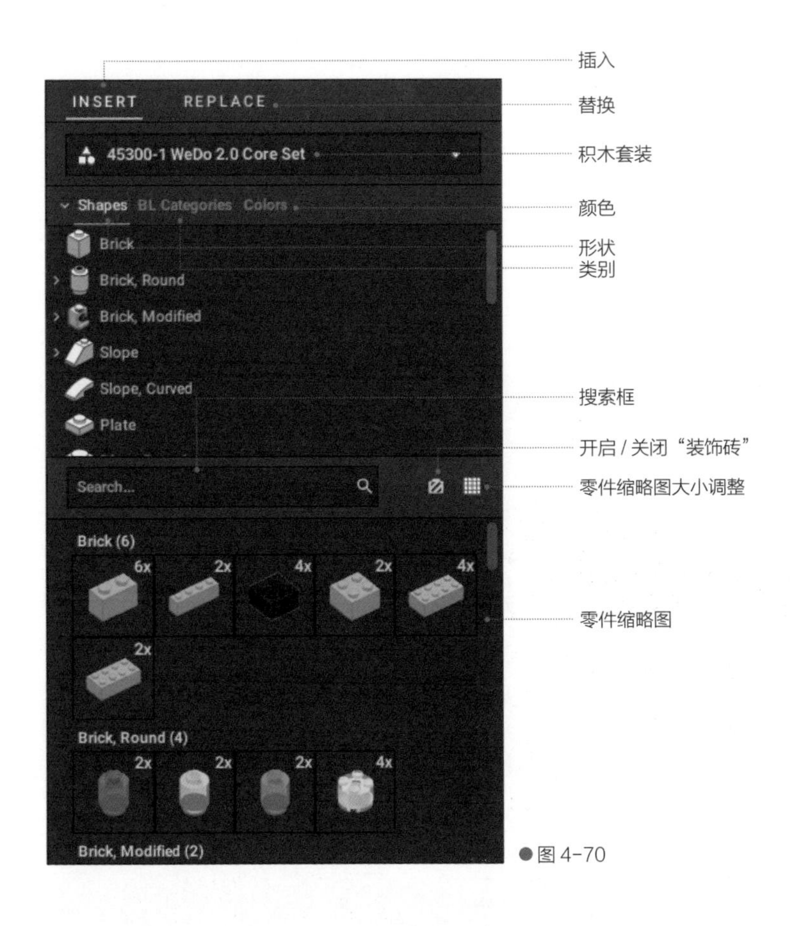
插入
INSERT
REPLACE
替换
45300-1 WeDo 2.0 Core Set
积木套装
Shapes BL Categories Colors
颜色
Brick
形状
类别
Brick, Round
Brick, Modified
Slope
Slope, Curved
Plate
搜索框
开启 / 关闭“装饰砖”
Search...
零件缩略图大小调整
Brick (6)
6x
2x
4x
2x
4x
2x
零件缩略图
Brick, Round (4)
2x
2x
2x
4x
Brick, Modified (2)

●图 4-70

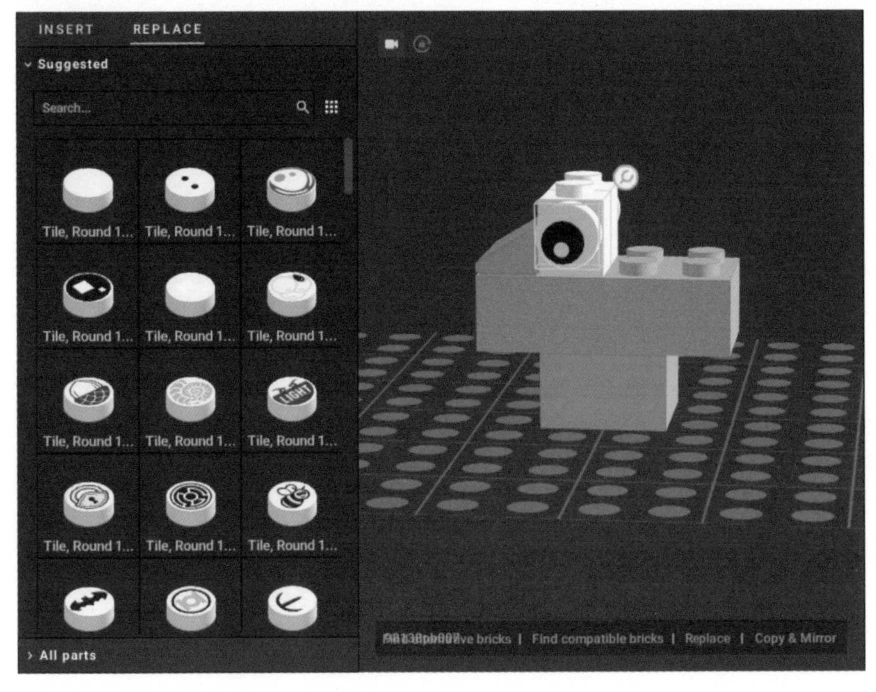
INSERT
REPLACE
Suggested
Search...
Tile, Round 1...
Tile, Round 1...
Tile, Round 1...
Tile, Round 1...
Tile, Round 1...
Tile, Round 1...
Tile, Round 1...
Tile, Round 1...
Tile, Round 1...
Tile, Round 1...
Tile, Round 1...
Tile, Round 1...
Find compatible bricks | Replace | Copy & Mirror
All parts

●图 4-71

积木列表区会显示出所有可进行替换的积木，只需根据需求自行选择即可。我们也可以通过搜索框快速、精准地找到特定的积木，最终效果如图4-72所示。

●图 4-72

小贴士

需要注意的是，这里的积木编号和乐高的可能会不一样，但是大部分是一样的。

2.套装积木列表

Studio软件默认的积木列表是“Main”，在这个模式下会显示所有的积木。我们可以选择套装来限定积木类型及范围。除了Studio软件自带的套装，其他任何套装都是需要后期添加才会有的。

乐高官方套装的添加方法详见4.3.2节的“Import Official LEGO Set”。除了乐高官方套装，我们还可以添加自定义套装。自定义套装的添加方法如下。

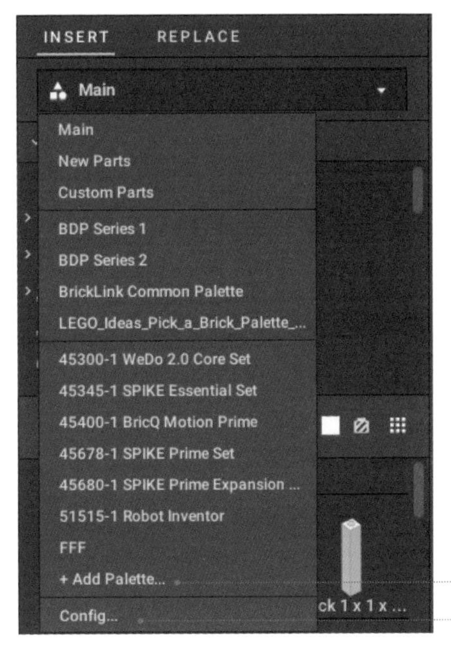

●图 4-73

1 在积木列表“Main”的下拉列表中，选择“Add Palette”（添加套装）选项，如图4-73所示。

2 编辑自定义套装名称。在弹出的对话框中，先输入一个套装名，如“个人1”（Studio软件支持中文名套装）；再将“TYPE”设置为“Brick”；最后单击“Okay”按钮，如图4-74所示。

●图 4-74

3 添加积木。右击模型中的积木，在弹出的快捷菜单中选择“Add To Palette”→“个人1”命令，将其添加到自定义套装中，如图4-75所示。

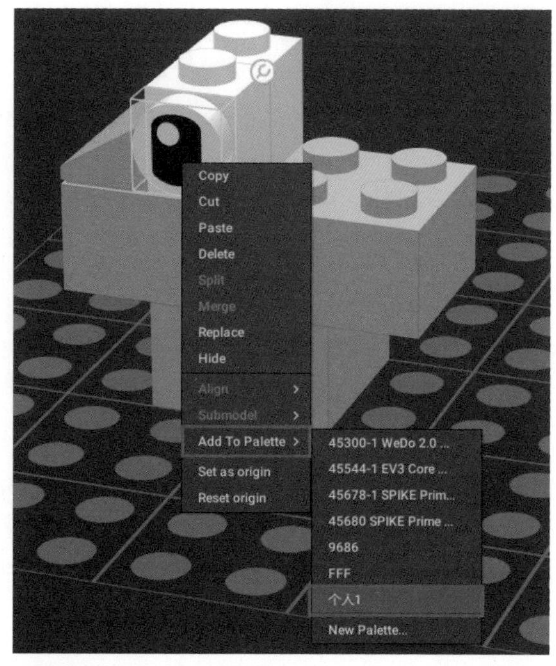

●图4-75

除此之外，还可以在积木列表区中找到要添加的积木，右击该积木，在弹出的快捷菜单中选择“Add To Palette”→“个人1”命令，即可将该积木添加到“个人1”套装中，如图4-76所示。

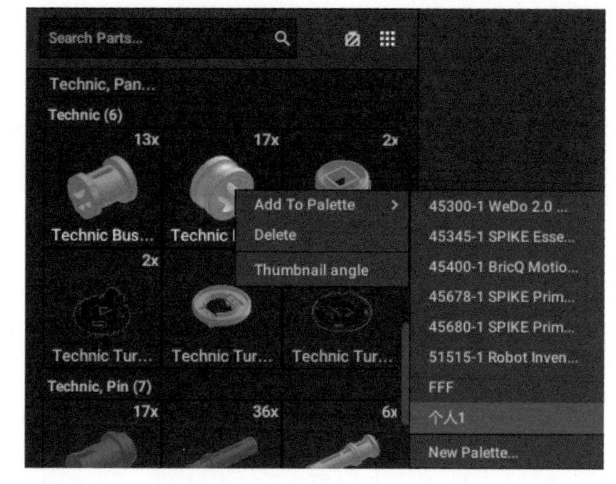

●图4-76

切换到“个人1”套装，就可以看到我们刚添加的两个积木了，如图4-77所示。使用同样的方法，我们可以继续添加其他积木。

移除套装中的积木也是类似的操作，下面以移除黄色的半轴套为例，介绍其操作方法。

1 切换到“个人1”套装，右击积木，在弹出的快捷菜单中选择“Delete”命令，如图4-78所示。

2 在弹出的对话框中，单击“Delete”按钮，如图4-79所示。

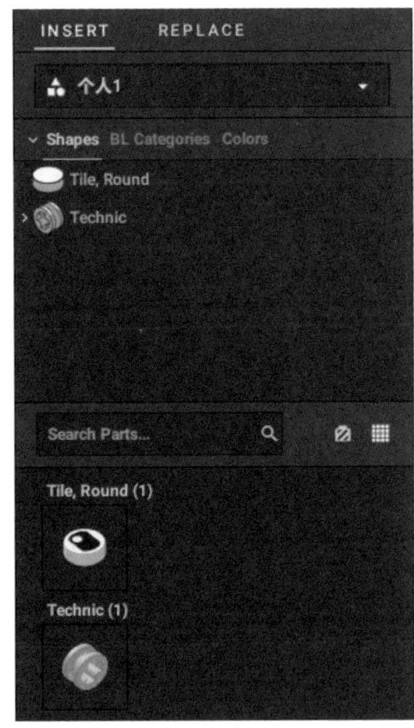

● 图4-77

● 图4-78

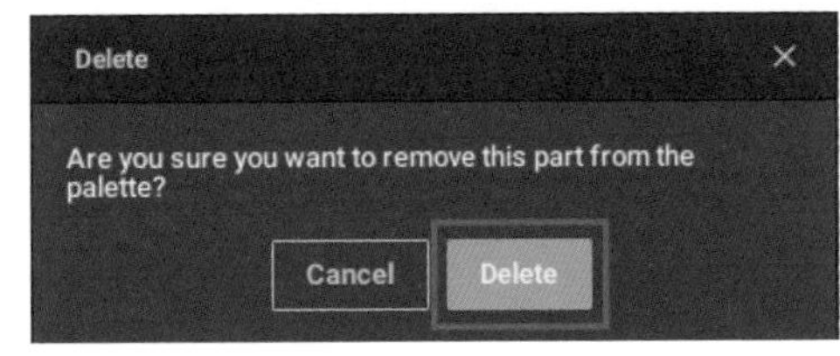

● 图4-79

3.积木的分类

Studio软件的积木可以按“Shapes”（形状）、“BL Categories”（类别）、“Colors”（颜色）（只有自定义套装模式下才有）进行分类，如图4-80所示。

笔者由于工作原因，平常基本上都是使用科技类的积木，所以在使用Studio软件创作模型时，通常会使用“BL Categories”模式下的“Technic”科技系列来快速查找积木。我们还可以在自己常用的系列右侧单击☆按钮，将其设置成“偏好”，从而可以优先显示，如图4-81所示。

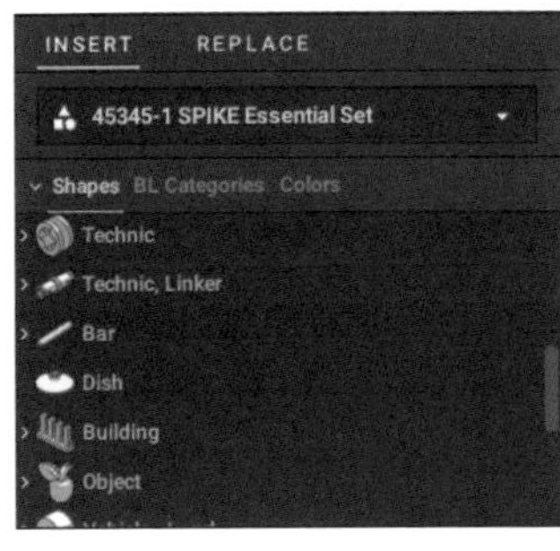

● 图4-80

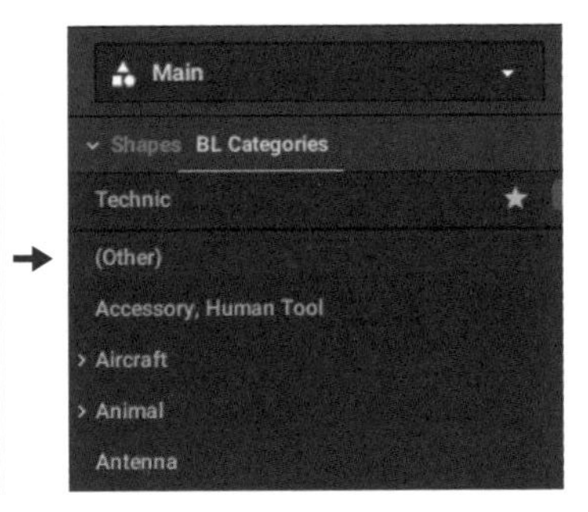

● 图4-81

4.积木的搜索

在搜索框中搜索积木的方式有以下几种。

第一种：根据部件编号进行搜索，如2780（销），如图4-82所示。

第二种：根据关键词（英文）进行搜索，如round（圆形）、plate（板）、red（红色），如图4-83所示。

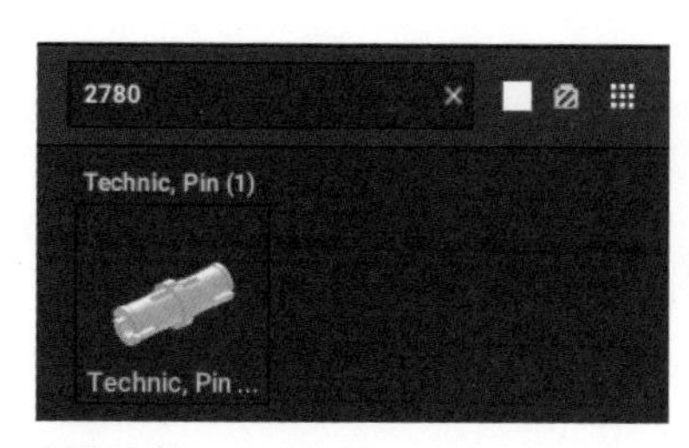

●图4-82

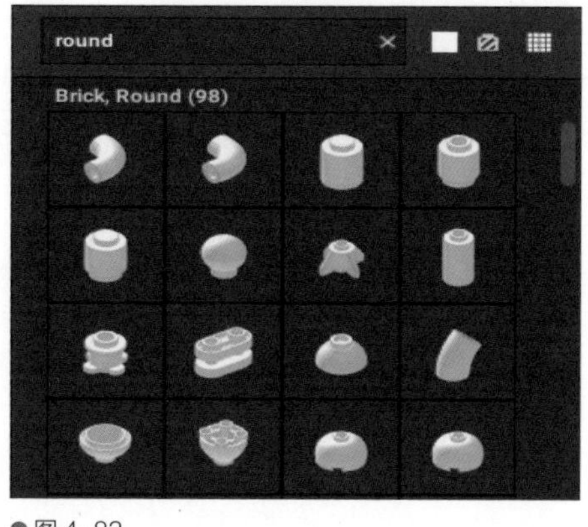

●图4-83

第三种：根据规格进行搜索，如1×1、4×4，如图4-84所示。

第四种：根据多关键词进行搜索。用户可以在搜索框中输入多个关键词进行更精确的搜索，注意关键词之间用空格隔开，如2×2 plate round，如图4-85所示。

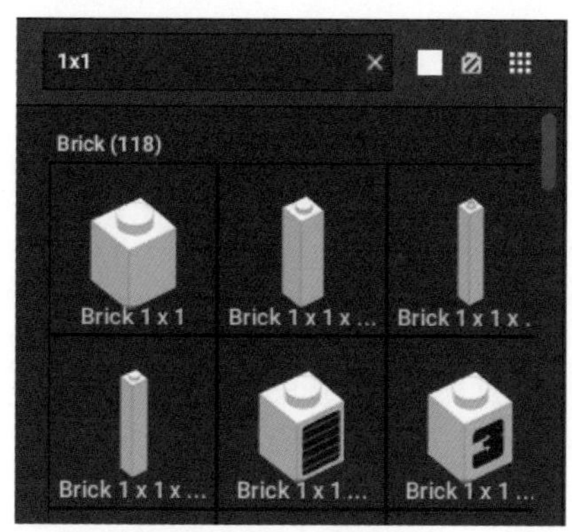

●图4-84

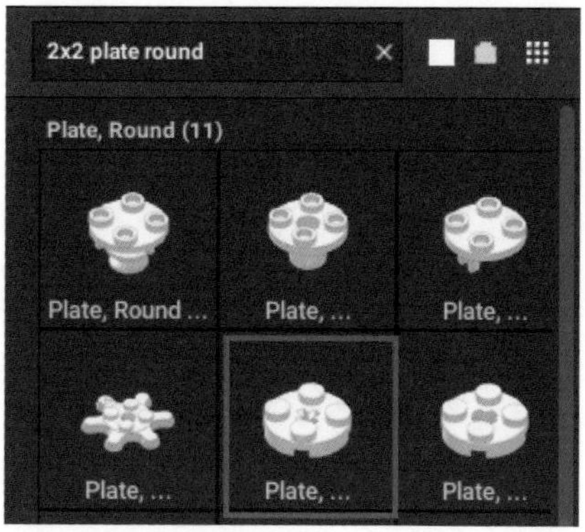

●图4-85

5.积木列表显示设置

在这里我们可以对积木的默认颜色、“装饰砖”的开启/关闭，以及积木的缩略图大小进行调整。首先我们来学习如何设置积木的基本颜色，由于积木默认的基本颜色是白色，因此可以通过以下方法来改变基本颜色。

（1）设置积木的基本颜色，首先单击“调色”按钮，然后选择颜色种类，最后选择具体颜色，如图4-86所示。

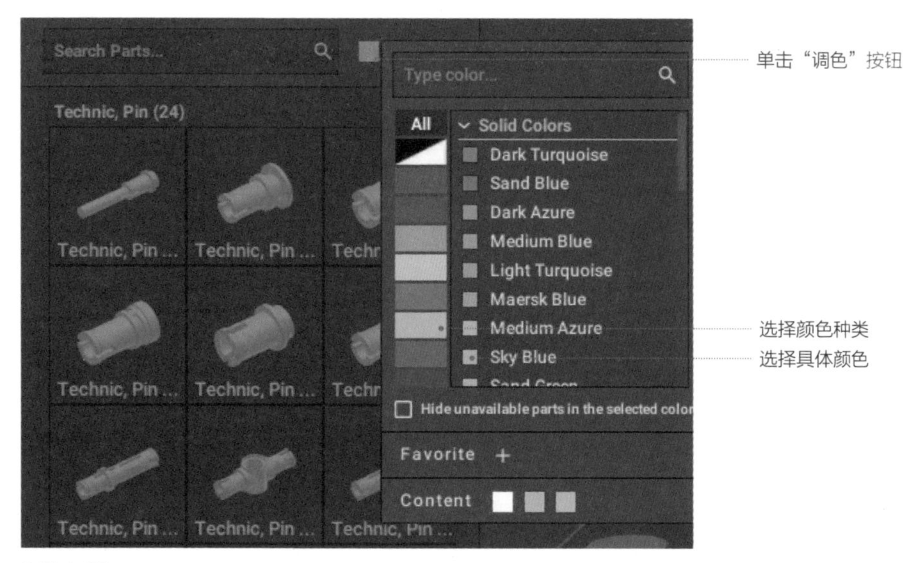

● 图 4-86

（2）开启或关闭“装饰砖”。乐高有很多积木是带有装饰图案的，如人仔的头、仪表盘、眼睛等。如果开启“装饰砖”，则可以给积木选择装饰纹理；如果关闭“装饰砖”，则仅显示基本型，效果如图4-87所示。

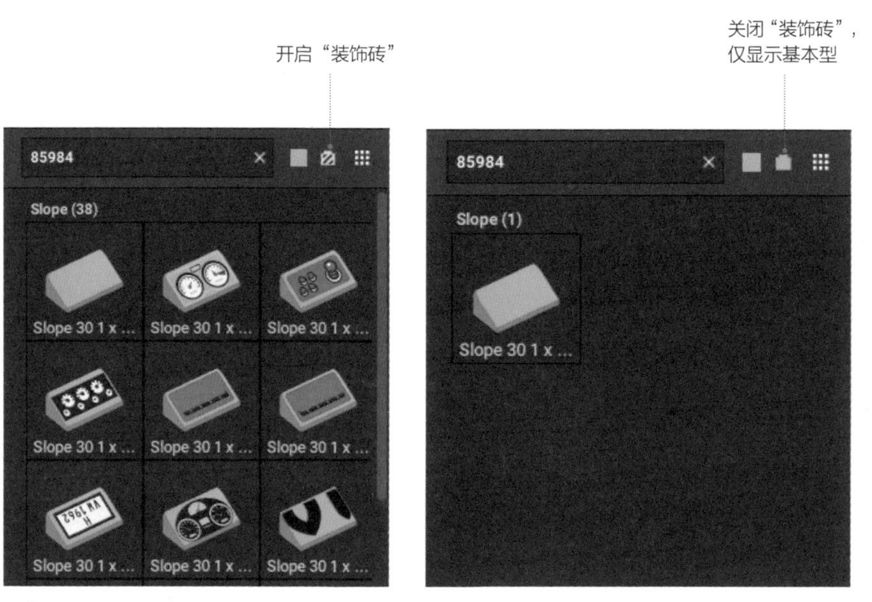

● 图 4-87

（3）调整积木缩略图大小。新手如果对于积木不是很熟悉，积木图太小的话可能会看不清楚具体的型号样式，这时我们就可以将积木缩略图调到最大，以便查看。缺点就是由于缩略图过大，列表显示的积木会比较少，有时需要翻动很多页才会找到需要的积木，无形之中就降低了查找积木的速度，如图4-88所示。

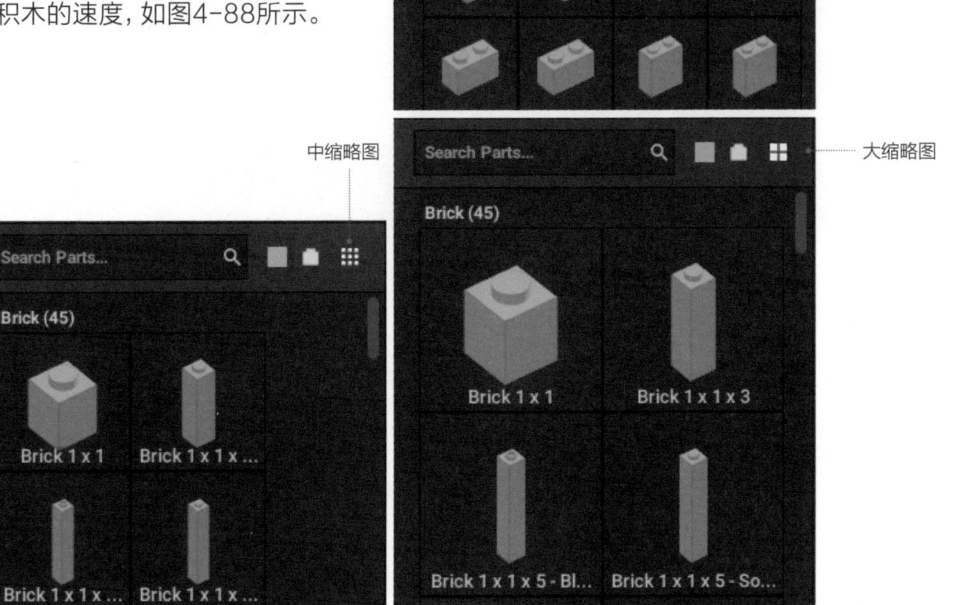

●图4-88

4.3.6 侧面板的说明

侧面板位于Studio软件的创作界面的右侧，如图4-89所示。

●图4-89

在侧面板中，我们可以进行如下设置。

（1）颜色设置。首先是积木颜色设置，在这里我们可以对模型中的单个或多个积木的颜色进行设置。其操作方法如下。

1 选择需要修改颜色的积木，如图4-90所示。

●图4-90

2 单击侧面板中颜色设置的三角箭头，如图4-91所示。

3 在弹出的下拉列表中，选择对应的颜色。我们以红色为例，先在左侧选择“红色”类别，然后在右侧的颜色列表中选择“Red”（红色）选项。最终效果如图4-92所示。

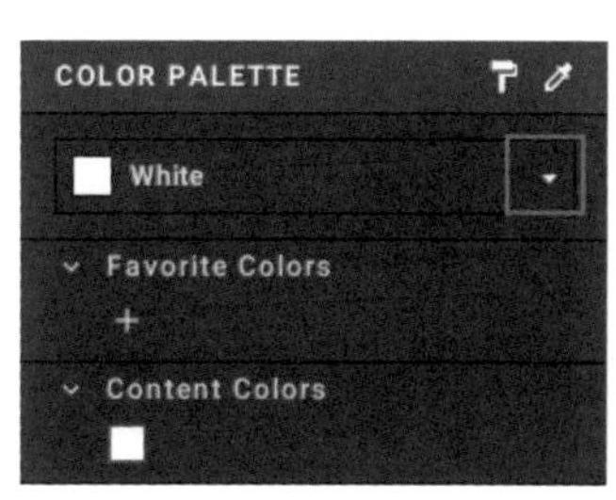

●图4-91

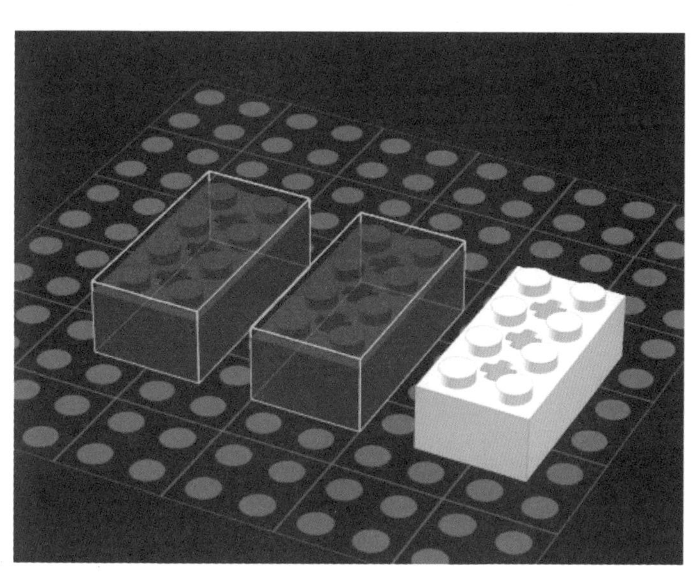

●图4-92

也可以收藏常用的颜色，以便后期进行设置，即通过单击+按钮收藏，如图4-93所示。

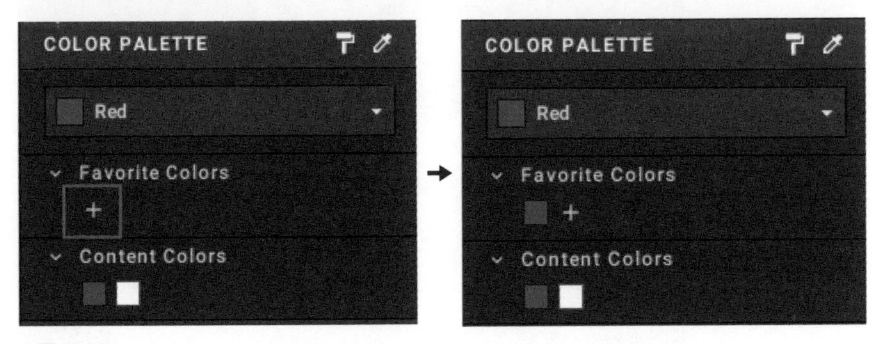

● 图4-93

（2）步骤设置。选择“STEP LIST”标签页可以在下方的步骤列表中看到模型的搭建步骤，如图4-94所示。在默认情况下，整个模型都是集中在一个步骤内的，所以为了后期制作搭建图纸，我们可以在这里对模型进行分步设置。

添加步骤：单击“Add Step”按钮或底部的+按钮，即可添加一个新的步骤，如图4-95所示。

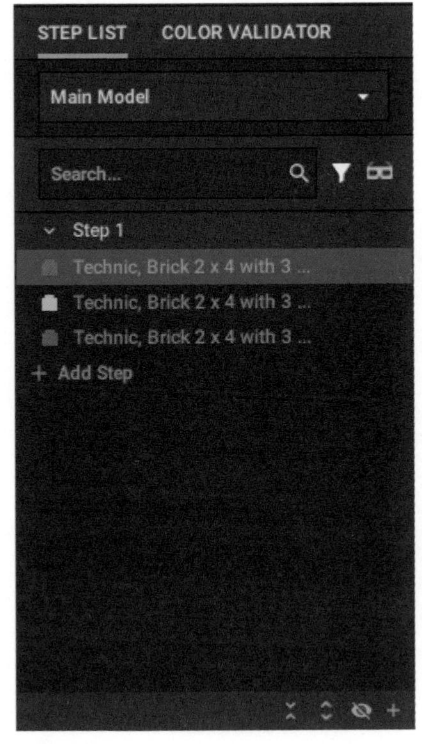

● 图4-94

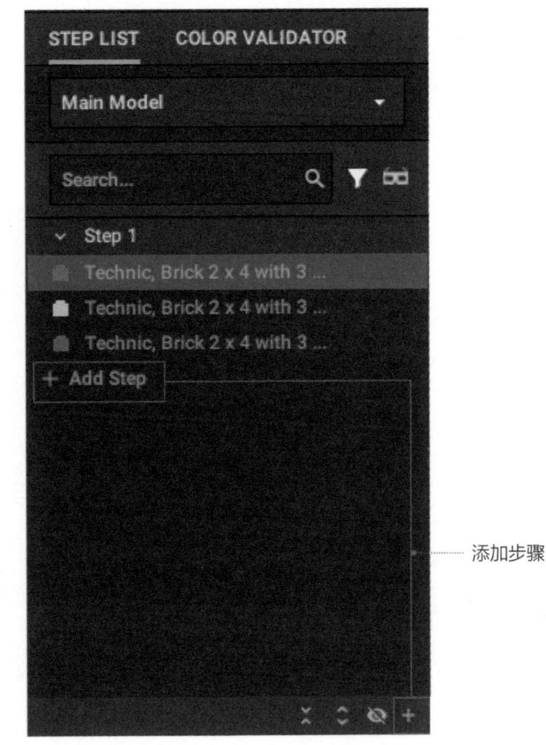

● 图4-95

移动积木到新步骤：例如，将“Step 1”中的白色积木移到“Step 2”中，我们可以选中白色积木并按住鼠标左键将其拖到“Step 2”后，松开鼠标左键，如图4-96所示。重复同样的操作，我们就可以对整个模型进行分步设置。后期在制作搭建图纸时，我们通常会在另外一个地方进行步骤设置，具体看第7章。

（3）积木颜色验证。“COLOR VALIDATOR”标签页主要用来验证此颜色的积木是否有实际生产过，如果没有，则会进行提示，如图4-97所示。

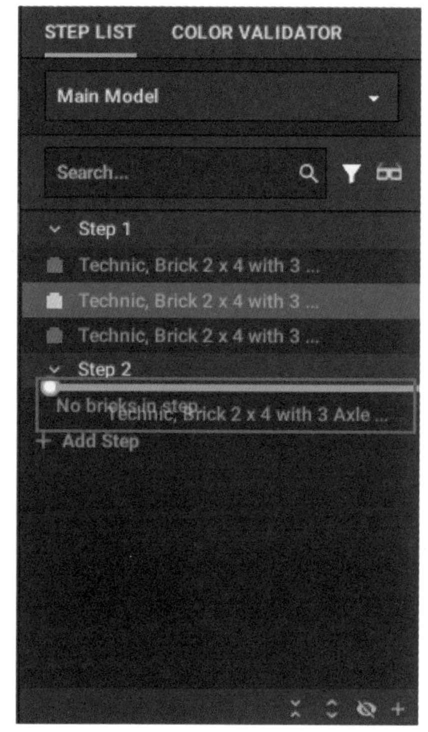

●图4-96

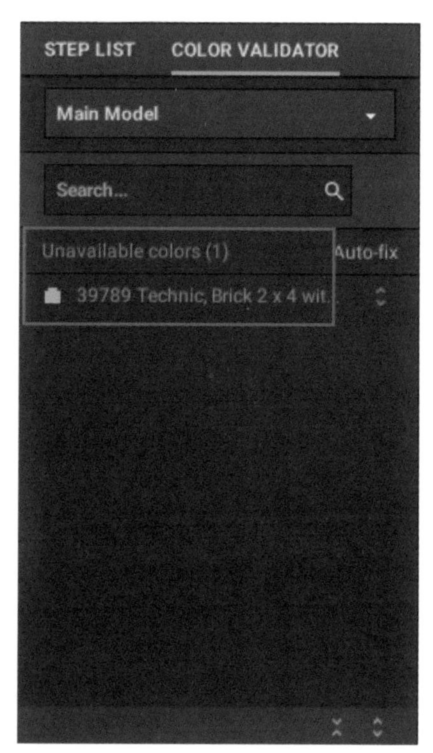

●图4-97

第 5 章

MOC创作实操

本章将带领大家用LDD软件创作一个综合性的乐高MOC作品。首先要确定一个主题，本作品的主题是“我的积木世界”。在这个作品中，笔者会通过由简到难的方式一点一点地引导读者进行创作设计。

5.1 我的积木世界

本作品会涉及多种类型的乐高MOC作品，如机械类、交通工具类、动物类、植物类等。在本案例的基础上，读者也可以发挥各自的想象力和创造力去创作更多的乐高MOC作品，以丰富自己的场景。本作品的最终效果如图5-1所示。

●图 5-1

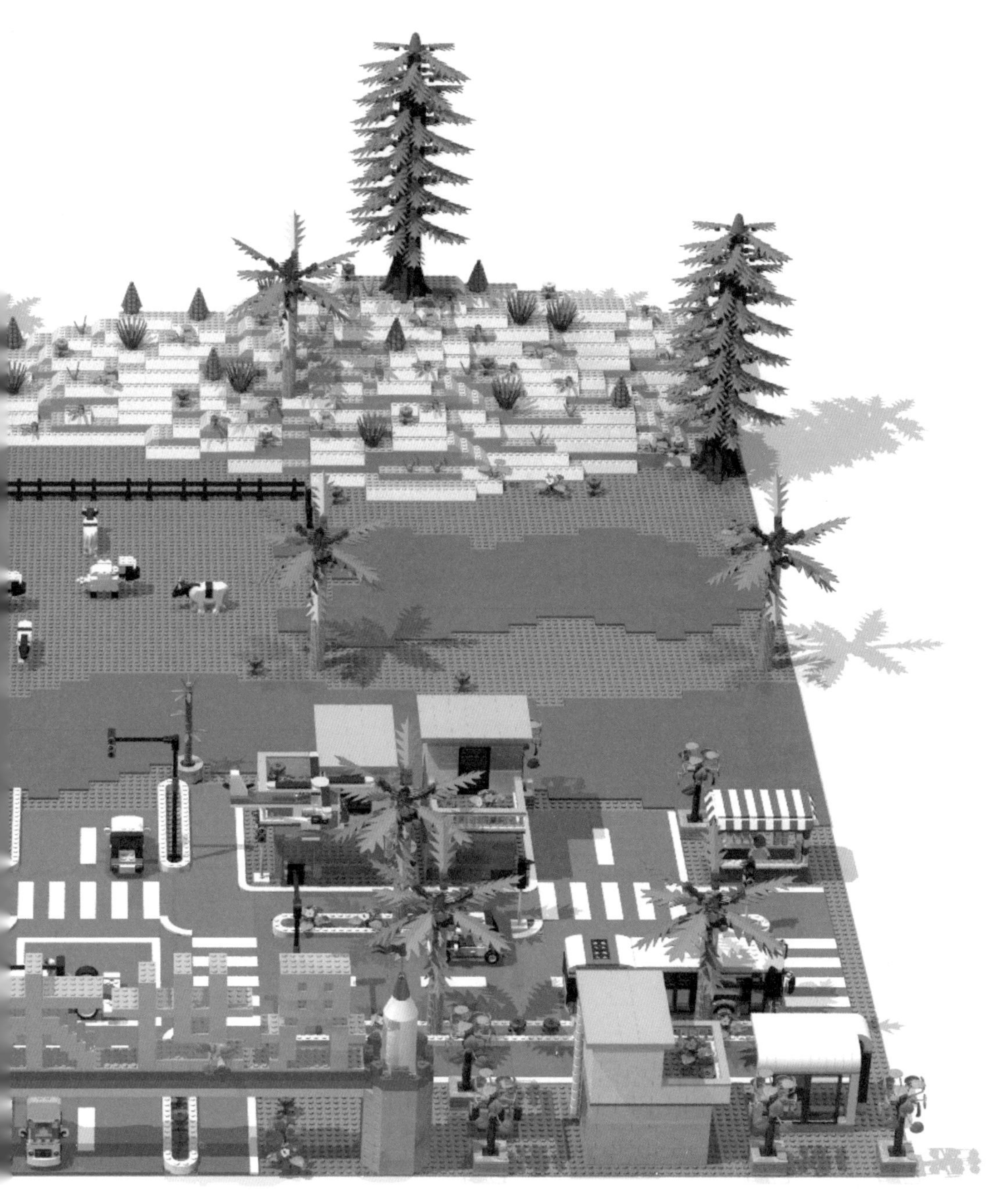

在创作之前一定要先设计一份草图，可以手绘，也可以借助软件进行设计。其目的就是要确认作品的整体风格，以及作品包含的内容、元素，以便团队分工合作。我们可以遵循以下思路进行草图的设计，如图5-2所示。

（1）确认作品主题。

（2）划分区域板块。

（3）细化板块内容。

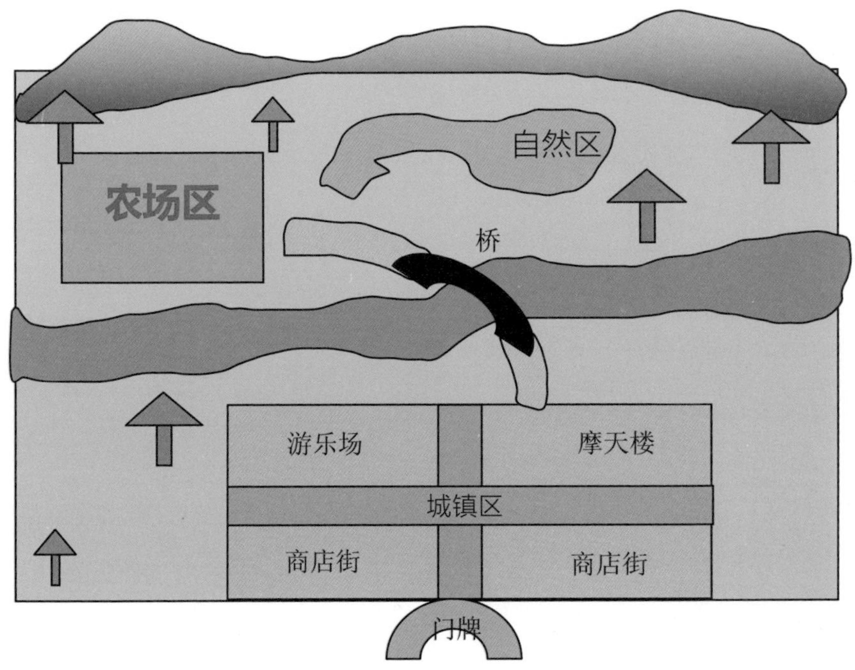

● 图 5-2

小贴士

草图不要求特别精细美观，只要能准确体现以上3点内容即可。

5.2 整体布局设计

首先确定整体作品的大小，这一点非常重要。因为我们后期的所有乐高MOC作品的大小比例都要尽量适配场地的大小，这样整体才会显得协调。将这次整体作品大小设定为由36块32×32（部件编号为3811）地板组成的一个6×6的正方形矩阵，如图5-3所示。

小贴士

如果根据部件编号查询不到对应的积木，则可以尝试切换到“扩展主题”模式下，再进行搜索，或者查看一下是不是切换到指定积木套装了，因为在套装筛选模式下仅显示套装包含的积木。

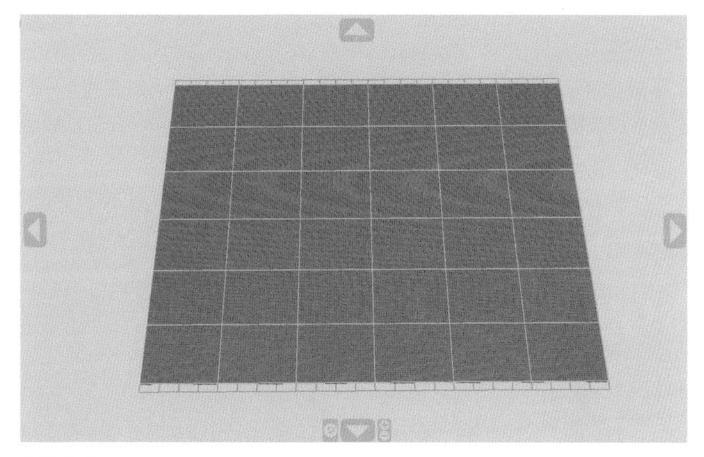

●图 5-3

5.2.1 静逸的湖泊

下面搭建一个湖泊，笔者介绍一种比较快速简单的搭建方法。我们找到蓝色滑片（部件编号为87079），如图5-4所示。

●图 5-4

通过复制的方式（快捷键为“C”），在地板上铺出一个长方形区域，用来代表湖面，大概铺设256片。根据草图，我们将湖泊放到右上角附近的位置，如图5-5所示。

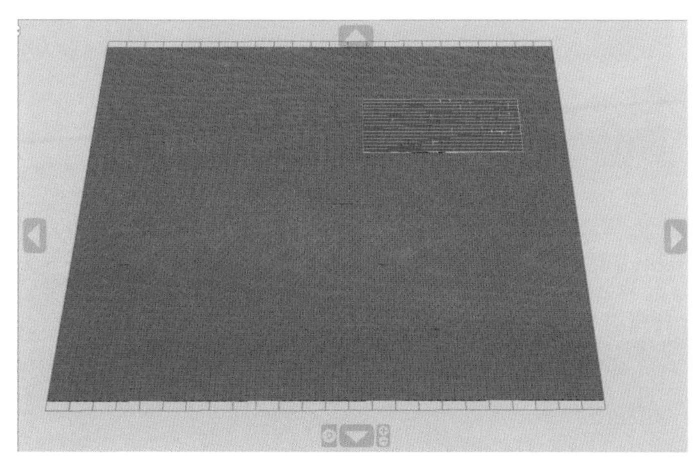

●图 5-5

小贴士

在铺设湖面时，不要一块积木一块积木地进行复制，应当是在铺了一定数量后进行整体复制，这样就可以快速地铺满很大的面积。灵活使用选择工具，可以快速选中蓝色滑片。

下面使用删除工具（快捷键为“D”）和复制工具（快捷键为“C”）对湖泊的造型进行修饰。我们可以随意设计湖泊的造型，但是为了方便观察及修改湖泊的造型，可以将湖泊移到创作界面的中间位置，也可以通过“Shift”键+鼠标右键的方式来平移模型文件，并通过鼠标滚轮放大或缩小界面，通过鼠标右键旋转视角。最终完成效果如图5-6所示。

● 图 5-6

小贴士

为了方便后续的修改，我们将所有湖泊的蓝色滑片的快捷键设置为“Ctrl+G”，并将保存为模板的快捷键设置为“Ctrl+Alt+G”，如图5-7所示。这里要特别注意一点，保存模板时要注意当前的是何种搭建主题模式，这是因为不同主题模式下的模板是互不可见的。比如，在“标准主题”模式下保存的模板，在“头脑风暴主题”模式和“扩展主题”模式下是看不到的。在本书案例中，笔者统一将所有模板都保存到“标准主题”模式下。

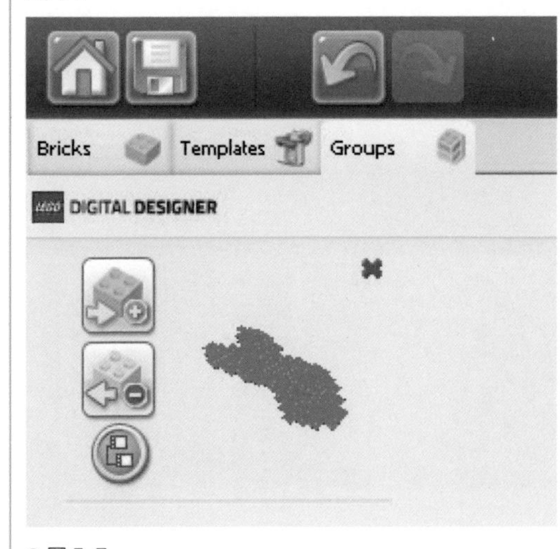

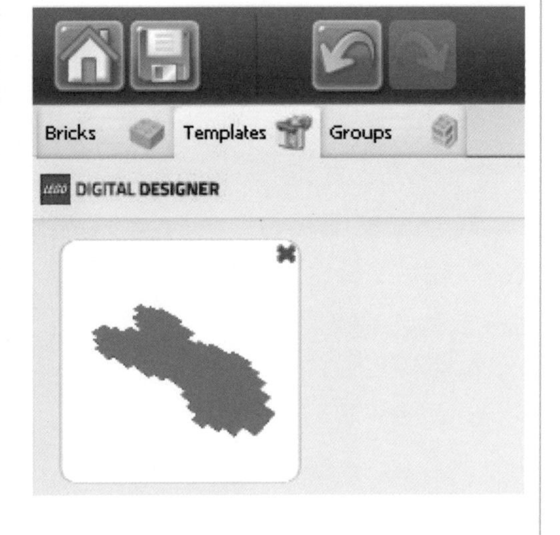

● 图 5-7

5.2.2 蓝色的河流

我们可以利用创建湖泊的方法继续创建一条河流。利用蓝色滑片（部件编号为87079）在地板的中间位置横向铺设一条河流。以笔者的设计为例，河流的宽度20乐高单位，也就是10片蓝色滑片，如图5-8所示。

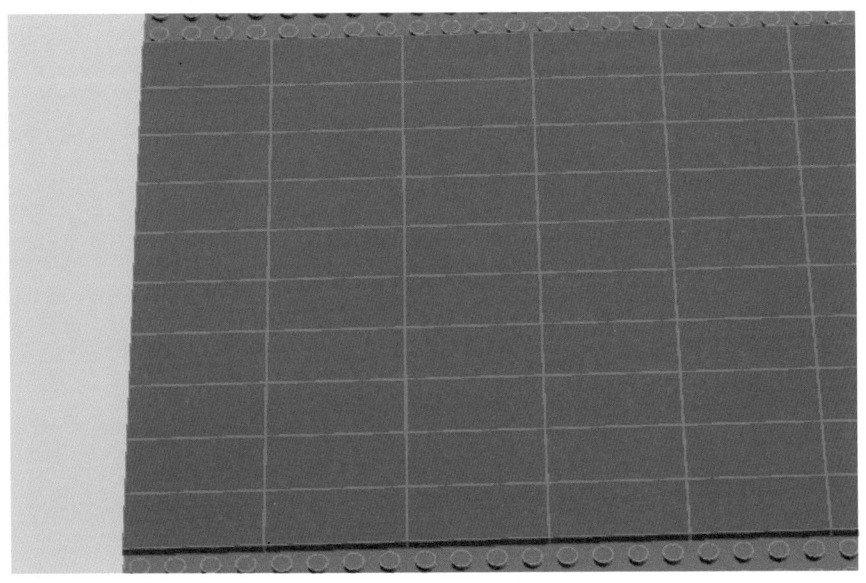

● 图 5-8

河流的长度是从左侧一直铺到右侧，同样是利用加、减法来对河流的造型进行修改，使河流呈现出弯曲的效果，如图5-9所示。最后，将这个模型保存为“整体布局”，后期我们将在这个LDD文件的基础上进行创作和整合。

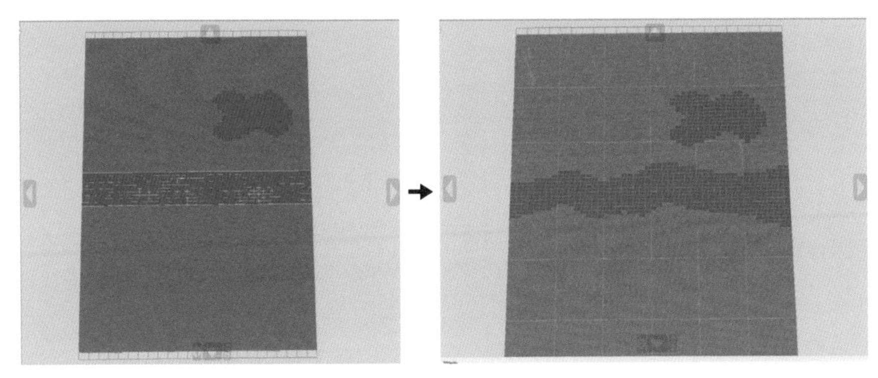

● 图 5-9

小贴士

为了更好地区分各个积木块，方便我们的修改，可以在“Preferences”面板中，打开积木的轮廓线。操作方法详见2.3节的“Edit”菜单。

5.2.3 连绵不绝的山脉

下面主要介绍一下山脉的搭建方法。常见的搭建方法有“增材法”和“削减法”（均为笔者自称）。

“增材法”的搭建方法遵循了从下到上的逻辑顺序，为了体现层次感，不同的部分可以采用不同的颜色，如对山体采用棕色或灰色，对山的表面采用土黄色或绿色。

1 打开“整体布局”这个LDD文件，我们还是利用搭建河流的方法，选用2×4的灰色积木（部件编号为3001），铺设一层山的基底。完成效果如图5-10所示。

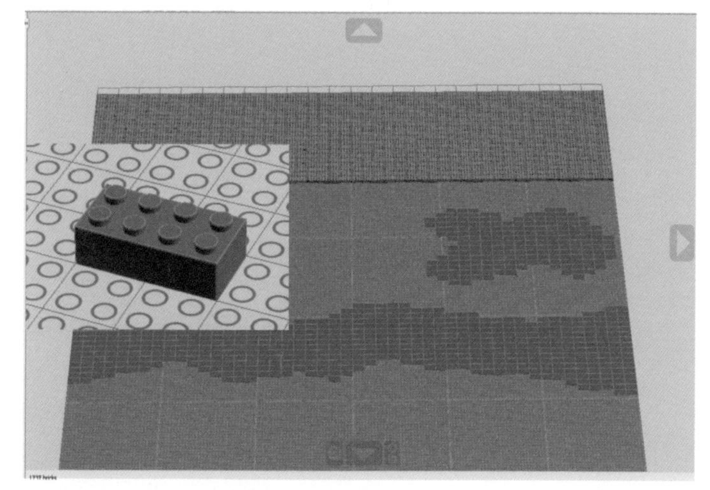

● 图 5-10

继续利用“增材法”，对山的基底进行造型修改，读者可以自由创作。最终完成效果如图5-11所示。

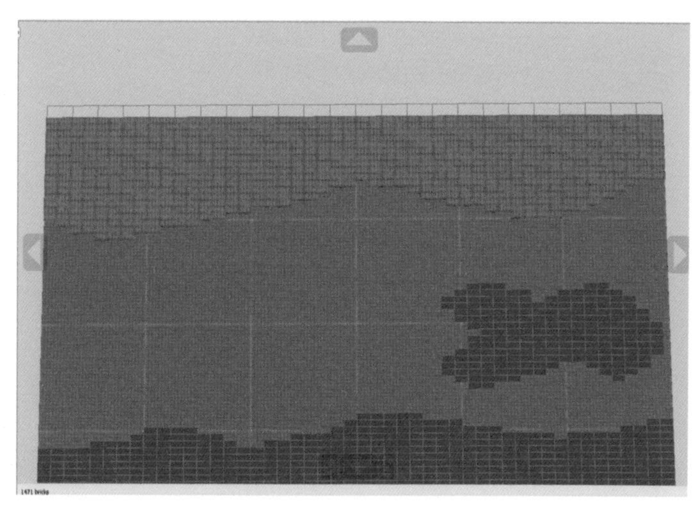

● 图 5-11

2 下面来搭高山体，我们先把直线边缘部分的山体搭高。需要注意的是，在搭高时要采用错缝法，并且要配合上一步曲线部分的起伏变化，如图5-12所示。

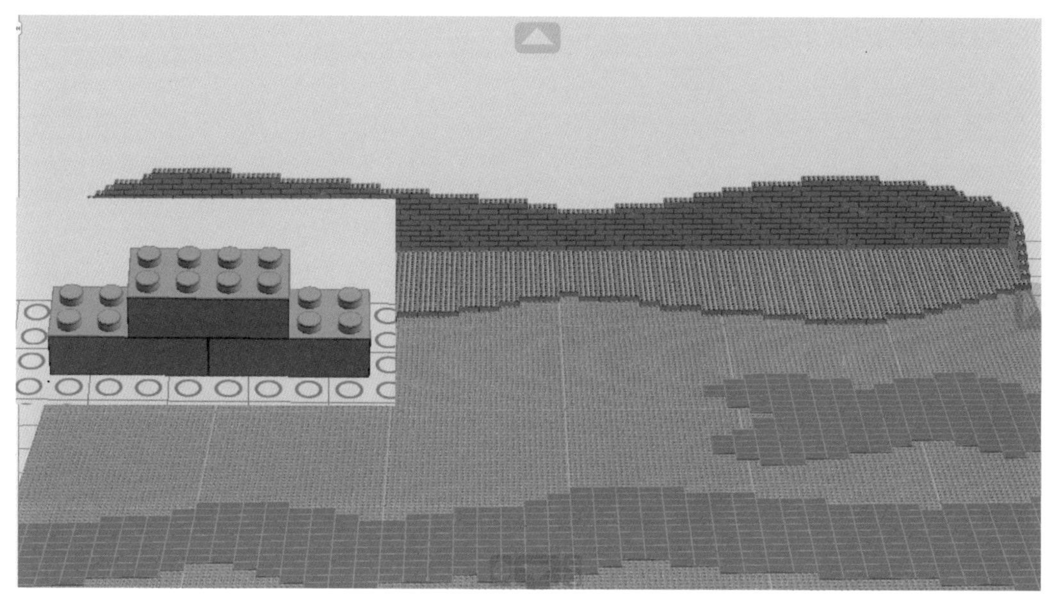

●图 5-12

3 填充山体。根据山体的弧线，逐层填充，并且每一层都要进行收缩处理。填充山体时可以灵活运用不同型号的积木，但是应遵循能错缝就尽量错缝的方法进行搭建，使所有的积木都能结合在一起，这样整体结构才会牢固，如图5-13所示。

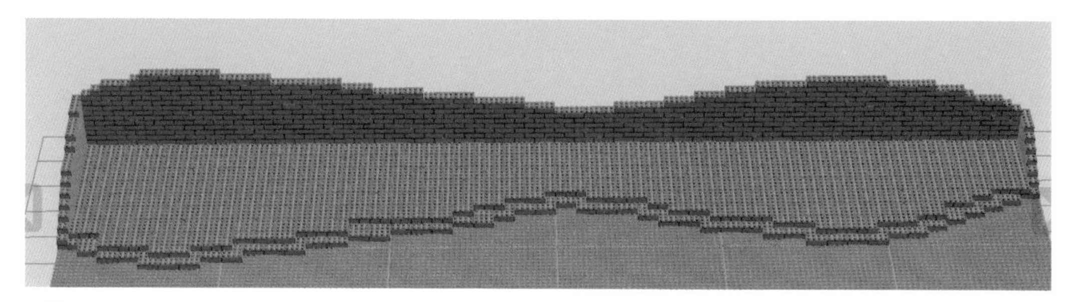

●图 5-13

山体的搭建并不复杂，就是工作量有点大，因此需要读者有耐心，可以灵活运用“增材法”。最终完成效果如图5-14所示。

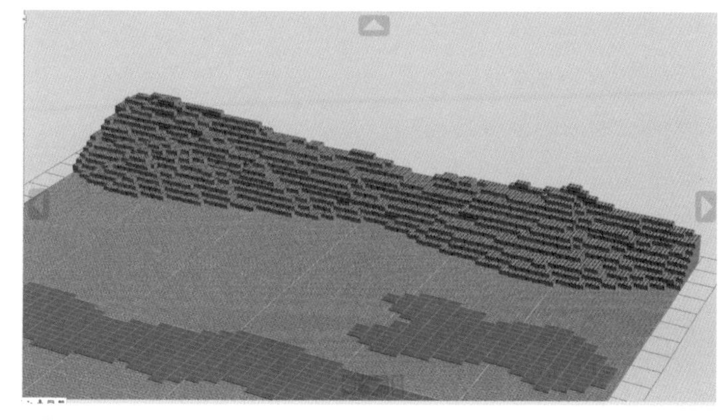

●图 5-14

下面再来试试“削减法”。这个方法类似工业上的五金加工，即对一整块材料进行切削，最终得到成品工件。

1 这里选用2×4的灰色积木并采用错缝法搭建出一个大型的长方体，如图5-15所示。

小贴士

当积木数量过多时，LDD软件会有明显的卡顿现象，所以记得经常保存文件，防止软件因意外崩溃，从而导致模型文件丢失的情况。

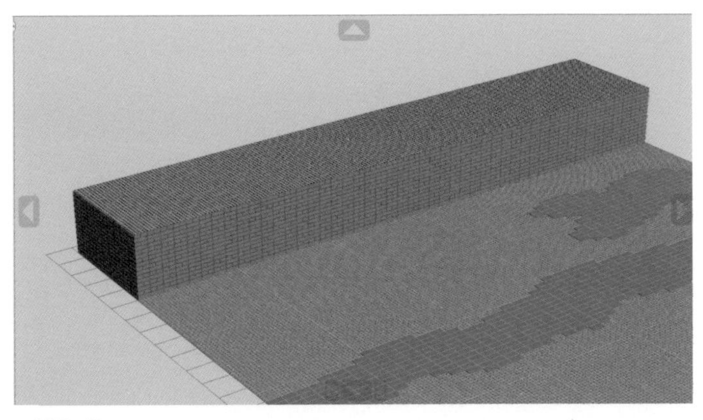

● 图 5-15

2 调整到俯视角度，利用先框选再删除的方式，将山体的大致轮廓勾勒出来，其效果如图5-16所示。为了削减方便，同时防止LDD软件卡顿，我们可以将地板和湖泊、河流这些先全部隐藏起来。

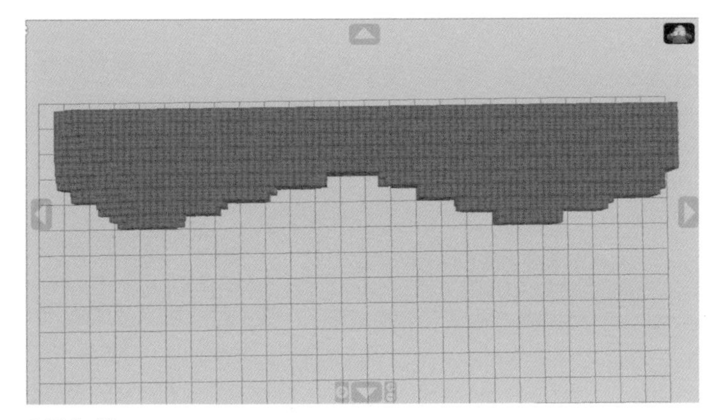

● 图 5-16

3 调整到正视角度，同样利用先框选再删除的方式，勾勒出山脉起伏的形状，注意要配合俯视角度山体的曲线，其效果如图5-17所示。

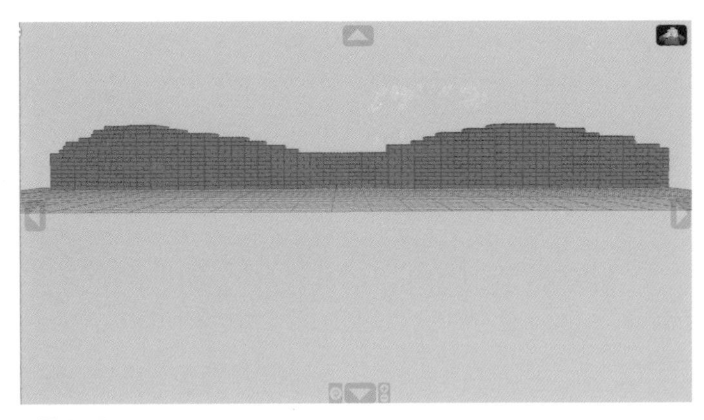

● 图 5-17

4 调整到侧视视角，削减出弧度，如图5-18所示。

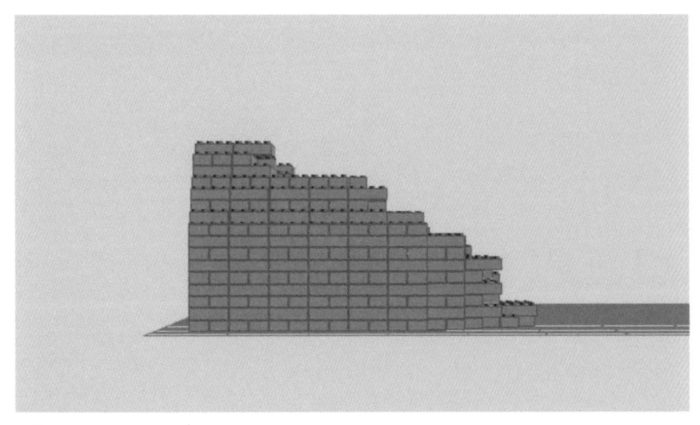

图 5-18

5 对山体进行整体细调。笔者建议采用从上至下的方法，一层一层像剥洋葱一样对山体进行削减。最终效果如图5-19所示。

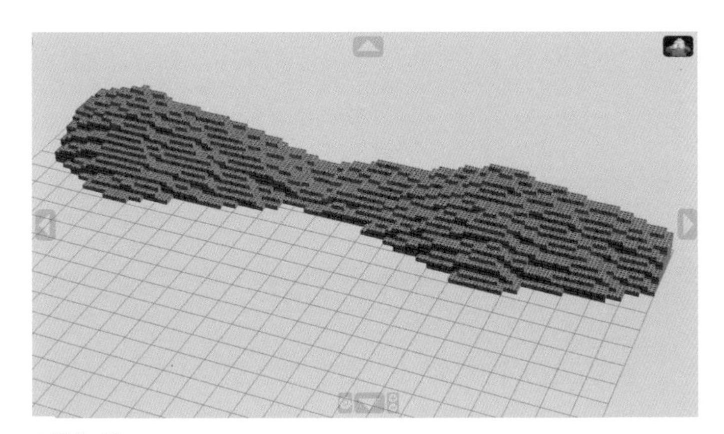

图 5-19

读者可以根据自己的喜好，选择适合自己的方法进行搭建创作。无论采用哪种方法，最后都需要对山体进行最后的修饰，同时注意检查有没有悬空的积木，因为这样不符合现实逻辑。

6 先选用斜面砖积木给山体做出斜坡，再选用一些花草积木进行点缀（花草植物积木搭建可以参考5.4节），如图5-20所示。

图 5-20

这一步需要我们耐心地去修饰，可以参考如图5-21所示的效果。最后记得保存这个LDD文件。

●图5-21

小贴士

由于山体的积木数量过多，计算机明显有点卡顿了，并且下面还有很多乐高MOC作品要做，所以我们将在后文中单独制作每个乐高MOC作品，最后再将它们整合到一起。

5.3 正门建筑设计

下面新建一个空白的LDD文件来做整个乐高MOC作品的正门建筑部分。基本设计思路为：首先做一个门框，然后在门框上方放置作品名称的立体字。

5.3.1 恢宏大气的门牌楼

首先设计门牌楼，读者可以自由设计其风格，如果没有很好的思路的话，则可以参考现实的建筑来搭建。下面设计一个城堡风格的门牌楼。

1 选用部件编号为2462、3004的积木来搭建塔身，搭建效果如图5-22所示，笔者将它叠了10层。

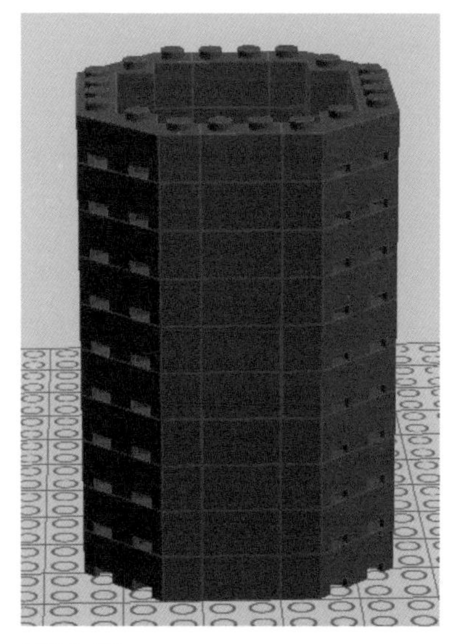

●图5-22

小贴士

在“扩展主题”模式下，积木只按形状分类，积木列表相对简洁，所以在“扩展主题”模式下查找积木比较快速方便。笔者就习惯在“扩展主题”模式下进行搭建，并将它们整合到一起。

2 给塔身顶部加固一下，这里选用部件编号为6066、3032的积木来加固，注意错缝，颜色可以自由设置。加固完的效果如图5-23所示。

3 搭建第二层的塔身。这里将其做成圆柱形的造型，以便使整体造型更美观。选用部件编号为87081的积木来搭建，可以搭建6层左右，具体层数读者可以自行决定，如图5-24所示。

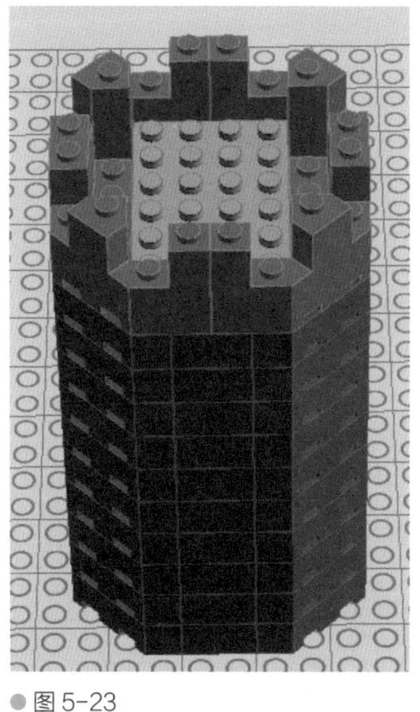

● 图 5-23

● 图 5-24

4 搭建塔尖及旗帜。这里可以选用部件编号为3943、3942、3957、4495的积木来搭建，完成的效果如图5-25所示。

5 搭建门框横梁。这里可以选用部件编号为2465、6111、3031、3035的积木来搭建门框横梁，搭建效果如图5-26所示。横梁总长度约为60乐高单位。

● 图 5-25

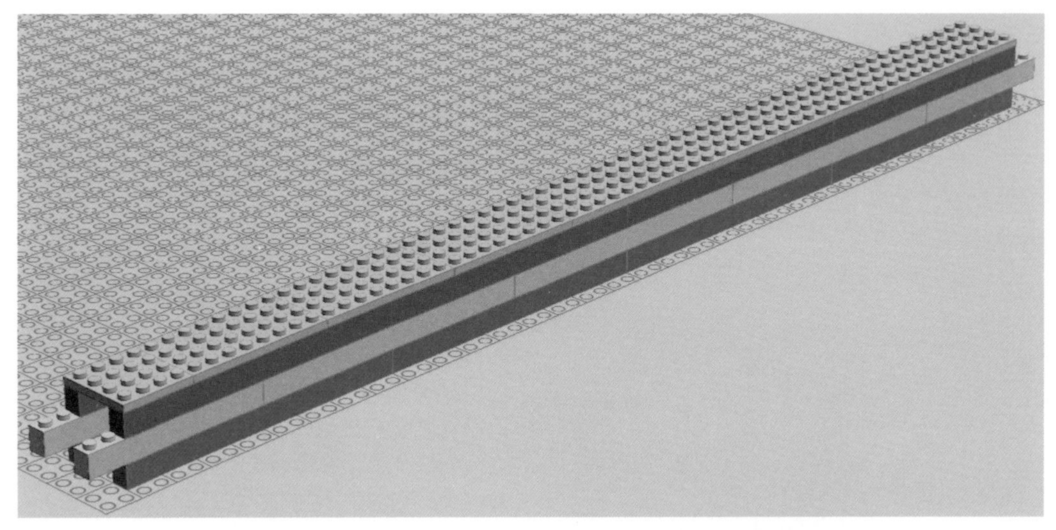

● 图 5-26

6 将塔身与横梁组合在一起。首先选用部件编号为87620的积木来修改塔身的两处地方，给它空出对接横梁的位置。为了方便观察，笔者先将积木设置为黑色，如图5-27所示。修改完成之后，整体复制一个塔身，准备对接横梁，将横梁架在两个塔身的中间。

● 图 5-27

组合完成之后的整体效果如图5-28所示。这样一来，一个门框就创建完成了。最后，读者可以参考真实照片，对模型进行颜色调整，当然笔者更鼓励读者自己发挥创造力。保存模型文件，并将其命名为“门牌楼”。

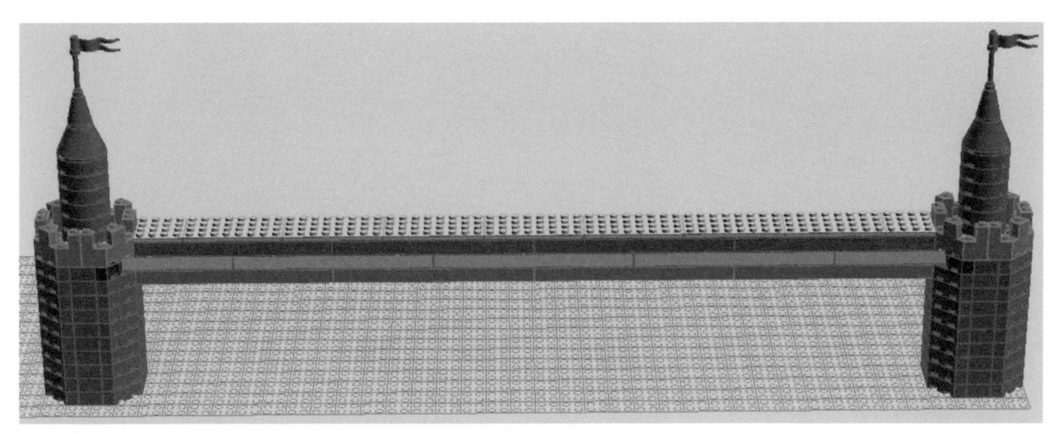

● 图 5-28

5.3.2 立体积木文字

我们可以在门牌楼上展示作品的名字。用积木做文字一般分为平面字和立体字。在本乐高MOC作品中，笔者决定用积木做出“积木世界”这4个字的立体字效果。其实，做立体字也要先做出平面字，再将其转换成立体字。下面就跟随笔者进行创作吧!

1 确定字的大小。因为我们做出的字要放到门牌楼的横梁上（这里的横梁总长度为60乐高单位，总共4个字），所以每个字的大小应该限定在15乐高单位以内，否则会放不下。读者也要根据自己做的门牌楼来确定字的大小。

2 使用一个16×16的地板（部件编号为91405）来做平面字。这一步没有什么诀窍，读者可以根据自己的文字进行设计，也可以参考笔者的方案，如图5-29所示。

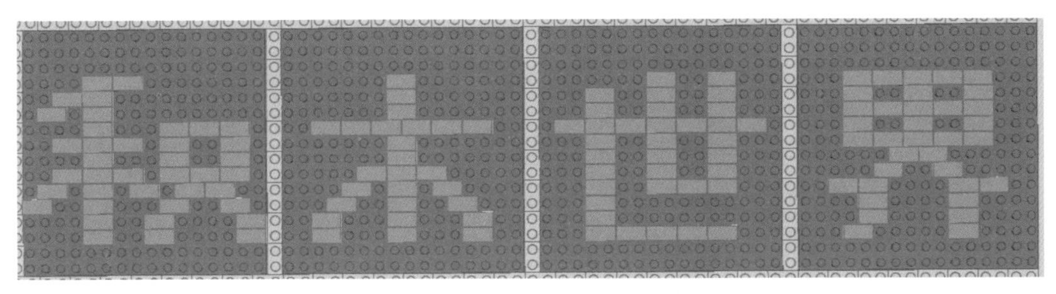

●图 5-29

小贴士

字的宽度可以适当不一样，但是也不要相差太大，字的高度尽量统一。总的来说，字的高度和宽度尽量保持一致，否则大小不一会显得很难看。

3 将平面字转换成立体字。转换的过程要注意两点：一是立体字的固定方式，二是字要向3个方向（前后、左右、上下）进行扩展。结合这两点，我们在转换过程中就要灵活运用不同种类的积木。在本案例中，笔者的门牌楼的横梁上有地板，所以可以将字固定在横梁的地板上。笔者对照平面字一点一点进行转换的效果如图5-30所示。

●图 5-30

小贴士

立体字要考虑到站立还有整体结构性。所以，长的笔画，如“一”这种，就可以选用长条的积木。除此之外，还要利用“错缝互锁”的方式将所有积木连接成一个整体。

4 结构优化。这里笔者发现“木”的这一横太细了，不够协调。我们可以通过薄板加厚的方式来解决这个问题，如图5-31所示。

● 图 5-31

还有“世”这个立体字会出现站立不稳的情况。对于这种情况，我们可以在悬空处填充一些装饰物，这样既能加固结构，也不至于太突兀，如图5-32所示。

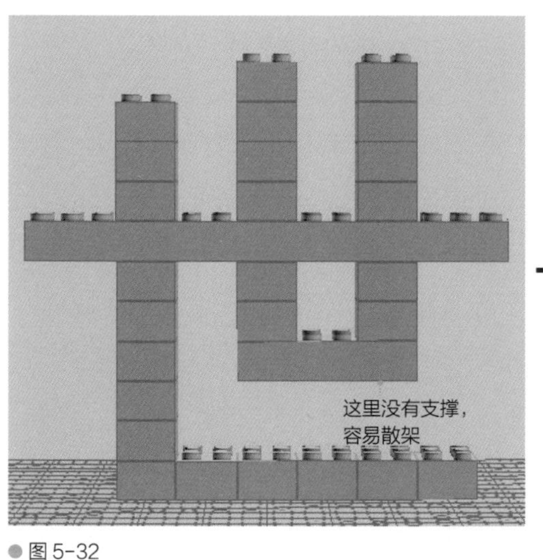

● 图 5-32

“积”这个字的“只”部分的上方显得太空荡了，所以笔者在这里添加了一个乐高人仔，如图5-33所示。

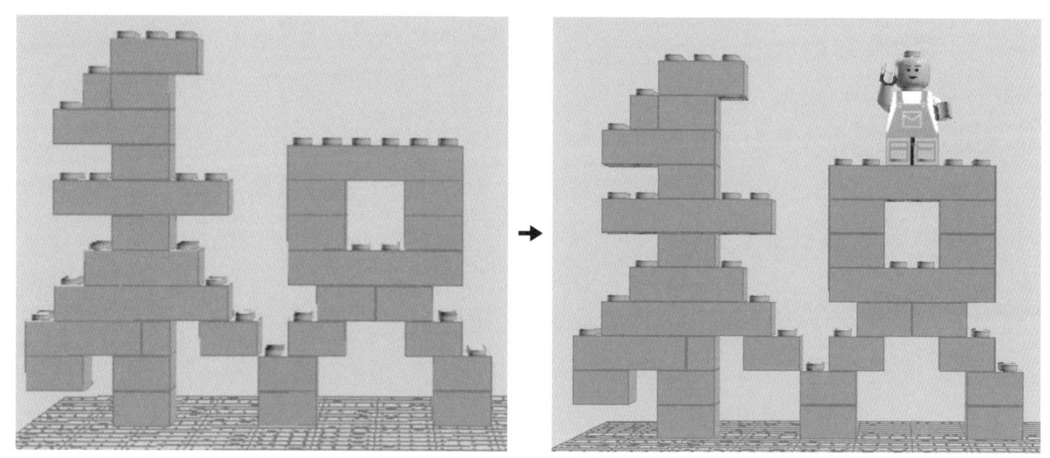

● 图 5-33

最终的效果如图5-34所示。最后，保存模型文件，并将其命名为“立体字”。

● 图 5-34

5.4 植物篇

本节主要介绍一些简单的植物搭建。花、草、树主要用于提升作品的整体观赏性，让我们的作品看上去更加丰富。下面就介绍几种花、草、树的搭建方法。

5.4.1 小树、花朵的搭建

我们先简单地搭建一朵小花，可以选用部件编号为4728、4727的积木来搭建。将它们组合在一起就可以做成一个简单的花朵，如图5-35所示。将这朵花保存为模板，并将快捷键设置为“Ctrl+Alt+G”。

再制作一个稍微复杂一点的花朵。比如，将部件编号为6255、3741、56750的积木组合在一起，得到如图5-36所示的造型。同样地，将这朵花保存为模板，并将快捷键设置为“Ctrl+Alt+G”。

●图5-35

●图5-36

下面制作一朵造型复杂的小花，这次将部件编号为6255、19119、56750、33291的积木组合在一起，完成的最终效果如图5-37所示。同样记得要将其保存为模板。最后，保存这个LDD文件，并将其命名为“花朵”。

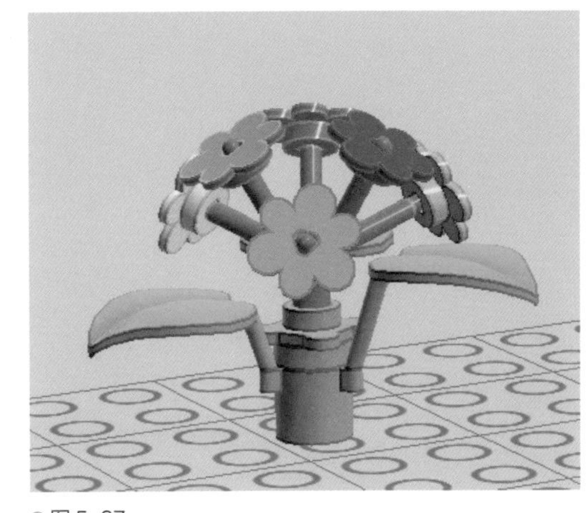

●图5-37

5.4.2 庭院盆栽的设计

对于盆栽，我们就可以将其设计得复杂一些。首先把花盆搭建出来，这里设计了一个圆形的花盆，即选用如图5-38所示的积木（部件编号为60474、11833、3063、6143、27925）来搭建，注意在“扩展主题”模式下查找这些积木，因为在“标准主题”模式下搜索不到部件编号为11833的积木。

图 5-38

搭建好花盆主体，并加固和修饰一下花盆口的部分，如图5-39所示。

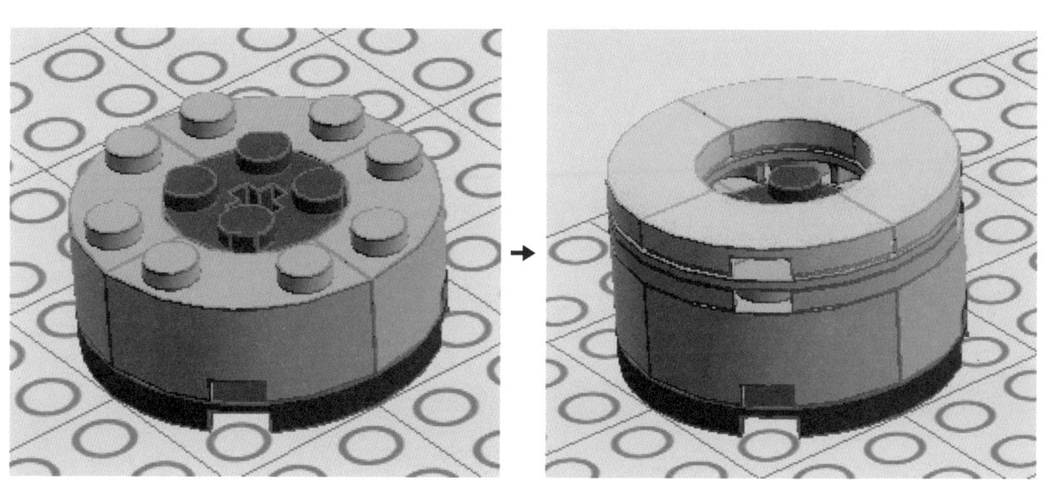

图 5-39

在花盆上搭建一个绿植，我们可以选用部件编号为3062、30176、3741的积木来搭建一棵竹子。完成的造型如图5-40所示，并将竹子保存为模板。

●图5-40

下面利用类似的思路设计一个方形的盆栽，具体操作步骤如下。

1 选用部件编号为3031、3003、98283、63864的积木来搭建一个方形的花盆，完成的效果如图5-41所示。

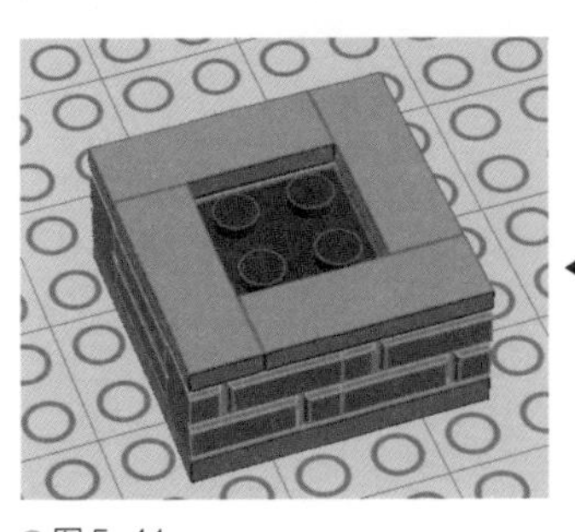

●图5-41

2 选用部件编号为4733、3062、6255的积木来搭建一株绿植，完成的造型如图5-42所示。最后，将绿植保存为模板。

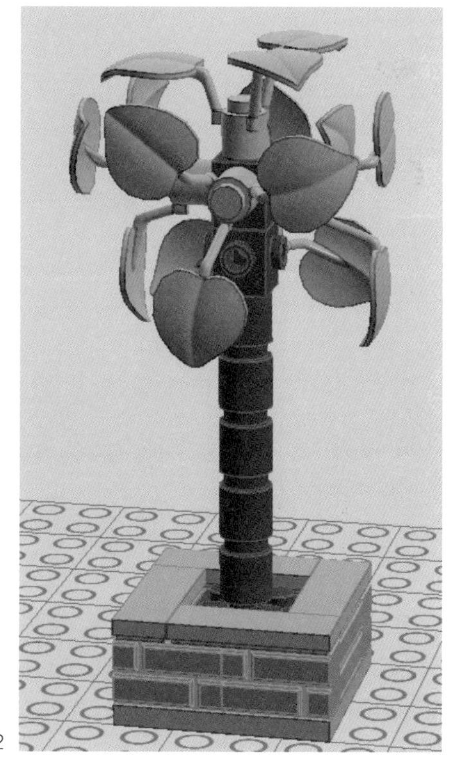

●图 5-42

5.4.3 树木的搭建

树木的搭建会复杂一些，不过也是有一些规律和技巧的。下面展示椰子树和松树这两种相对简单的树木的搭建方法。

1. 椰子树

我们可以参考网上的照片来设计，具体操作步骤如下。

1 搭建树干。我们可以选用部件编号为92947的积木来搭建，并在“扩展主题”模式下设置树干的颜色。搭建完成的效果如图5-43所示。

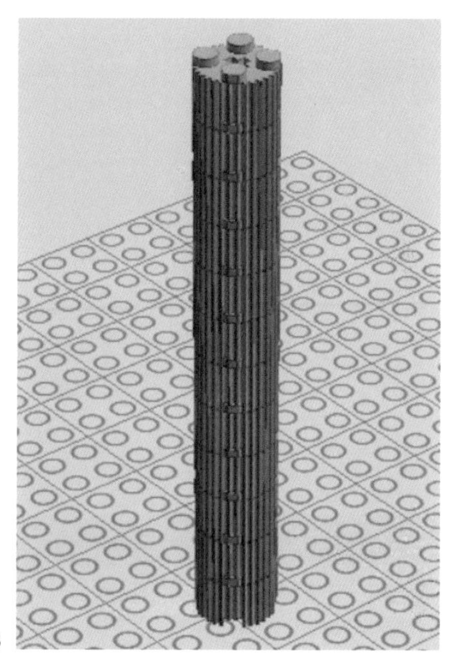

●图 5-43

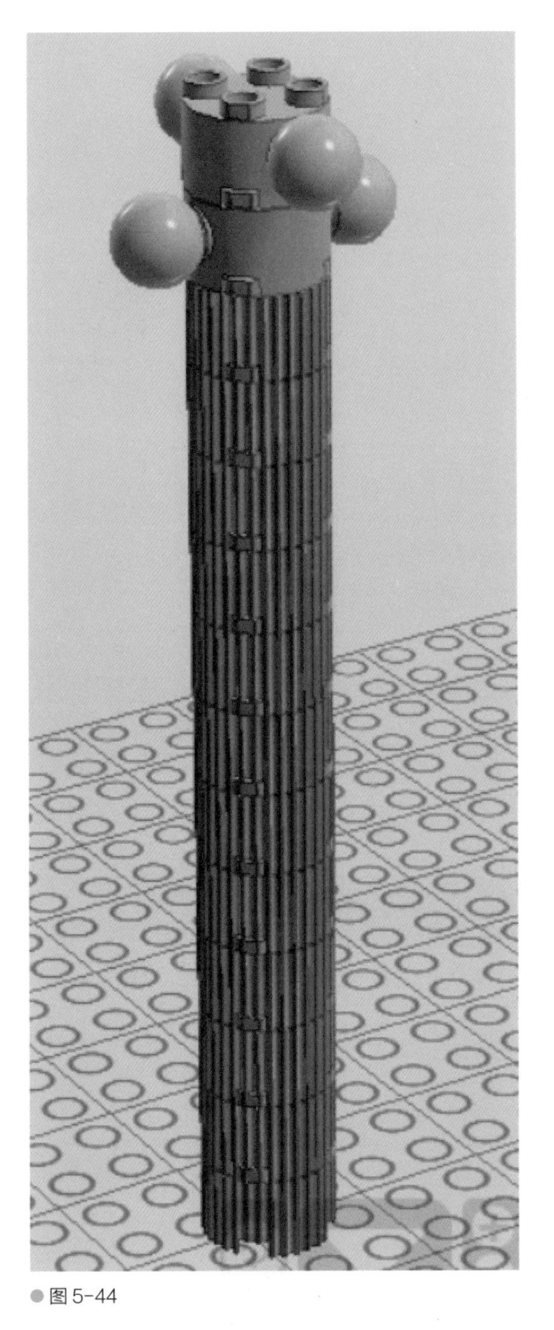

● 图 5-44

2 搭建椰子。在“扩展主题”模式下找到部件编号为17485、6562、32474的积木，继续在树干顶部进行搭建。搭建完成的效果如图5-44所示。

3 搭建枝丫。我们要让枝丫有各种不同的角度，所以可以选用部件编号为60478、63868的积木来实现。搭建完成的效果如图5-45所示。

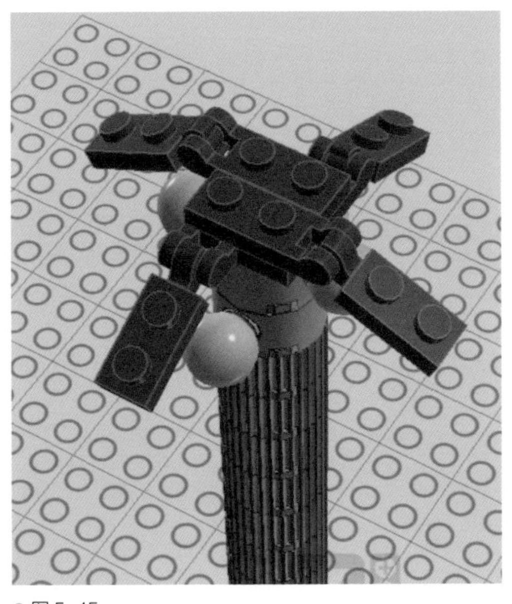

● 图 5-45

小贴士

搭建枝丫时要学会使用铰链工具（快捷键为“H”），对枝丫的角度进行调整，使后面安装的树叶互相错开，这样整体效果会更协调。

4 搭建树叶。我们可以选用部件编号为6148的积木来实现。搭建完成的效果如图5-46所示。

●图5-46

5 搭建更多的枝丫和树叶。重复上述操作使整棵椰子树更加协调好看，效果如图5-47所示。最后，注意将椰子树保存为模板。

●图5-47

2.松树

我们同样可以参考网上的照片来设计，具体操作步骤如下。

1 搭建树根，我们可以选用斜面砖积木（部件编号为3040、3004、4460、3003）来搭建树根的造型。读者可以根据如图5-48所示的步骤来逐层搭建。

图5-48

2 搭建树干和枝叶。这里采用模块化的搭建思路，先搭建部分树干和枝叶，再采用复制的方式层层堆叠。我们可以选用部件编号为87081、4032、6148的积木来搭建。首先搭建第一层；然后重复操作上一步来搭建第二层和第三层，注意叶子的安装位置要错开，角度要进行旋转调整，效果如图5-49所示；最后复制这段枝叶，将其层层堆叠到前面的树干上，效果如图5-50所示。

图5-49

图5-50

3 搭建树尖部分。我们可以继续采用模块化的搭建思路，选用部件编号为6148、6143的积木来搭建树顶较细部分的枝叶。搭建完成的效果如图5-51所示。

小贴士

搭建时建议先不要旋转树叶，而是先将其层层堆叠起来，再逐层地调整树叶的角度。这是因为旋转树叶后再去复制堆叠的话，会发现2×2的圆形砖无法安装。

图 5-51

4 将细枝叶安装到粗枝叶的上面，如图5-52所示。

5 修饰树尖。这里可以选用部件编号为3942的积木来修饰树尖。笔者在安装时发现这个积木是无法直接安装的，因为下面的叶片调整了角度，LDD软件无法吸附对齐。所以解决的方法是，首先把下面的叶片复位到0°、90°、180°、270°等这些默认的角度上，然后把树尖安装上去，最后重新调整树叶的角度。最终的效果如图5-53所示。

图 5-52

图 5-53

5.5 农场篇

本节主要介绍如何搭建石拱桥、农场仓库、田园农舍这些农场常见的建筑，让读者了解房屋结构的一些基本搭建方法，尤其是斜面屋顶的搭建方法。

5.5.1 小桥流水——石拱桥

石拱桥的搭建方法比较简单，拱洞部分可以选用现成的积木来搭建。因为河流的宽度为20乐高单位，所以这里的拱桥要设计两个拱洞。我们可以选用部件编号为44237、18838的积木来搭建，效果如图5-54所示。

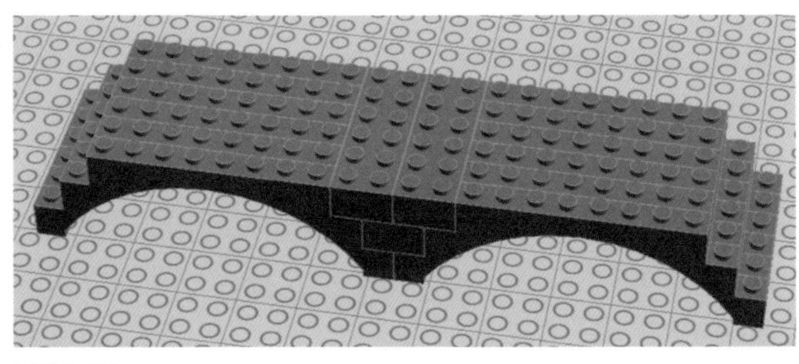

图5-54

接着用部件编号为98383的积木来搭建桥面的护栏，效果如图5-55所示。

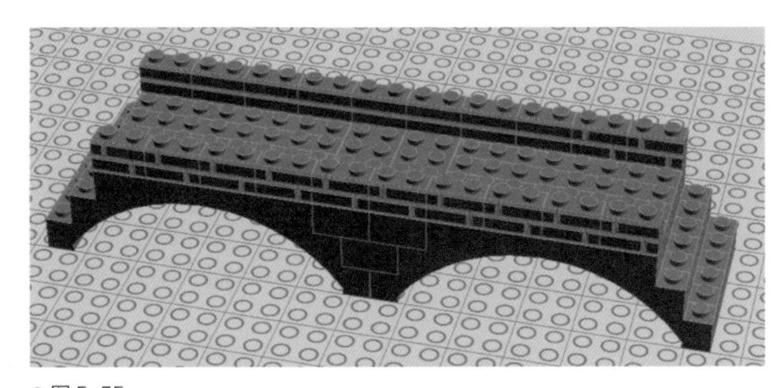

图5-55

下面继续搭建引桥部分，可以选用部件编号为44237、3622、3062的积木来搭建，效果如图5-56所示。最后，将成品保存为模板，保存模型文件，将其命名为“拱桥”。

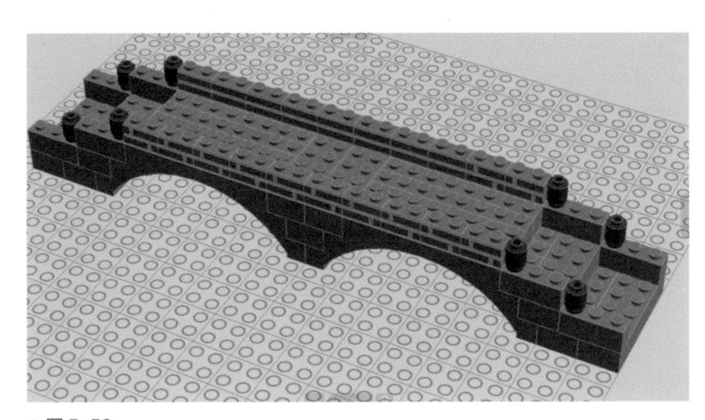

图5-56

5.5.2 农场仓库的设计

下面主要介绍一下农场里面常见的仓库。大家可以在网上搜索相关图片作为参考。笔者将仓库模型做得尽量小了一些，一是为了使其在整体作品中的比例协调，二是为了使设计的难度适中，毕竟笔者的目的是让大家了解创作的思路及基本过程。下面就来详细介绍搭建仓库乐高MOC作品的操作步骤。

1 首先搭建仓库大门。为什么要先设计仓库大门呢？这是因为我们后面能够根据门的大小来确认仓库的整体比例大小。这样做还能很方便地设计出门框的大小，在没有确认门的造型和大小之前，我们无法预留出匹配的门框。我们可以选用部件编号为47899、73194的积木来搭建仓库大门，效果如图5-57所示。

小贴士

为了方便搭建，可以先使用地板。例如，笔者就是使用了32×32的绿色地板。

图 5-57

2 搭建地基部分，并确认整体大小规格。我们可以选用部件编号为3010、3004、3005的积木来搭建出如图5-58所示的规格造型，颜色也可以参考笔者选用的。

图 5-58

3 搭建墙体，注意要遵循错缝法的原则。具体的积木笔者就不进行详细说明了，效果如图5-59所示，将其搭建到与门同高。

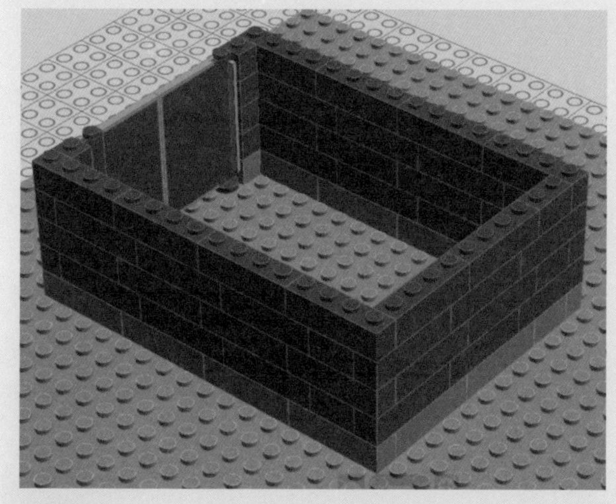

● 图 5-59

4 搭建门框横梁和窗户。我们可以选用部件编号为6112、60592、60601的积木来搭建，配色和搭建的效果如图5-60所示。

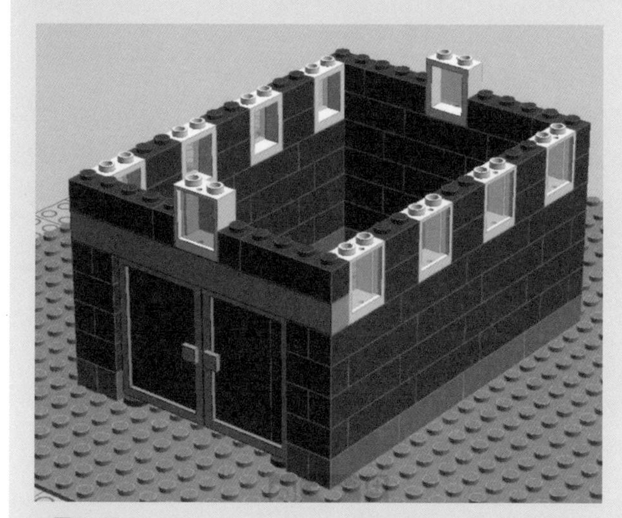

● 图 5-60

5 搭建屋顶的墙体和屋顶，主要积木及配色可以参考图5-61。需要注意的是，屋顶的墙体和屋顶也要采用错缝法。最后，保存模型文件，并将其命名为“仓库”。

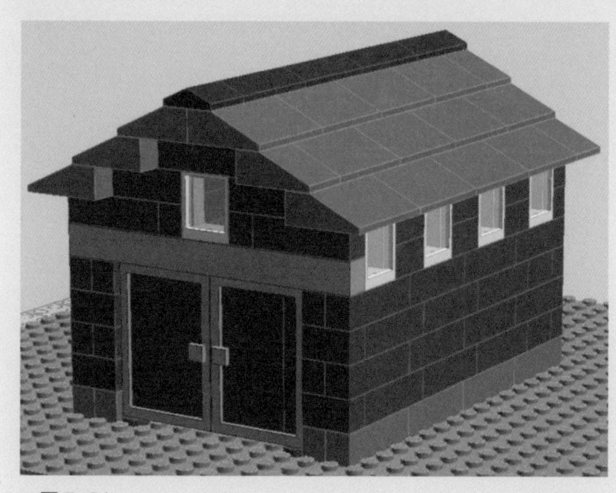

● 图 5-61

5.5.3 温馨小屋——田园农舍

笔者的梦想就是拥有一栋乡村的田园农舍，种种菜、养养动物，就像陶渊明说的“采菊东篱下，悠然见南山”。笔者可以在乐高世界中实现这个梦想。田园农舍的设计可以参考现实中的农舍图片，具体的搭建方法如下。

1 首先搭建房子的地基，确定房子的布局和整体的大小。我们可以在32×32的地板上，选用部件编号为6111、3008、3004的积木，搭建成如图5-62所示的布局。

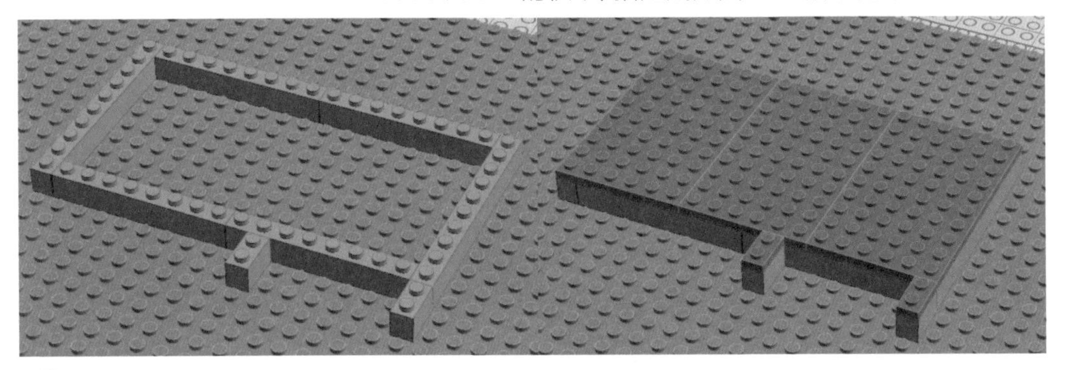

● 图 5-62

2 搭建房屋的门、墙体和窗户。我们可以选用部件编号为3005、3004、3622、3010、60601、60592、60623、60596的积木来搭建，配色和搭建的效果如图5-63所示。窗户的数量和位置读者可以自行调整，墙体的积木要采用错缝法进行搭建，这样墙体在实际搭建时才会显得牢固。

● 图 5-63

3 搭建楼梯和二楼的地板。这一步可以选用部件编号为30314、3033、3832、3023、3710的积木来搭建，配色和搭建的效果如图5-64所示。我们先把楼梯安装到位，再铺上二楼的地板。

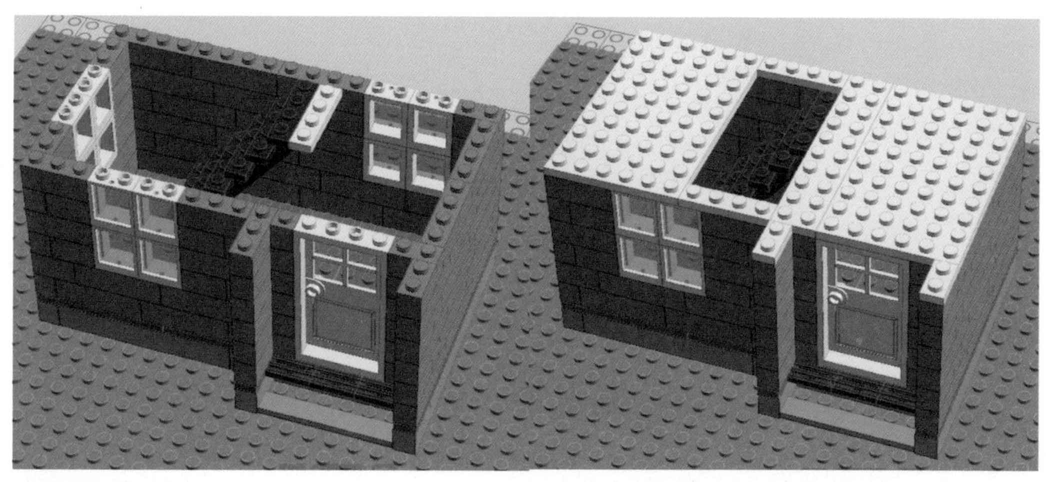

● 图5-64

继续给二楼增加一点点细节，如铺上平面地板、安装过道护栏。护栏可以参考如图5-65所示的积木（部件编号为3666、3185、3062、6141、3710）和配色。

● 图5-65

选用部件编号为6636、87079、2431的积木给地板铺上光滑片，效果如图5-66所示，注意边上要留出一圈安装墙体积木的位置。

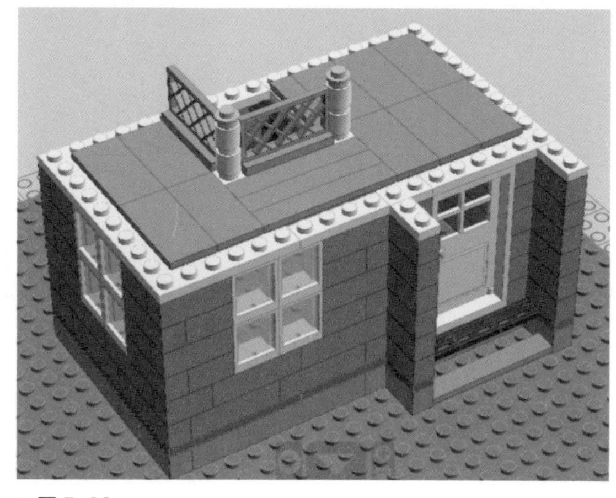

● 图5-66

4 搭建二楼的墙体和窗户。我们可以选用部件编号为3005、3004、3622、3010、60592、60601的积木来搭建，配色和搭建的效果如图5-67所示。笔者在设计前面的窗户时尽量将其位置放在左侧，这是因为右侧（前门正上方）还要设计一个突出来的屋檐，所以这里预留的位置要大一些，不然会挡住窗户。这个细节是笔者设计到后面才发现的，为了减少后期改动，读者可以提前根据此细节进行设计。

图5-67

5 搭建正门屋檐。我们可以选用部件编号为3660、3003的积木来搭建，配色和搭建的效果如图5-68所示。

6 封顶。有了前面的仓库的搭建经验，相信屋顶的设计搭建已经难不住大家了。我们可以选用部件编号为3037、3038、3039、3043的积木来搭建，配色和搭建的效果如图5-69所示。这样一来，田园农舍就设计完成了，最后将模型保存为“田园农舍”。

图5-68

图5-69

5.6 动物篇

在LDD软件的动物类别下有很多现成的动物模型，我们在创作时可以直接拿来使用，缺点是造型比较单一。我们可以选用一些基础积木进行创作，动物类的乐高MOC作品如果想做得比较形象的话，关键在于要还原出动物身上最具辨识度的外形特征。掌握这个技巧之后，有时即使只用很少的积木也能做出生动的动物类乐高MOC。

5.6.1 奶牛、小鸟和公鸡的设计

我们先来搭建一个简单的动物模型练练手。在“扩展主题”模式下，选用部件编号为64452、64847、3004、3069的积木来设计奶牛，配色和搭建效果如图5-70所示。

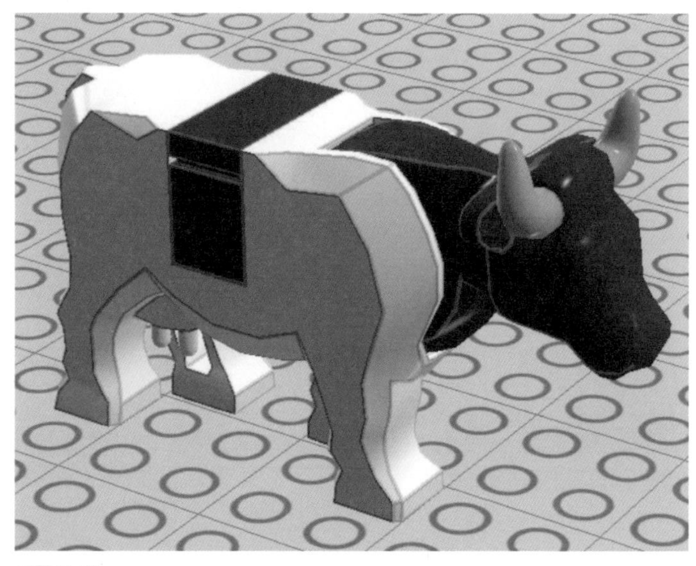

图 5-70

我们可以将这个奶牛应用到之前的农场里面，保存模型文件，并将其命名为“奶牛”。读者可以再看看动物类别下还有哪些现成的模型，可以自行拿来创作并应用到农场里面。

我们试着用基础积木来搭建几个简单的动物乐高MOC作品。先来搭建一只小鸟，我们可以找参考图观察一下鸟的外形特征。比如，笔者发现有的鸟有细长的尾巴、肥大的身体、三角形的嘴巴，并根据这些特征选用部件编号为4287、3044、4733、98138的积木来搭建，效果如图5-71所示。

图 5-71

此方法还是还原出了鸟的主要特征，但实际上动物类的外观都是不规则的，所以在用积木还原动物造型时就相对困难。

下面提高点难度，我们来搭建一只公鸡。

1 首先找参考图仔细观察一下，找出公鸡的外观特征。

2 搭建公鸡的爪子。这里选用部件编号为4085、6141的积木来搭建，配色和搭建效果如图5-72所示。

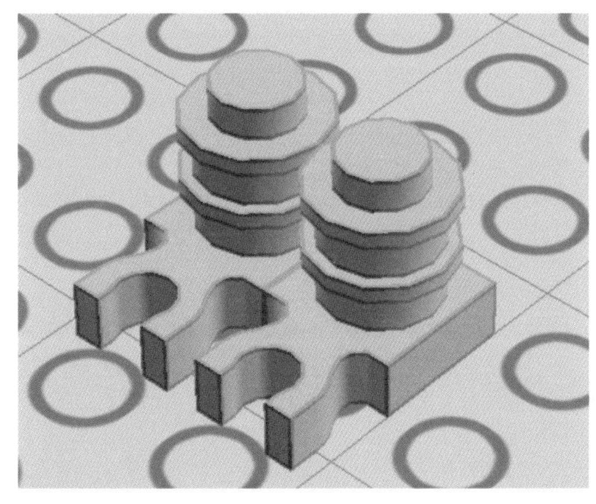

图5-72

3 搭建公鸡的身体部分。笔者选用部件编号为1: 3023、2: 4287、3: 3021、4: 99207、5: 15068的积木来搭建，配色和搭建效果如图5-73所示。

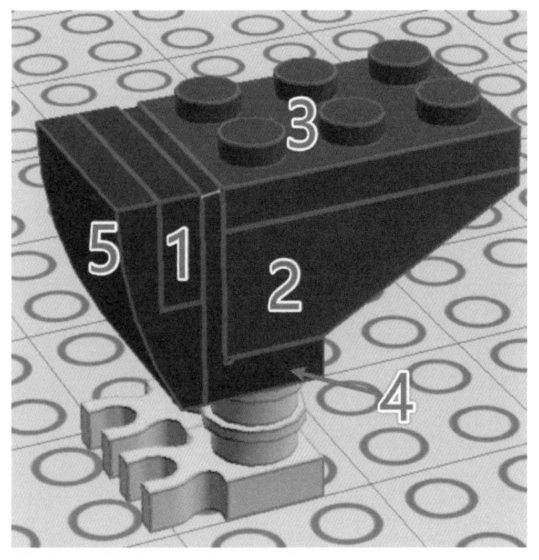

图5-73

小贴士

我们在设计造型时，其实并不是一步到位就能够顺利设计好的，积木的选择和结构的设计都是要经过反复修改的。本书案例呈现的搭建步骤其实是笔者在模型设计阶段经过反复修改过的。真实的设计过程其实是：首先，参考实物，提取外观特征；然后，粗略搭建整体结构，这一步不要求非常精细，只要粗略搭建出来就行；最后，修改及完善细节。

4 搭建公鸡的尾巴部分。笔者选用部件编号为1: 3023、2: 3069、3: 6091、4: 6005的积木来搭建，配色和搭建效果如图5-74所示。

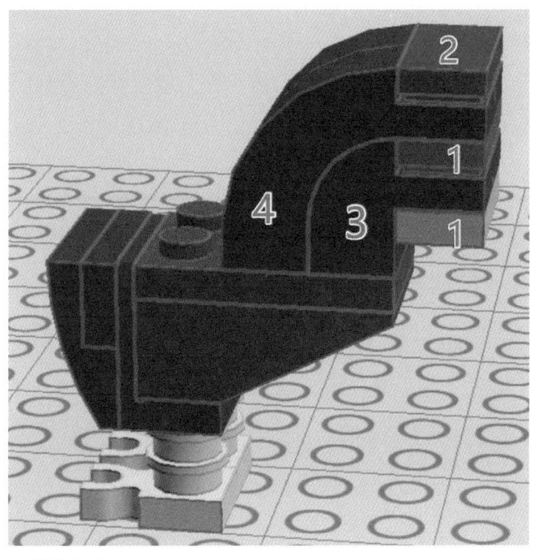

图5-74

5 搭建公鸡的头部。笔者选用部件编号为1: 3022、2: 85984、3: 4070、4: 92946、5: 3069、6: 98138、7: 99781的积木来搭建，配色和搭建效果如图5-75所示。保存模型文件，并将其命名为“公鸡”。

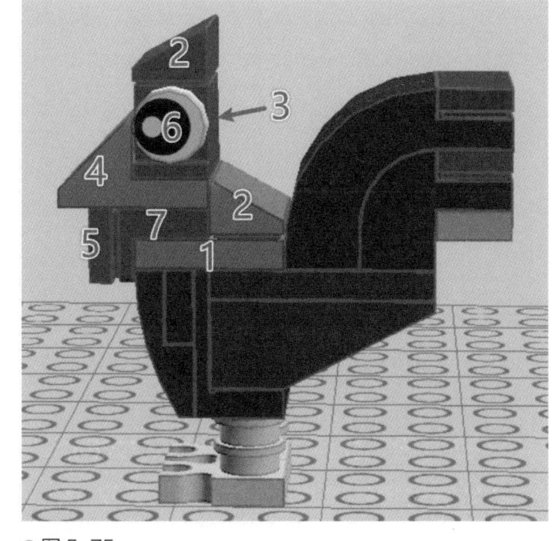

图5-75

5.6.2 狗狗的设计

农场里面怎么可以少了狗狗呢，快跟着笔者搭建一只可爱的狗狗吧！这里以笔者最喜欢的阿拉斯加犬为模板进行设计。

1 根据狗狗的外形特征，我们先来设计狗狗的身体部分。通过观察，狗狗的身体大致呈现一个梯形，所以笔者选用部件编号为1: 3747、2: 3065、3: 3021、4: 87087、5: 3020的积木，并将这些积木按照如图5-76所示的造型进行搭建。

图5-76

2 搭建狗狗的四肢。为了突出后腿的强壮，这里对前后腿采用了不同的造型。笔者综合考虑后选用了部件编号为1: 3069、2: 3623、3: 3005、4: 6091、5: 11477的积木，并将这些积木按照如图5-77所示的造型进行搭建。

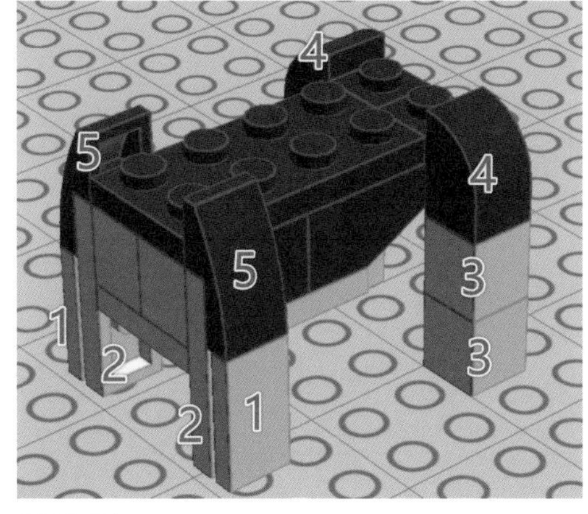

图5-77

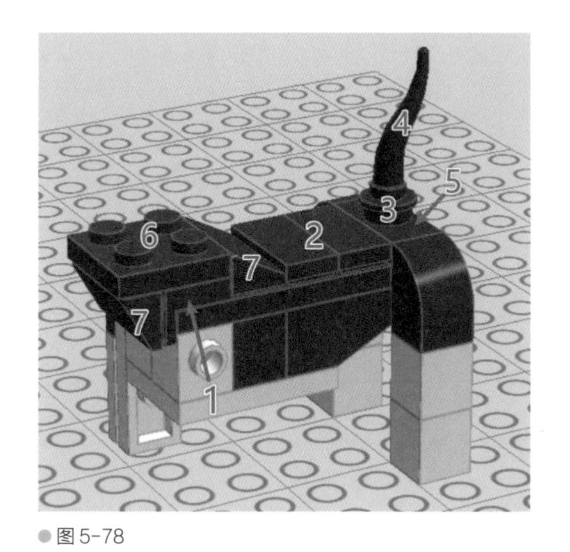

●图5-78

3 修改身体细节，搭建出脖子和尾巴。笔者选用部件编号为1: 99781、2: 3069、3: 85861、4: 13564、5: 3794、6: 3022、7: 85984的积木，并将这些积木按照如图5-78所示的造型进行搭建。为了方便大家观察，笔者隐藏了部分积木。

4 搭建狗狗的头部。这一步最难了，因为狗狗的头部的曲线比较复杂，而且根据其身体的大小比例，头部不能做得过大，所以就需要我们在大小合适的前提下，尽可能多地还原出其头部的外观特征。笔者选用部件编号为1: 11211、2: 15070、3: 3794、4: 4070、5: 3070、6: 98138、7: 3022、8: 99780、9: 98138（眼睛，在“头脑风暴”模式下查找）、10: 3069、11: 85984、12: 49668、13: 15068的积木，并将这些积木按照如图5-79所示的造型进行搭建。

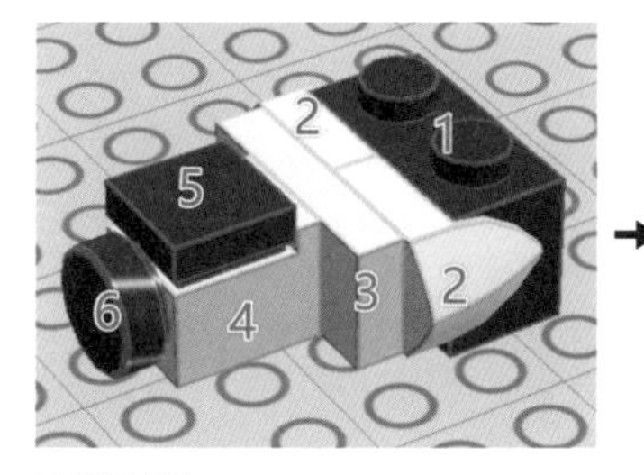

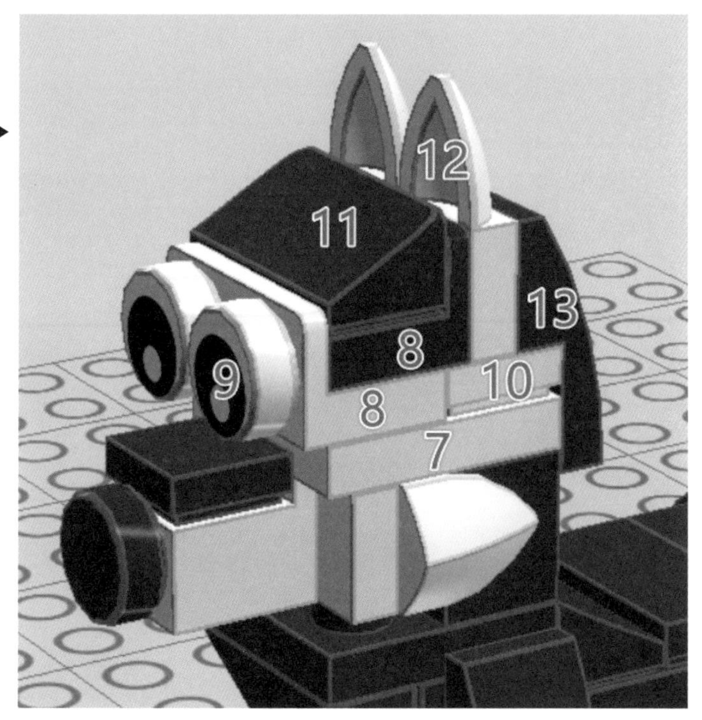

●图5-79

最终的整体效果如图5-80所示。

● 图 5-80

5.6.3 绵羊的设计

我们再来设计一只绵羊，这样农场里的动物就更多了。为了让每一只绵羊都有不同的姿态，笔者将绵羊的头设计成可以转动的结构，这是它跟前文设计的狗狗模型的最大不同，也是为了能让读者了解一下“关节”部位的设计方法。

笔者以外观特征非常明显的黑脸绵羊为模板进行设计，这样比较容易把这些特征表现出来。随着设计的复杂度加大，在设计之前笔者习惯先梳理一下设计的思路。

（1）本次案例制作的是绵羊，并且是希望可以做成可以调整姿态的结构。因此，头部和身体连接的部分要选用“关节”类型的积木。这种类型的积木一般都在类别内。

（2）整体造型的大小在100片积木以内。

（3）绵羊的身体上要有线团的图案，所以其身体两侧要预留拼接点。根据这点我们大概率会用到类别和类别的积木。

（4）作品的重点是绵羊的身体，难点是头部。根据其身体各部分的难易度，绵羊的设计顺序为四肢→身体→身体线团→脖子→头。

1 搭建绵羊的四肢。这次笔者并没有选用复杂的设计，在查看积木列表时看到了部件编号为30136的积木（见图5-81），觉得可以直接用这个积木作为四肢。

● 图 5-81

2 搭建绵羊的身体。配合四肢的比例大小，笔者觉得身体部位的尺寸为2乐高单位×4乐高单位比较合适。根据前面的思路（3），身体侧面要有拼接点，所以笔者选用部件编号为1: 11211、2: 22885、3: 3020的积木来搭建身体，如图5-82所示。

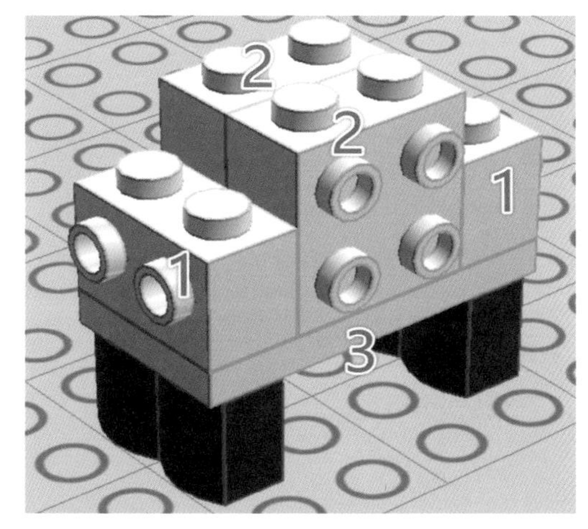

●图 5-82

3 优化身体细节，添加颈部的关节结构。这里主要优化的是绵羊的臀部和后腿部分，为使造型更圆滑，我们通常会用到类别的积木。笔者选用部件编号为1: 6091、2: 4032、3: 3068、4: 3023、5: 14417、6: 14704的积木，并将身体按照如图5-83所示的效果进行优化。

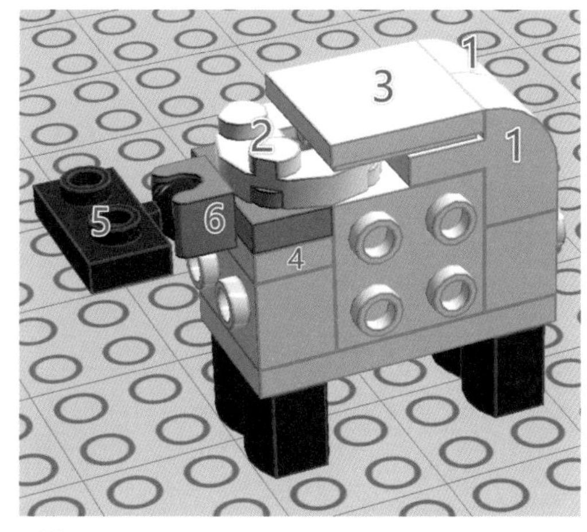

●图 5-83

4 设计身体上的线团图案。我们可以选用如图5-84所示的类别中的积木来制作。

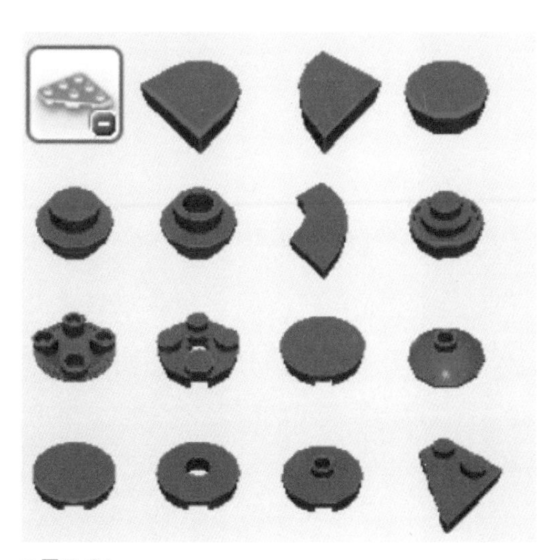

●图 5-84

为了让线团图案覆盖到全身，我们要对身体侧边的拼接点进行拓展。综上考虑，笔者选用部件编号为1：3710、2：2420、3：24246、4：3070的积木来搭建，搭建效果如图5-85所示（注意：身体两侧都是同样的搭建方法）。

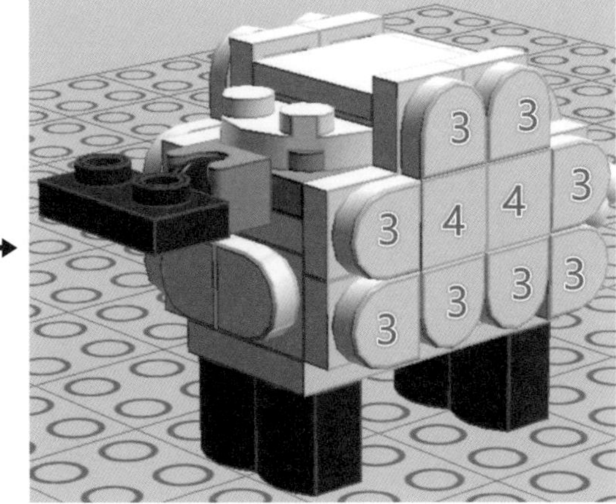

● 图 5-85

5 搭建绵羊的尾巴。该操作相对简单，笔者选用部件编号为6254、3794的积木来搭建，搭建效果如图5-86所示。

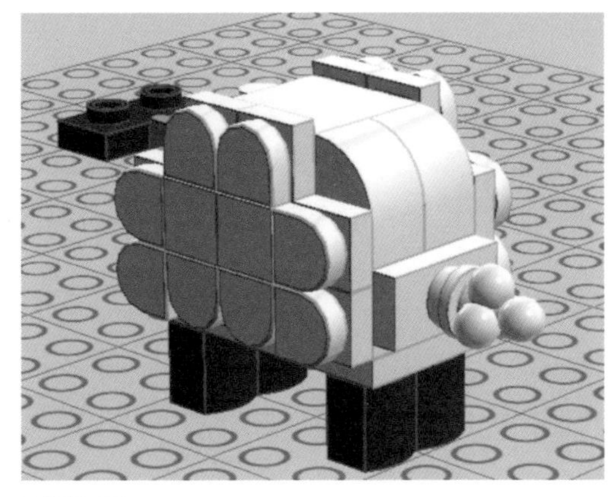

● 图 5-86

6 搭建绵羊的头部。头部的设计就比较困难了，这是因为头部造型的曲线多，且大小有限制。如果为了追求细节，积木的使用量就会增加，所以在有限的大小范围内尽可能多还原外观特征才是造成困难的原因。大家多多练习，熟悉积木种类之后，乐高MOC作品设计就会变得简单起来。

言归正传，笔者主要选用部件编号为1：99206、2：24201、3：3710、4：3023、5：85984、6：50746、7：3022、8：98138的积木来搭建头部，搭建效果如图5-87所示。

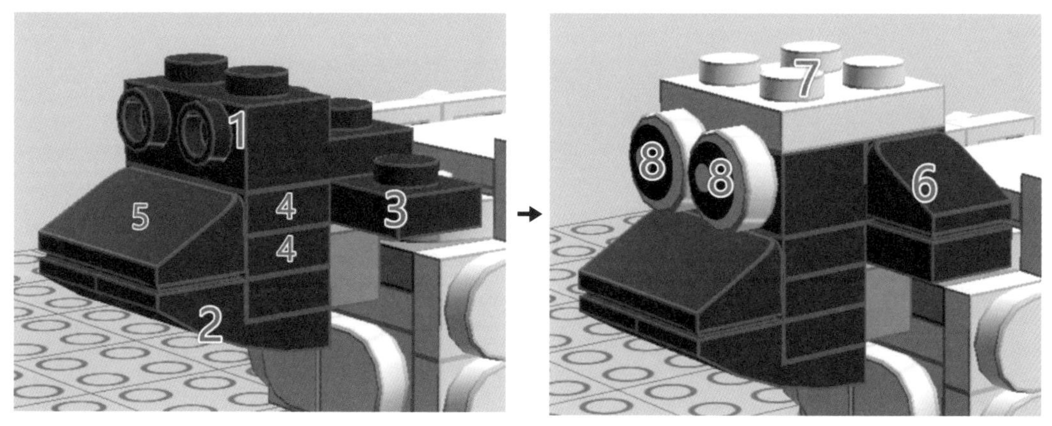

● 图 5-87

最后，我们可以通过铰链工具（快捷键为“H”）来调整头部的角度，整体效果如图5-88所示。

● 图 5-88

5.7 城镇篇

如果想完整地表现出城镇的效果，则需要设计搭建的元素非常多。本书主要定位于向读者展示设计的思路和基本的搭建技巧，所以城镇篇仅示范一些主要的乐高MOC作品。

城镇的关键元素为马路、交通工具、店铺、楼房、人物、植物等，要将这些元素统一有序地展现出来，最关键就是要先把街道规划出来，包括什么地方是道路，什么地方是店铺，哪里可以放人物、植物、动物。我们可以将想法绘制成草图记录下来，类似本章开始时绘制的整体规划图。这里笔者提供一张图片供读者参考，如图5-89所示。

小贴士

如果读者没有什么感觉，也没有什么概念的话，则可以在网上搜索一些城镇的图片作为参考。

●图5-89

学校
银行
酒店

5.7.1 街道规划

街道规划最简单快捷的方法就是运用如图5-90所示的类别下的道路板进行设计。

图5-90

当然，我们也可以自己设计这些基础的道路模块，甚至可以细分设计更多类型的模块。我们可以参考图5-89，运用模块化的思维，将街道细分成“绿化带模块”“人行横道模块”“道路基段模块”“单向人行道红绿灯模块”“双向人行道红绿灯模块”“车道红绿灯模块”“十字路口模块”等最基本的模块。这样设计的好处是我们可以利用这些模块组合成任意形状的街道，速度还很快。下面先从简单的模块开始设计。

小贴士

下面展示的所有模块笔者都已经导入到之前的“整体布局”LDD文件中试验过大小比例了。如果读者想把街道规划成另外的规格，最好也要去试验一下大小比例是否协调。

1.绿化带模块

将部件编号为85080、2465的积木搭建成如图5-91所示的造型。将模型保存为模板，并将其命名为“绿化带”，快捷键设置为“Ctrl+Alt+G”（在“标准主题”模式下）。

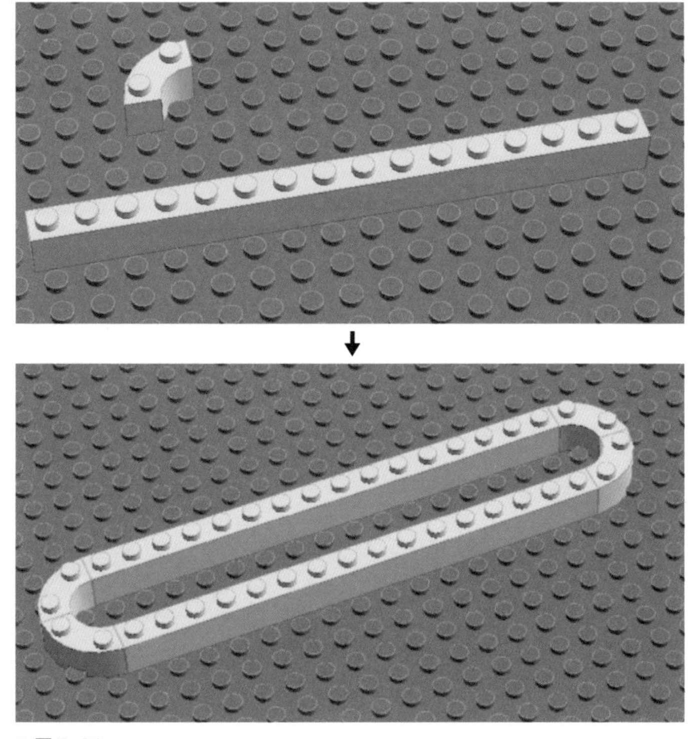

图5-91

2.人行横道模块

将部件编号为87079的积木搭建成如图5-92所示的造型。将这个模型保存为模板，并将其命名为“人行横道”，快捷键设置为“Ctrl+Alt+G”（在“标准主题”模式下）。

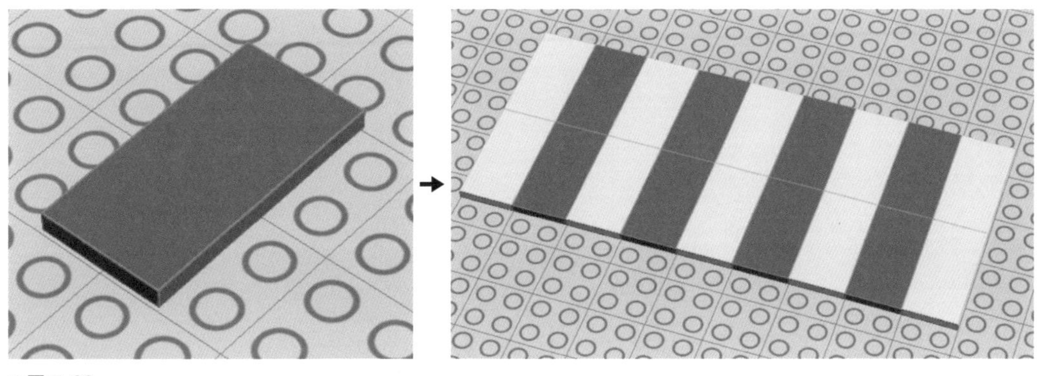

图5-92

3.道路基段模块

将部件编号为48288、87079的积木搭建成如图5-93所示的造型。将这个模型保存为模板，并将其命名为“道路基段”，快捷键设置为“Ctrl+Alt+G”（在“标准主题”模式下）。

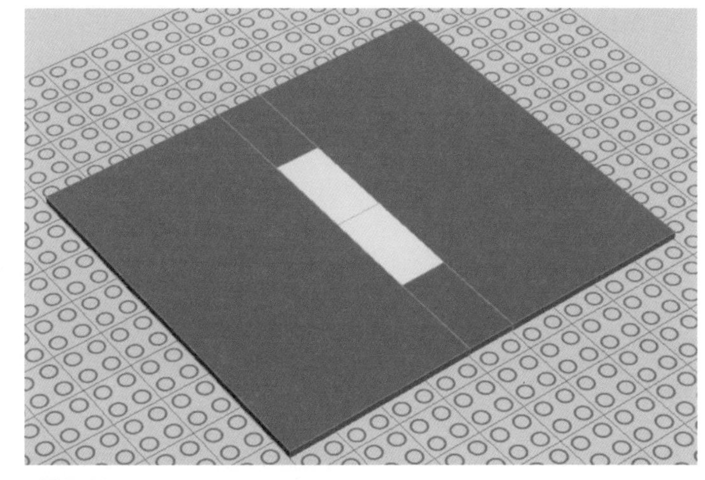

●图5-93

4.单向人行道红绿灯模块

将部件编号为98549、98138、87087、49668的积木搭建成如图5-94所示的造型。将这个模型保存为模板，并将其命名为“单向人行道红绿灯”，快捷键设置为“Ctrl+Alt+G”（在“标准主题”模式下）。

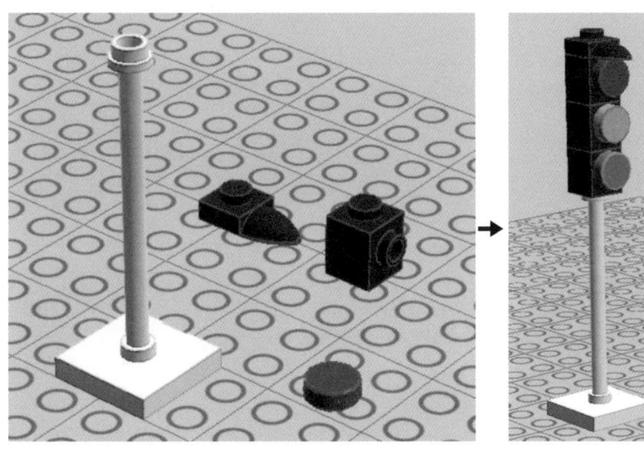

●图5-94

5. 双向人行道红绿灯模块

与单向人行道红绿灯模块类似，将部件编号为98549、26604、98138、49668的积木搭建成如图5-95所示的造型。将这个模型保存为模板，并将其命名为“双向人行道红绿灯”，快捷键设置为“Ctrl+Alt+G”（在“标准主题”模式下）。

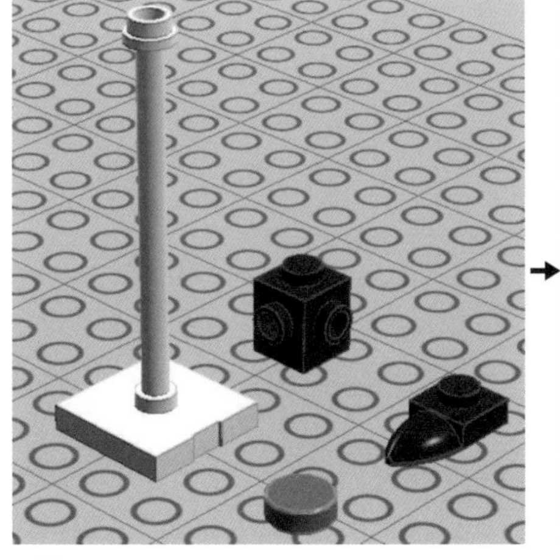

●图5-95

6.车道红绿灯模块

将部件编号为3708、3707、3623、3005、31493、32014、59443、98138、6143的积木搭建成如图5-96所示的造型。将这个模型保存为模板，并将其命名为“车道红绿灯”，快捷键设置为“Ctrl+Alt+G”（在“标准主题”模式下）。

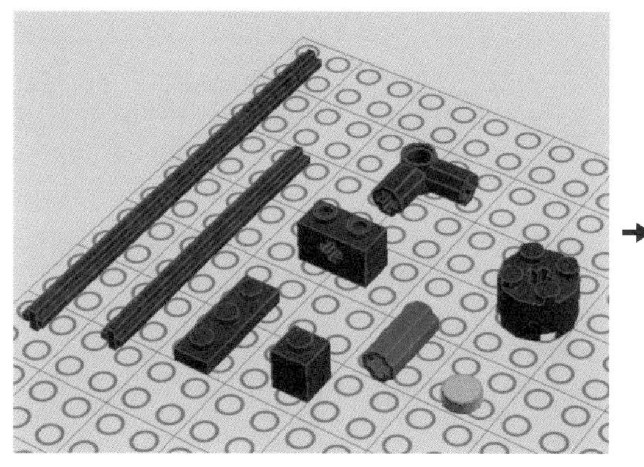

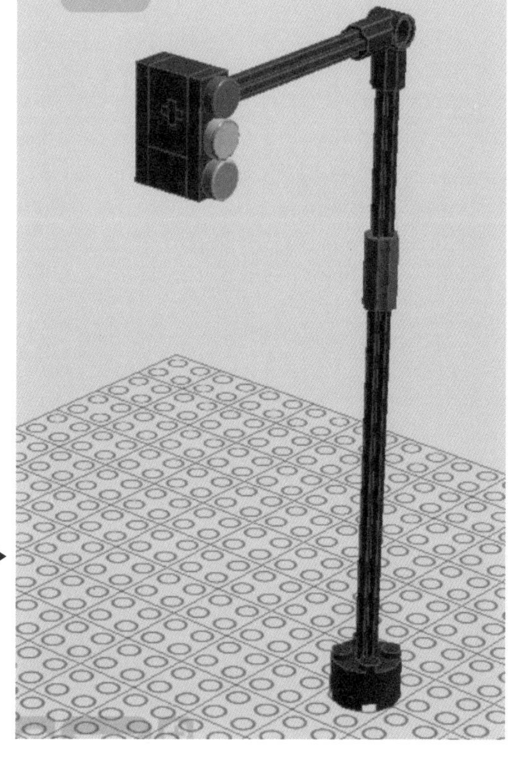

图5-96

7.十字路口模块

为方便设计，先铺设32×32的地板，部件编号为3811；再铺设十字路口的中心路面。将部件编号为48288、2431、3070的积木搭建成如图5-97所示的造型。

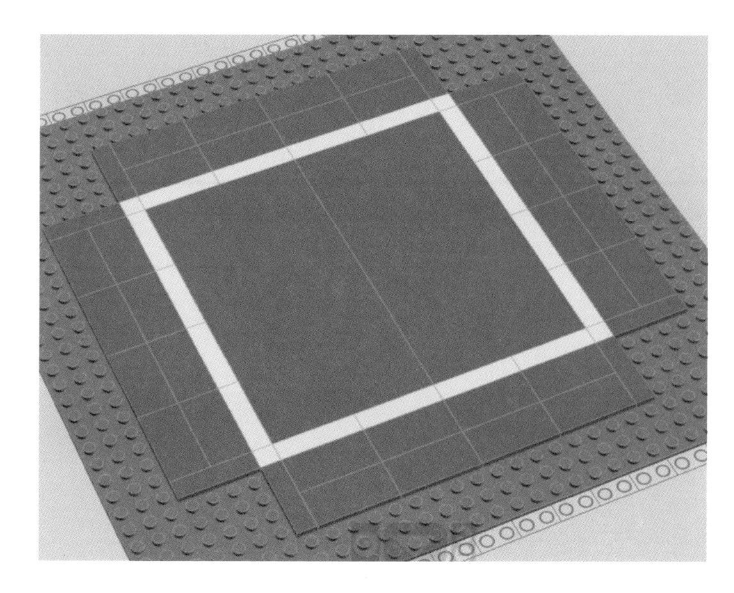

图5-97

接着铺设拐角的路面，将部件编号为3024、63864、3069、27507的积木搭建成如图5-98所示的造型。需要注意的是，4个拐角可以选用同一个模型。

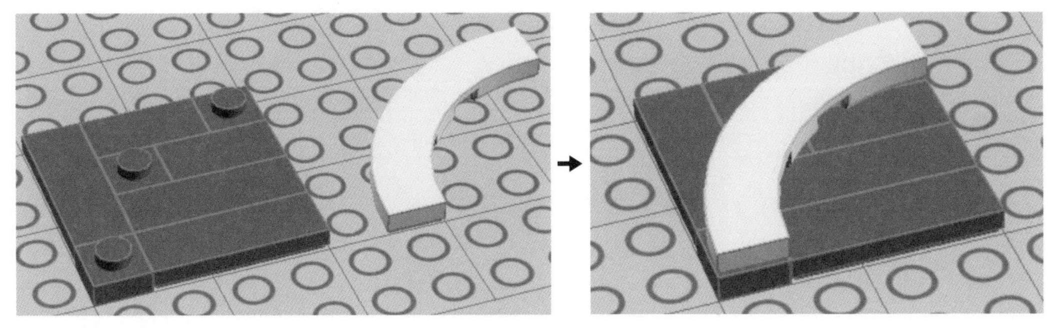

● 图 5-98

最后删除地板，得到的最终效果如图5-99所示。记得将这个模型保存为模板，并将其命名为“十字路口”，快捷键设置为“Ctrl+Alt+G”（在“标准主题”模式下）。

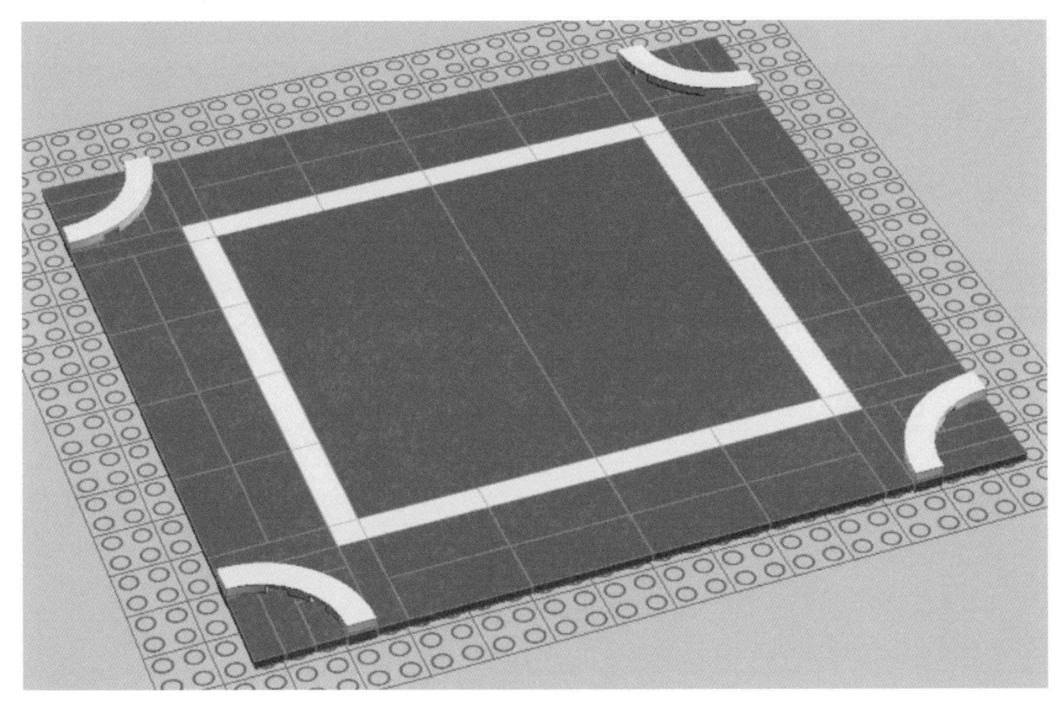

● 图 5-99

下面运用这些街道基础模块来设计出完整的街道，并直接在之前的“整体布局”LDD文件中来搭建街道。

1 打开“整体布局.lxf”这个LDD文件。

2 切换到“Templates”（模板）标签页，我们可以看到刚才保存的模板，如图5-100所示。下面运用这些模板来设计街道。为了方便设计，可以先隐藏后面的山脉和河流、湖泊等，只留一部分柱子，用来定位门框。

● 图 5-100

3 参考如图5-101所示的效果，设计出街道的主干道。读者也可以自行设计其他样式的街道。这里没有固定的样式，读者可以发挥自己的创造力。

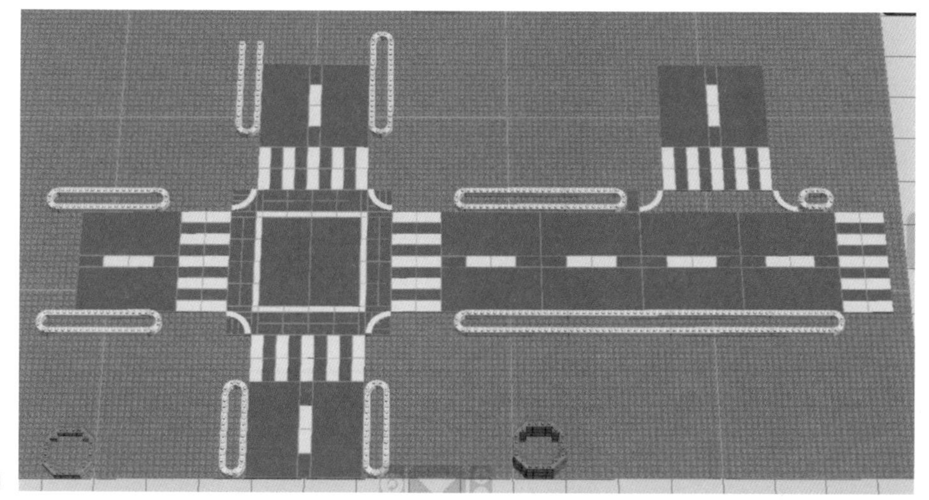

● 图 5-101

小贴士

导入街道基础模块之后，我们先不要着急移动，可以先把整个模块设置成独立的组合，再去移动和摆放。后期如果觉得模块摆放的位置不合适，则可以在组合界面中快速地选中整个模块，以便调整模块的位置和方向。如果不设置组合，则在需要调整某个模块时，选中整个模块将耗费我们大量的时间。

4 细节优化。我们可以先选用部件编号为10202、87079、2431、27925、27507的积木来铺设辅道、道路边线，再添加上红绿灯等，最终完成如图5-102所示的效果。

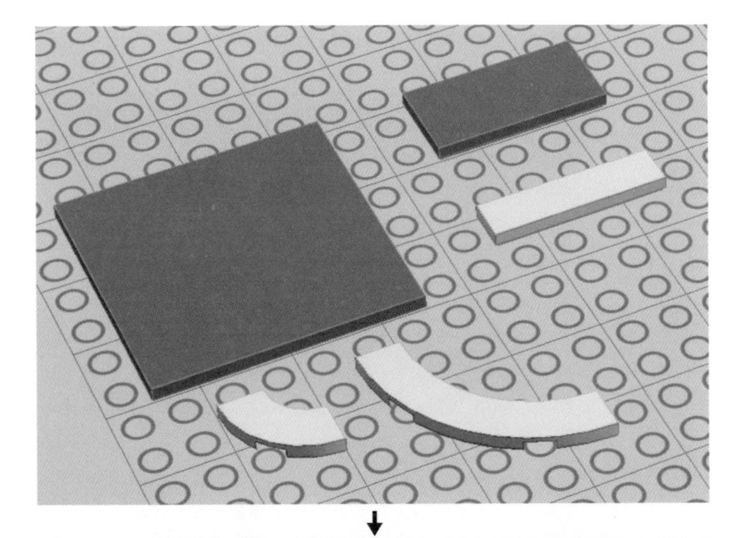

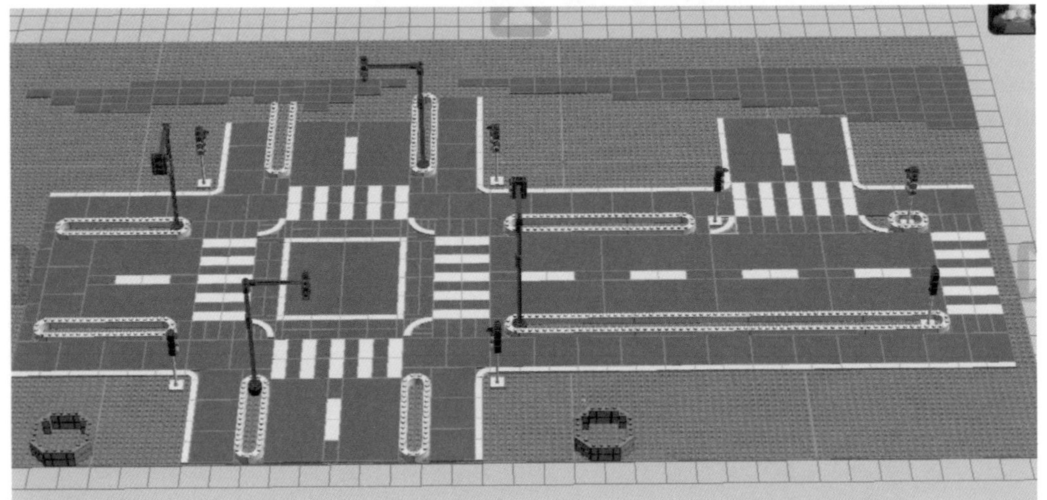

● 图 5-102

至此，我们就把整体的街道规划设计好了，后续可以继续整合其他的模型，最后记得保存一下这个文件。

5.7.2 配套设施的设计

下面简单设计一些街道的配套设施，主要是一些长椅、长凳、公交站台等。

1.长椅

先选用部件编号为1: 3004、2: 44302、3: 44301的积木来搭建椅脚，再选用部件编号为4: 6636的积木来搭建椅背和椅面，如图5-103所示。

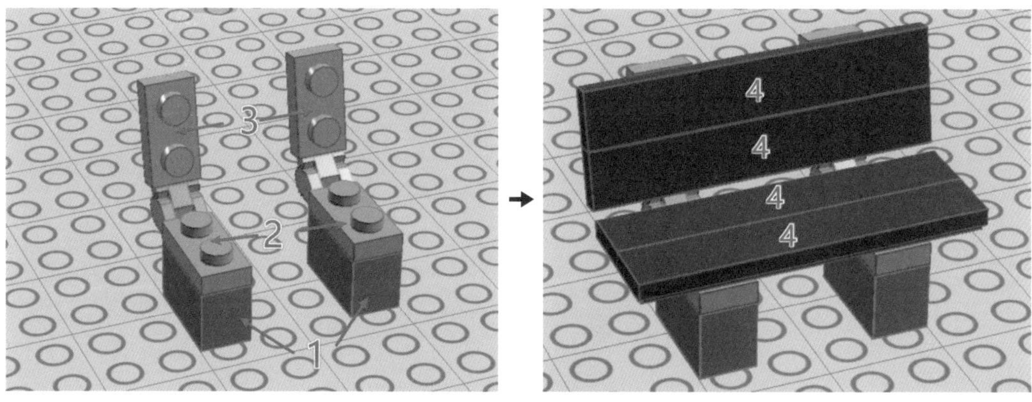

● 图 5-103

2.长凳

先选用部件编号为1: 3004、2: 30341的积木来搭建凳脚和底座，再选用部件编号为3: 2431的积木来搭建凳面，如图5-104所示。

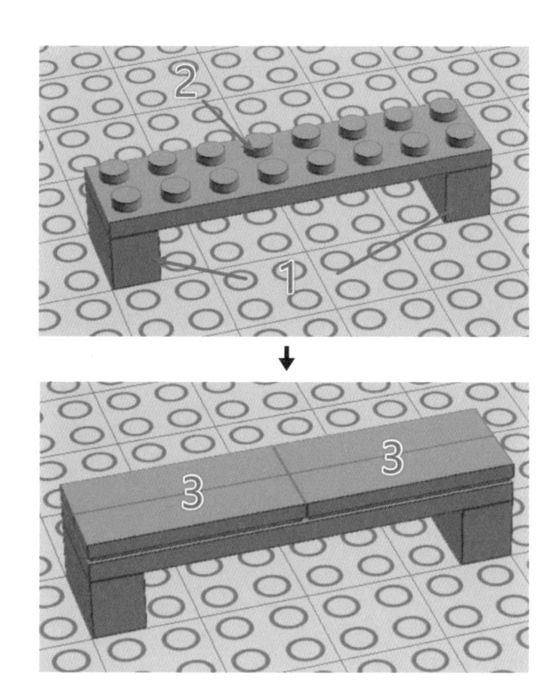

● 图 5-104

3.公交站台

公交站台也是街道场景中常见的建筑，下面我们就具体看看公交站台是如何搭建的吧！

1 选用部件编号为1: 3005、2: 3070、3: 6112、4: 57895、5: 2453、6: 30179、7: 3865的积木来搭建公交站台的底座、窗户和柱子，如图5-105所示。

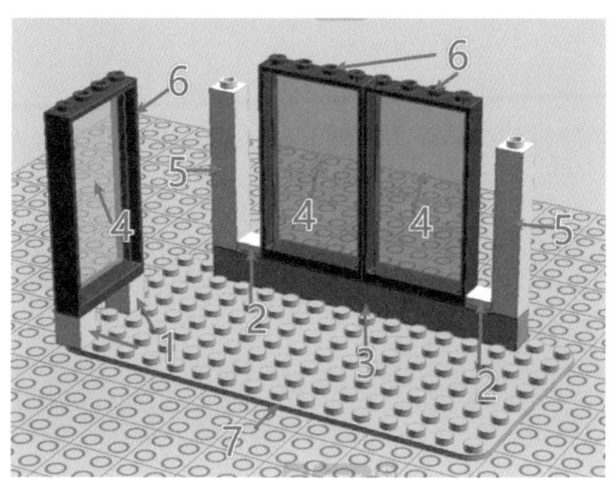

● 图 5-105

2 选用部件编号为1：3005、2：2431、3：3005、4：60497、5：92903、6：3710的积木来搭建公交站台的座椅和顶棚框架，如图5-106所示。

● 图 5-106

3 选用部件编号为1：3710、2：3030、3：60479、4：10202的积木来搭建公交站台的顶棚，如图5-107所示。

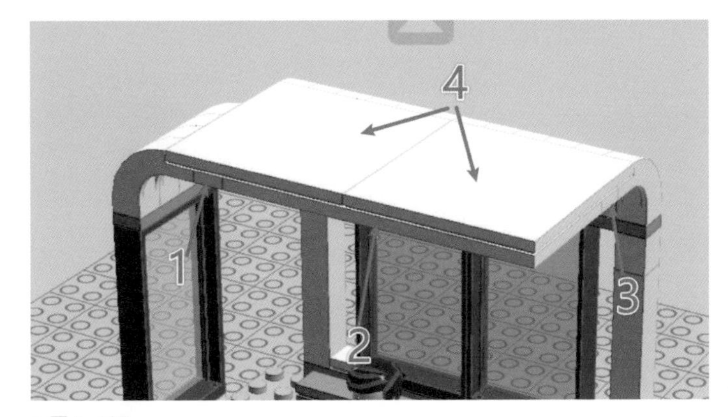

● 图 5-107

4 添加一些人仔，丰富场景元素，这样公交站台就完成了，其完整效果如图5-108所示。最后记得将模型文件保存为“公交站台”。

● 图 5-108

5.7.3 商店的设计

现代商店有一个共同的特点，就是会应用大量的玻璃，给人一种通透的效果，也方便行人透过玻璃看到店内的商品，从而吸引顾客进门。下面就跟随笔者来设计一个这样的商店吧!

1 选用部件编号为91405、2453、3005的积木来搭建地板和柱子，如图5-109所示。

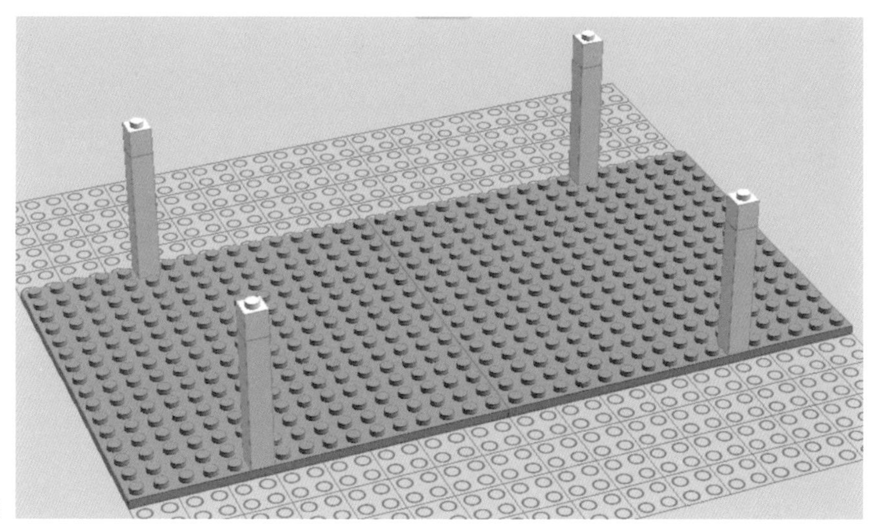

●图 5-109

2 选用部件编号为1: 60596、2: 57895的积木，在地板的四周都安装上玻璃，注意要留出大门的空位，如图5-110所示。

●图 5-110

3 选用部件编号为1: 3008、2: 3034、3: 3005、4: 10202的积木来搭建货架和桌子，这里可以多摆放一些货架和桌子，如图5-111所示。

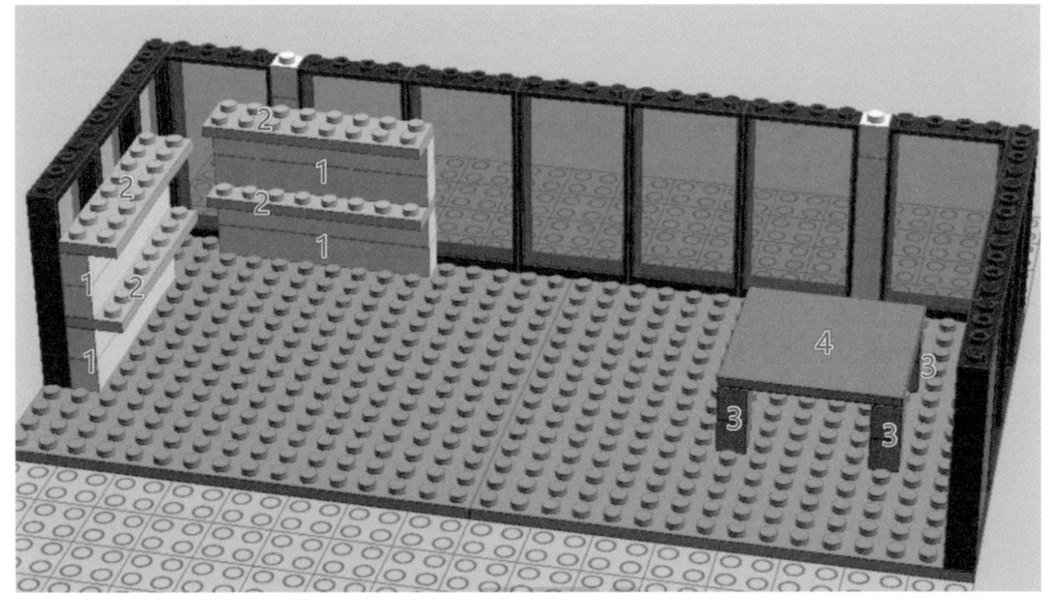

● 图 5-111

4 选用部件编号为1: 3067、2: 85080、3: 27925、4: 6636的积木来搭建收银台，如图5-112所示。

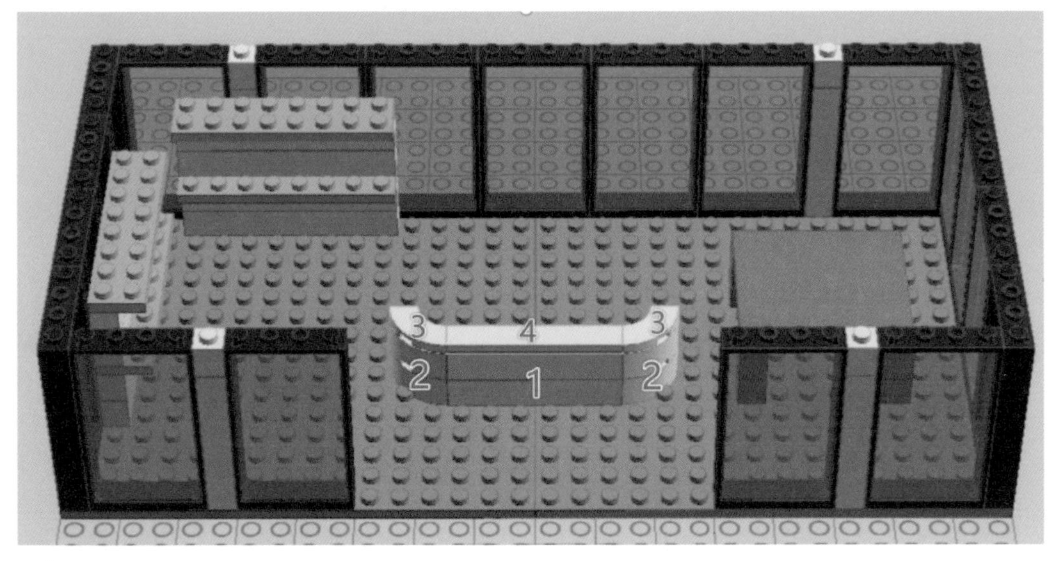

● 图 5-112

5 选用部件编号为73200、76382、3626、92081的积木来搭建一些乐高人仔作为导购员和顾客。搭建完成之后，在“标准主题”模式下使用喷漆工具（快捷键为“B”）对人物的服装进行调整，也可以给每个人设计不同的发型或帽子，如图5-113所示。

●图 5-113

6 选用部件编号为91405、60593、60602、87079的积木来搭建天花板及上部楼层。这样商店就设计完成了，将模型文件保存为“商店”，如图5-114所示。

●图 5-114

5.7.4 冰激凌小摊的设计

本节将设计一个售卖冰激凌的小摊。大家可以先到网上查看相关图片作为参考，也可以尝试自行设计。笔者设计的成品如图5-115所示。下面来看看笔者是如何设计这个冰激凌小摊的。

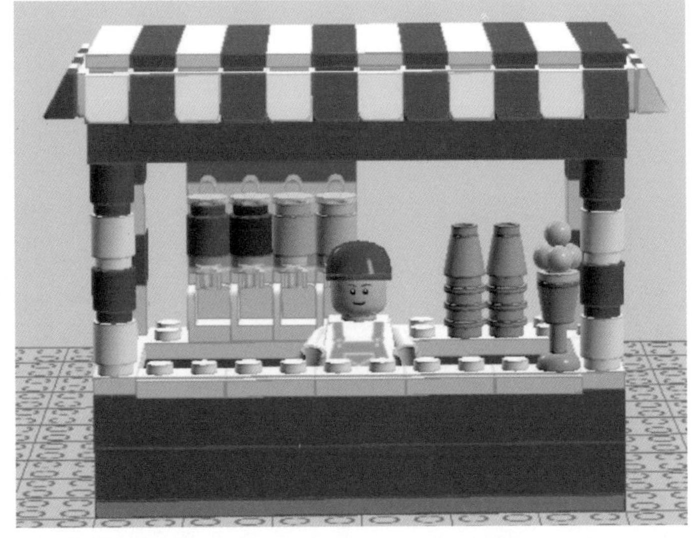

● 图 5-115

1 选用部件编号为1: 3028、2: 6112、3: 14718的积木来搭建冰激凌小摊的底部框架，如图5-116所示。

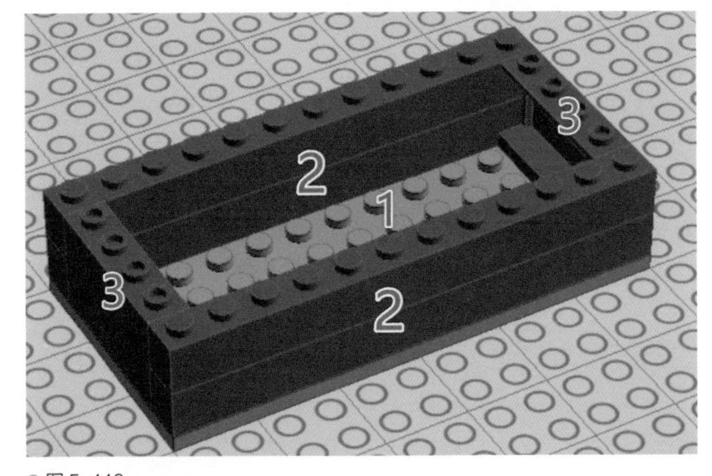

● 图 5-116

2 选用部件编号为1: 32028、2: 3710、3: 3795的积木来铺设柜台桌面，如图5-117所示。

● 图 5-117

3 选用部件编号为1: 6231、2: 60897、3: 3710、4: 3010的积木来搭建冰激凌机器，如图5-118所示。

● 图5-118

4 选用部件编号为1: 20482、2: 3062、3: 25893的积木来完善冰激凌机，如图5-119所示。

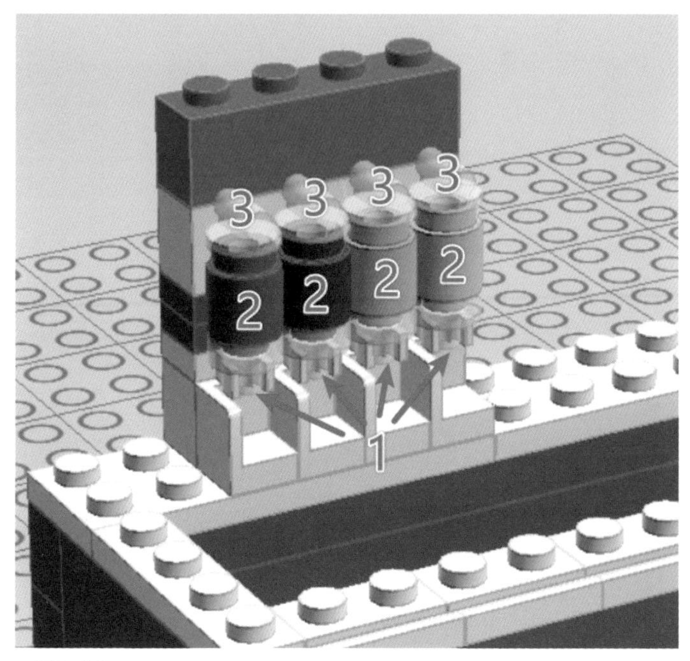

● 图5-119

5 选用部件编号为1：6141、2：59900、3：6269、4：6254的积木来搭建装冰激凌的杯子和样品，如图5-120所示。

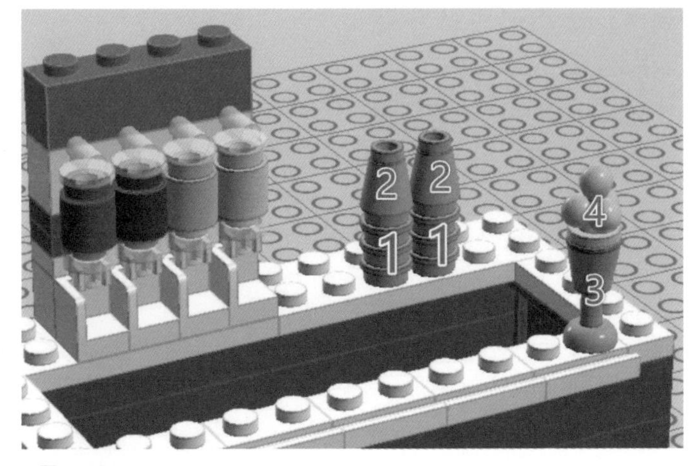

● 图5-120

6 选用部件编号为1：3062、2：3005的积木来搭建冰激凌小摊支撑顶棚的4根柱子，如图5-121所示。

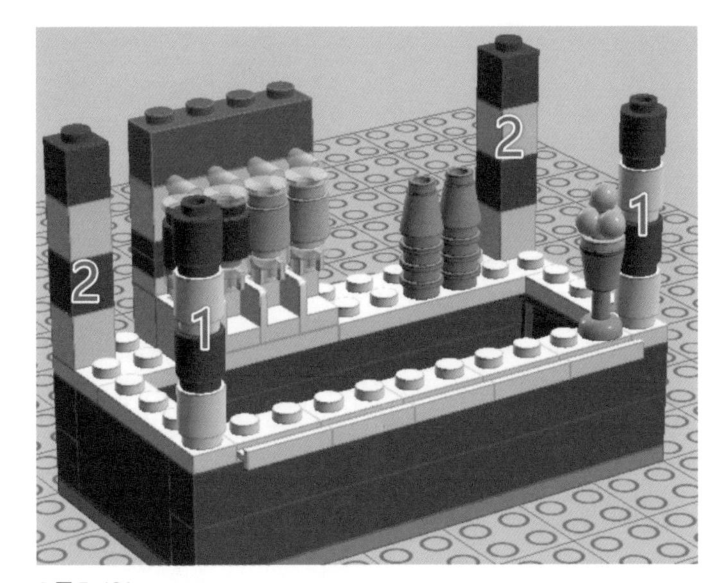

● 图5-121

7 选用部件编号为1：6112、2：3958的积木来搭建顶棚，如图5-122所示。

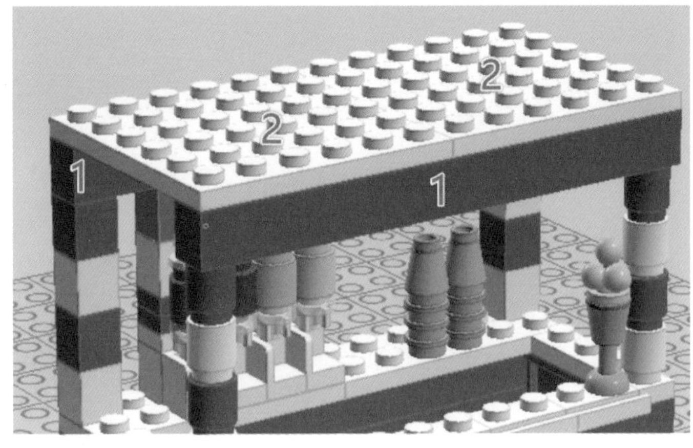

● 图5-122

8 选用部件编号为1: 99781、2: 2436、3: 50746的积木来装饰顶棚，并且可以在顶棚四周都装饰上花边，如图5-123所示。

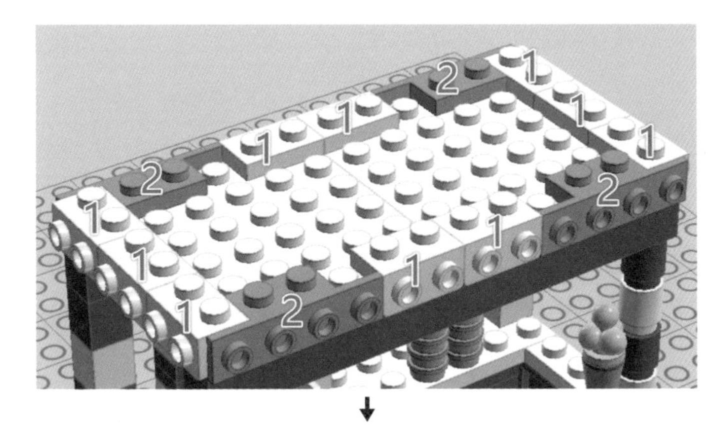

图 5-123

9 选用部件编号为1: 3024、2: 3020、3: 6636的积木将顶棚铺平，并给顶棚铺设平滑的条纹装饰，如图5-124所示。至此，一个冰激凌小摊就设计完成了，将模型文件保存为“冰激凌小摊”。

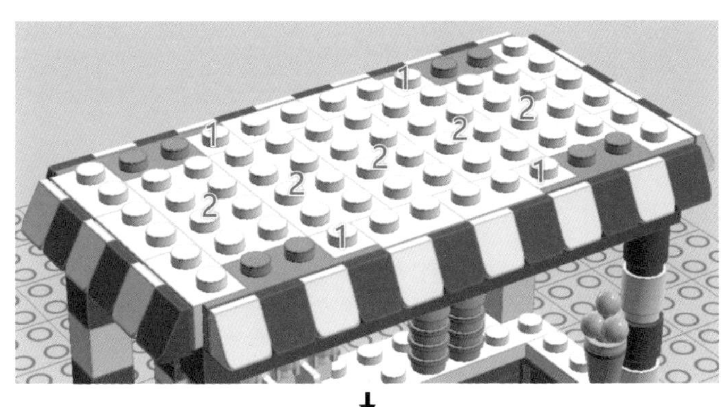

图 5-124

5.7.5 小卖部的设计

小卖部在大街小巷中很常见，笔者在参考现实中的一些小卖部之后设计了如图5-125所示的一个造型。下面我们就来看看如何设计这样一个小卖部吧！为了锻炼读者的设计能力，在详细查看笔者的设计步骤之前，可以自行独立设计一个造型。

● 图 5-125

1 选用部件编号为1: 2653、2: 3020、3: 3710、4: 60596、5: 60616的积木来搭建小卖部的货架和店铺出入口，如图5-126所示。

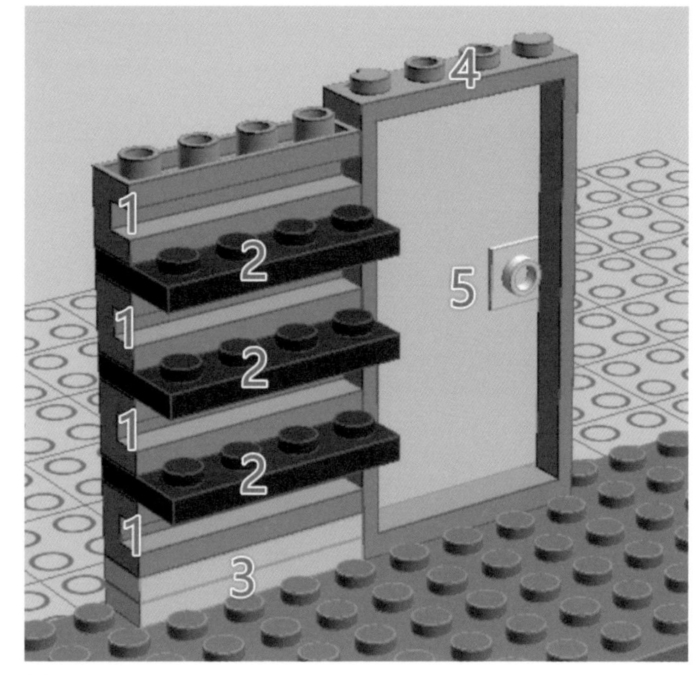

● 图 5-126

2 选用部件编号为1: 3622、2: 3070、3: 3024、4: 3069、5: 6141、6: 98138、7: 3623的积木来搭建货架物品，如图5-127所示。

● 图 5-127

3 选用部件编号为1: 2453、2: 4215、3: 98283、4: 4162、5: 87552的积木来搭建小卖部的墙壁和透明柜台，如图5-128所示。

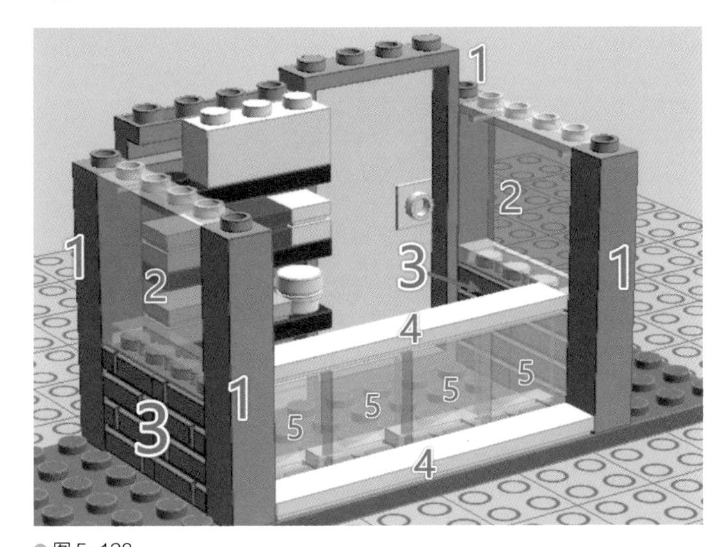

● 图 5-128

4 选用部件编号为1: 3710、2: 4477、3: 3666、4: 2540、5: 6141的积木将小卖部的顶部铺平，并增加照明灯的接点，如图5-129所示。

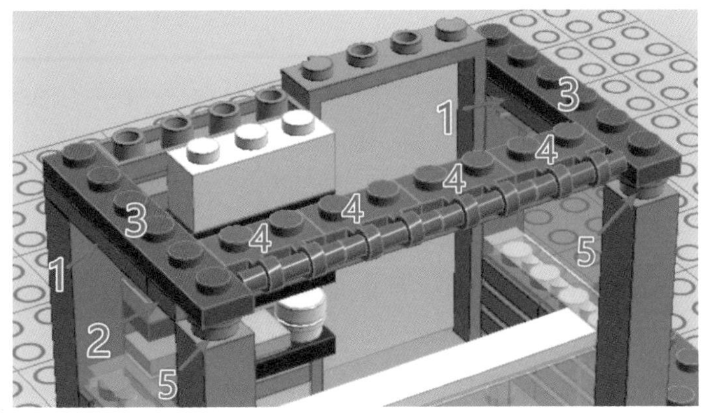

● 图 5-129

5 选用部件编号为1：3710、2：4477、3：6141、4：61252、5：98138的积木继续加固天花板，并添加照明灯，如图5-130所示。

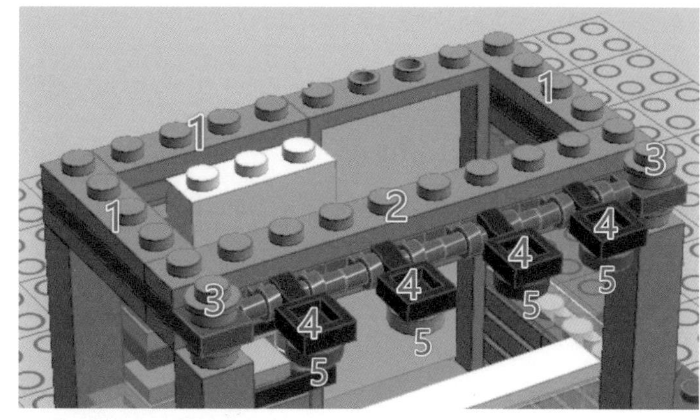

● 图 5-130

6 选用部件编号为1：6111、2：2877的积木来搭建房梁和透气窗，如图5-131所示。

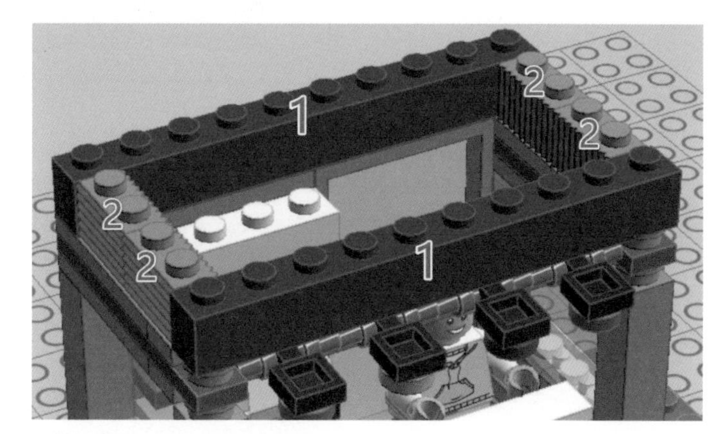

● 图 5-131

7 选用部件编号为4162的积木来铺设屋顶。最后，我们再添加一个售货员，这样一个小卖部就全部完成了，如图5-132所示。最后，记得将模型文件保存为“小卖部”。

● 图 5-132

5.7.6 居民楼的设计

街道上还有很重要的一种建筑就是居民楼了，读者可以到街道上随处看看，挑选一个自己喜欢的居民楼进行模仿搭建。下面是笔者设计的一个基本的模板供大家参考。完整的效果如图5-133所示。

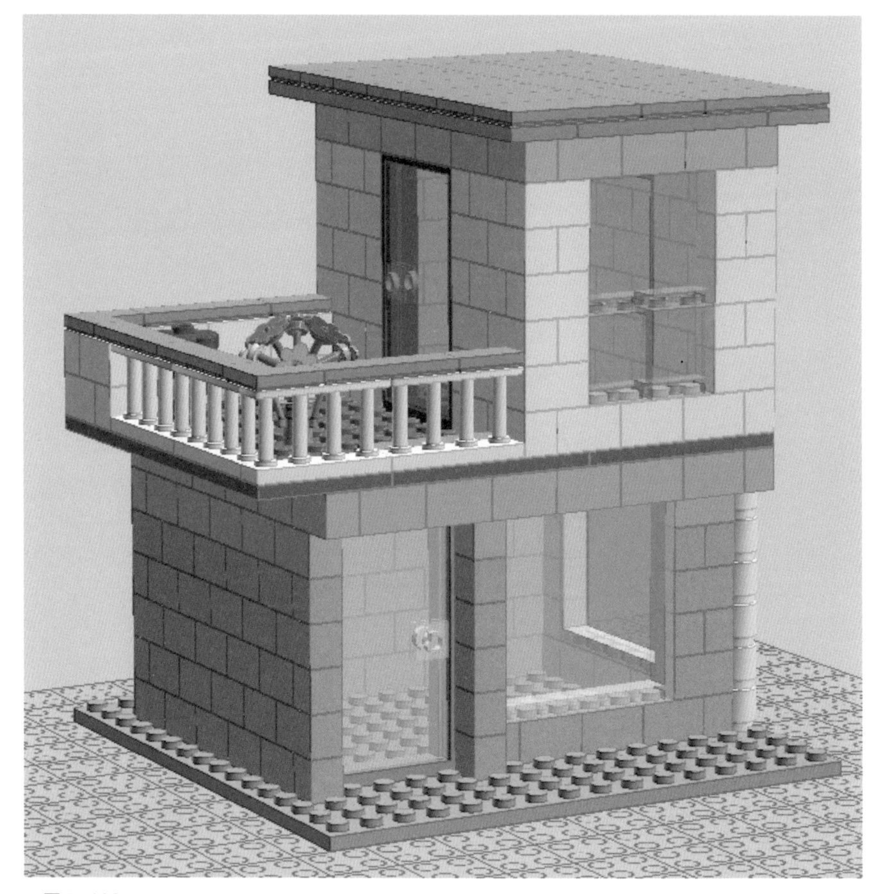

● 图 5-133

1 选用部件编号为1：91405、2：3005、3：3004、4：60596、5：60616、6：59349的积木来搭建房屋的地基，并确定地基框架大小及门窗的位置，如图5-134所示。

2 选用部件编号为3005、3004的积木来搭建墙体，配色和搭建效果如图5-135所示。

●图 5-134

●图 5-135

3 选用部件编号为3002、3010、3004的积木来搭建挑梁，如图5-136所示。

4 选用部件编号为3005、3004、60596、60616的积木来铺设二楼的地板，并设计二楼的空间布局，如图5-137所示。

●图5-136

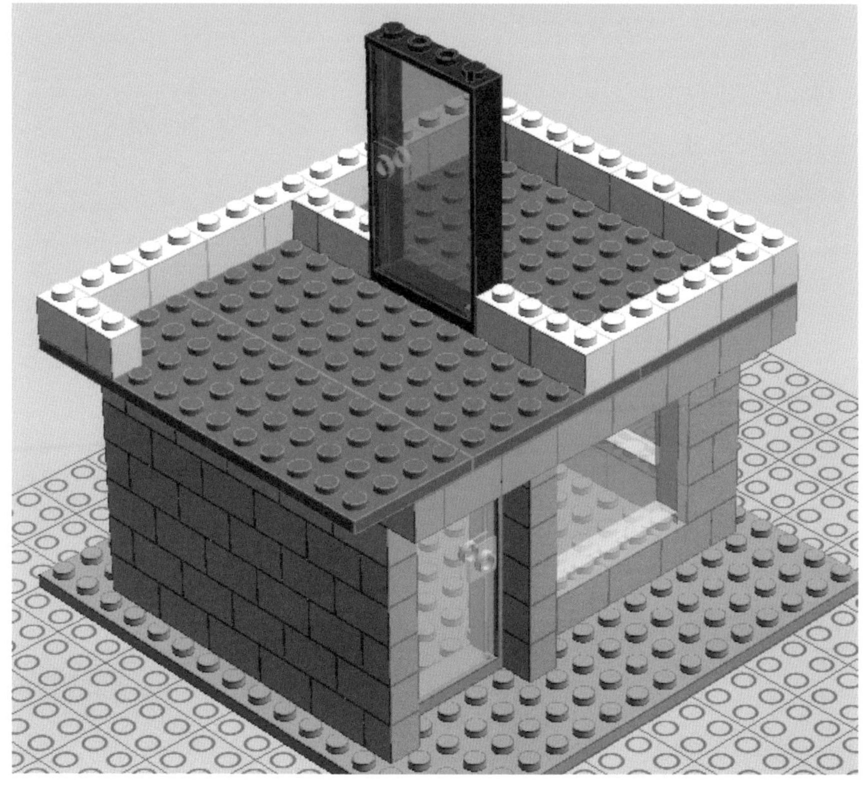

●图5-137

5 选用部件编号为15332、87552、2362、3004、3005的积木来搭建阳台围栏及二楼墙体，如图5-138所示。

● 图 5-138

6 选用部件编号为91988、3456的积木来铺设二楼屋顶，如图5-139所示。

● 图 5-139

7 选用部件编号为14719、2431、87079、3068的积木来修饰阳台及屋顶，如图5-140所示。

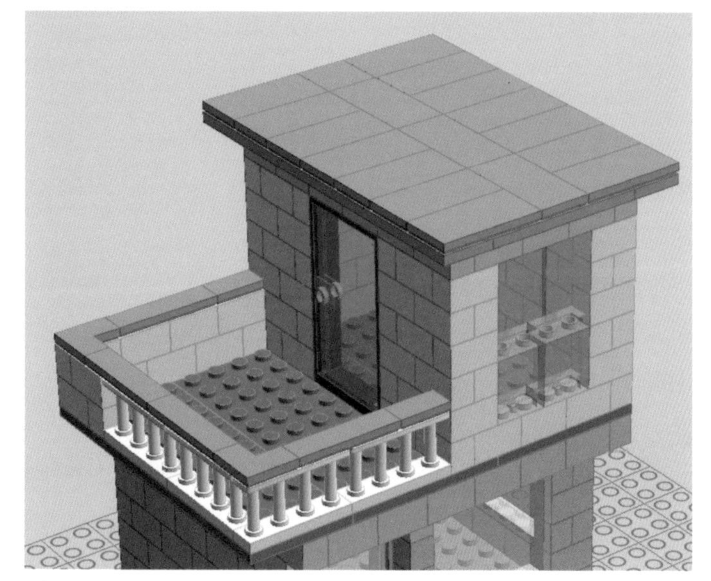

● 图 5-140

8 装饰阳台，添加盆栽。我们可以通过导入模型的方式，将之前做好的花朵模型直接导入进来，放置到阳台上。在菜单栏中，选择“File”菜单下的“Import model(Ctrl+I)”命令，在弹出的对话框中选择需要导入的模型文件，如图5-141所示，将导入的模型移到合适的位置。

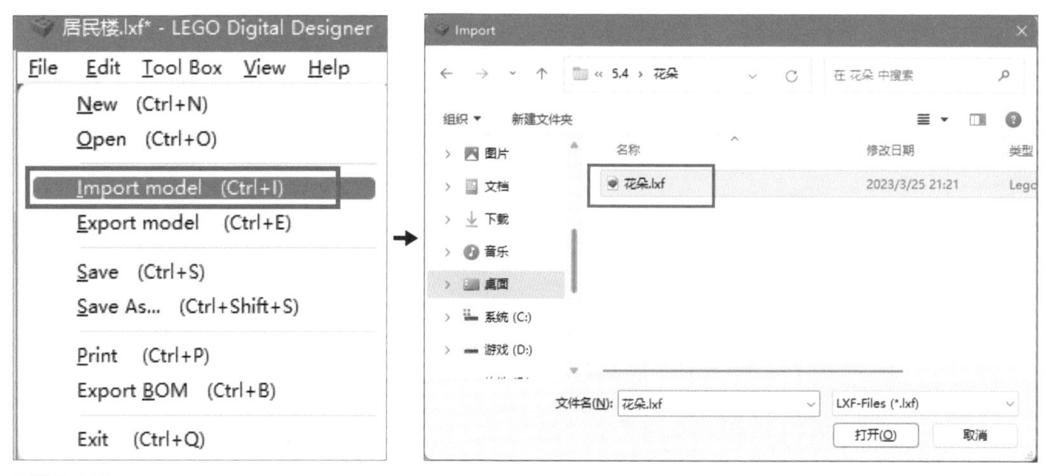

● 图 5-141

5.7.7 摩天轮的设计

我们已经给城镇的商业区设计了很多乐高MOC作品，下面给游玩区也设计一些乐高MOC作品。提到游玩区就必然会想到游乐园的过山车、旋转木马、摩天轮这些经典的项目，笔者就在这里详细演示一下摩天轮的设计过程，因为涉及步骤和积木数量较多，请读者在学习时重点体会笔者的设计思路。

摩天轮结构组成：座舱、轮辐结构、支架、底座。其中，轮辐结构较为复杂，设计起来相对麻烦；支架部分应设计成三角形结构，增加其稳定性。为简化整体设计的难度，动力部分不做设计。

合理设计顺序：轮辐→座舱→底座→支架。乐高的大型圆形积木很少，为了使乐高MOC作品与现实作品有较高的相似度，笔者在设计时首先想到的是如何做出有很多辐条的轮辐结构。辐条越多，我们设计的作品就越真实。4辐条、6辐条都有比较成熟的方案，但是笔者觉得还是太少了。笔者最后找到了如图5-142所示的积木（抛物线环，部件编号为75937），在这个抛物线环上可以拓展出8根辐条。

在这个积木的基础上进行拓展，必然要用到类别下的积木，如图5-143所示。

对于座舱与辐条的结合，以及辐条与辐条的固定，大概率会用到类别下的积木，如图5-144所示。

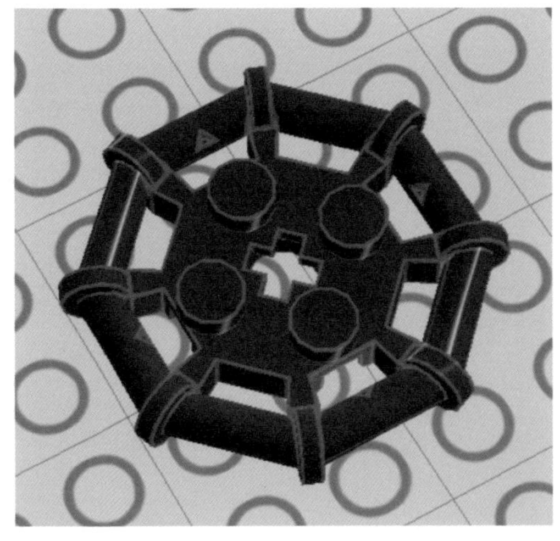

图 5-142

图 5-143

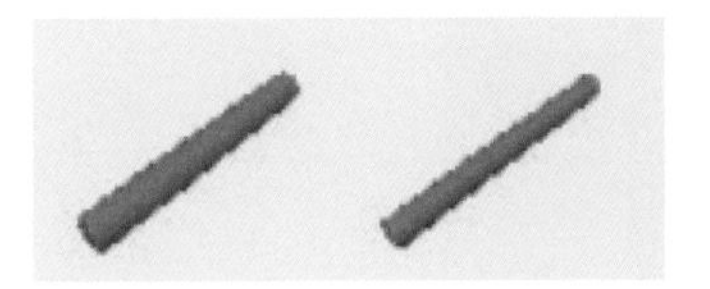

图 5-144

这些都是笔者根据设计经验预先推算的结果。在实际的设计过程中是会不断更改方案的。这里只展示了设计的思考过程，最终作品效果如图5-145所示。

●图 5-145

1.设计轮辐结构

1 选用部件编号为60897、3023、63868、3460、4162的积木来搭建辐条结构。我们总共需要制作8根这样的辐条，注意先不要连接上抛物线环，如图5-146所示。

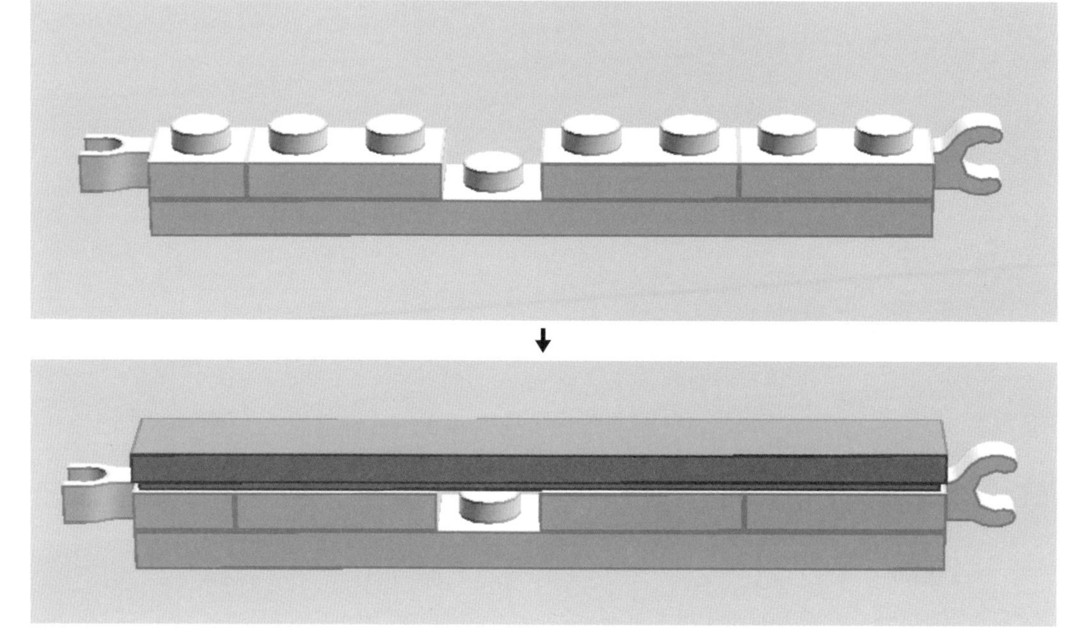

●图 5-146

小贴士

辐条在与黑色的抛物线环对接时，连接点会因为操作的原因产生位移现象，如图5-147所示。这会影响后期8根辐条之间的固定，如果位置动了，辐条之间的距离就会有误差，连接的积木会无法安装，具体看后续步骤说明。

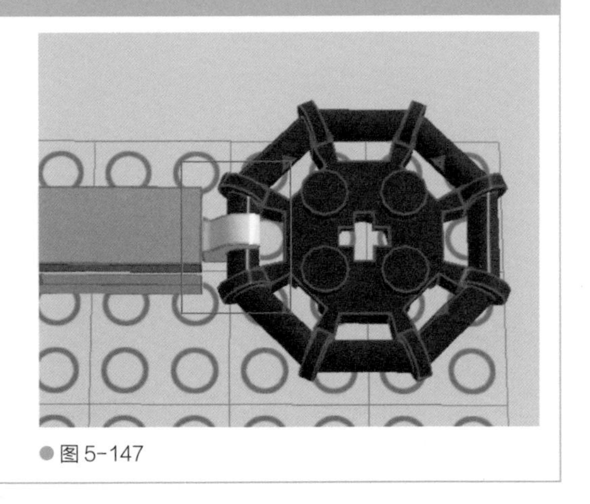

● 图 5-147

2 辐条的固定。这一步我们用到部件编号为73983、3623的积木。首先，按照如图5-148所示的方式摆放部件编号为73983的积木，并使用铰链工具旋转左半部分的角度，角度为45°。

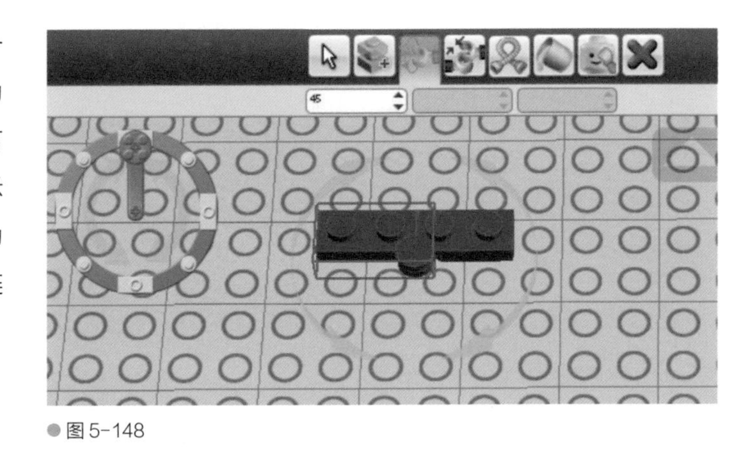

● 图 5-148

然后，在每根辐条上都安装上这两个积木，并把所有辐条都连接在一起，如图5-149所示。

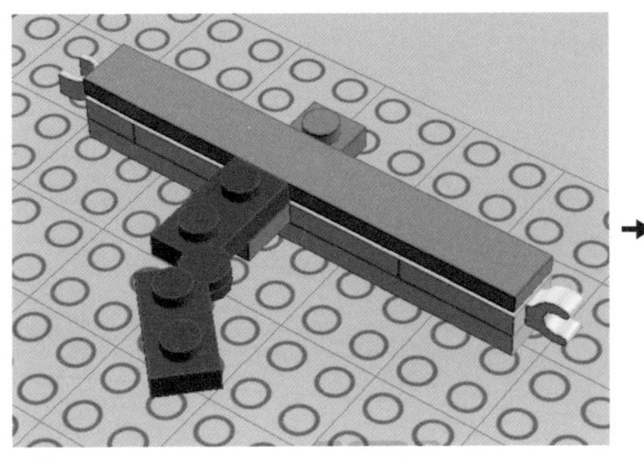

● 图 5-149

最后，将抛物线环对接到辐条的中心位置，如图5-150所示。

3 修改辐条配色，并装饰辐条。选用部件编号为6141的积木进行装饰，具体效果如图5-151所示。

图 5-150

图 5-151

4 复制轮辐结构，并组合成一个整体。选用部件编号为3708的积木进行组合，具体效果如图5-152所示。

图 5-152

2.设计座舱

1 选用部件编号为24201、3003、6091的积木来搭建透明座舱，效果如图5-153所示。

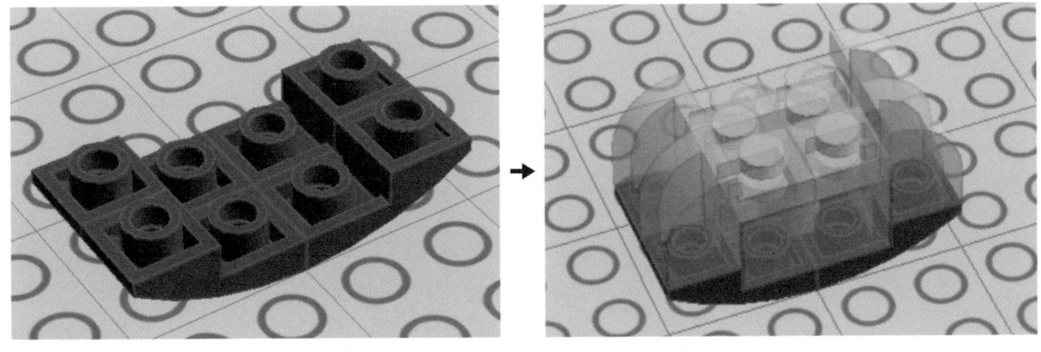

● 图 5-153

2 选用部件编号为3022、2376的积木来搭建座舱的吊环，效果如图5-154所示。

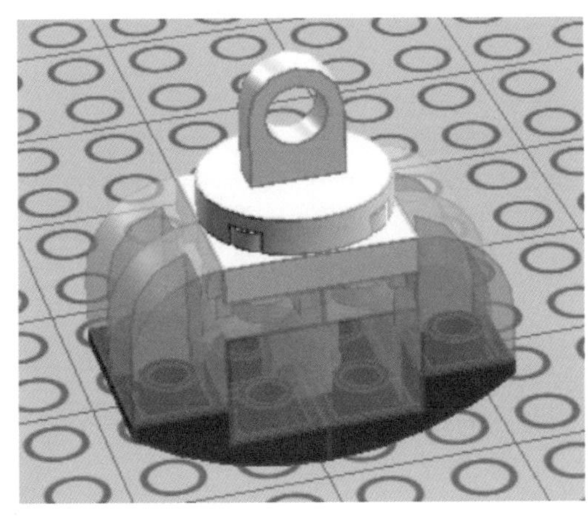

● 图 5-154

3 选用部件编号为30374、85861、18654的积木来搭建座舱横杆。在搭建这一步时要特别注意，由于部件编号为30374的横杆积木与部件编号为2376的吊环积木没有直接装配关系，因此我们要先借助部件编号为85861的积木将横杆穿过吊环的圆孔，如图5-155所示。

4 复制座舱并修改配色。我们总共要做出8个座舱，给每个座舱都搭配不同的颜色。组合轮辐和座舱如图5-156所示。

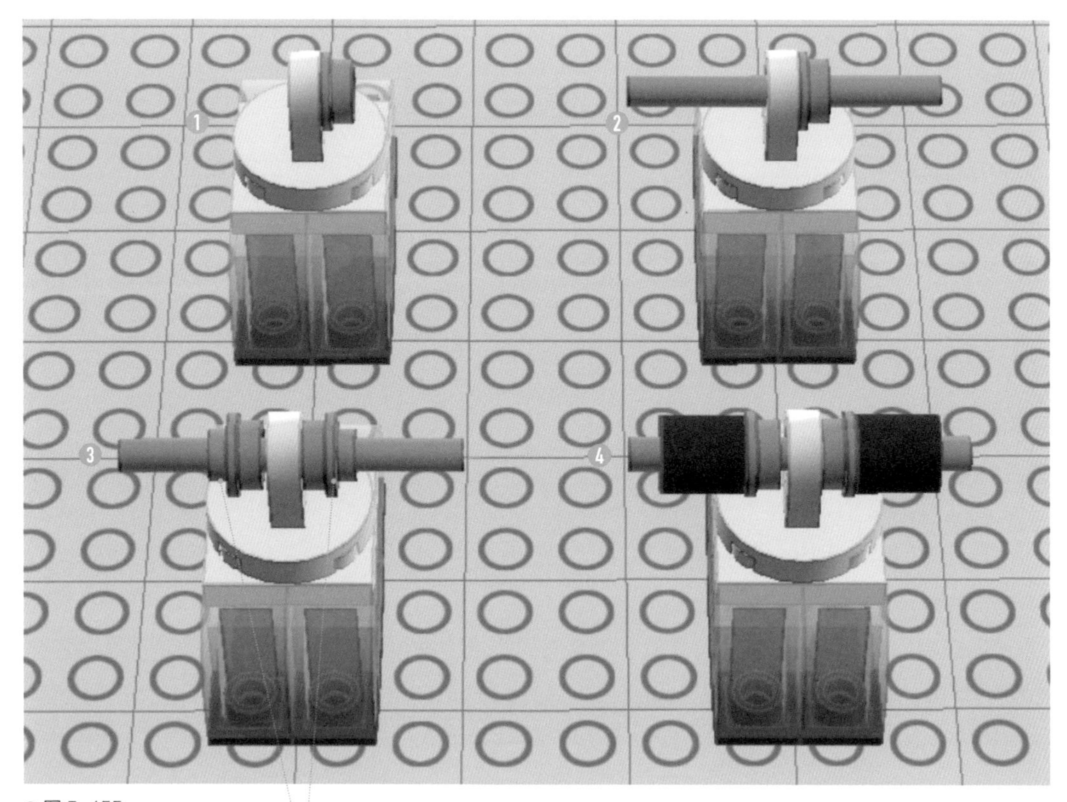

图 5-155

翻转这两个零件，不能与圆孔连接，仅用作横杆的限位

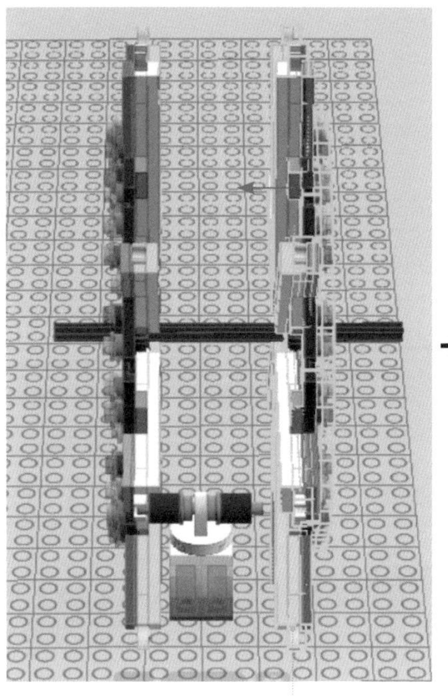

图 5-156

整体移动

3.设计底座及支柱部分

1 选用部件编号为6098、2465的积木来搭建底座部分，如图5-157所示。

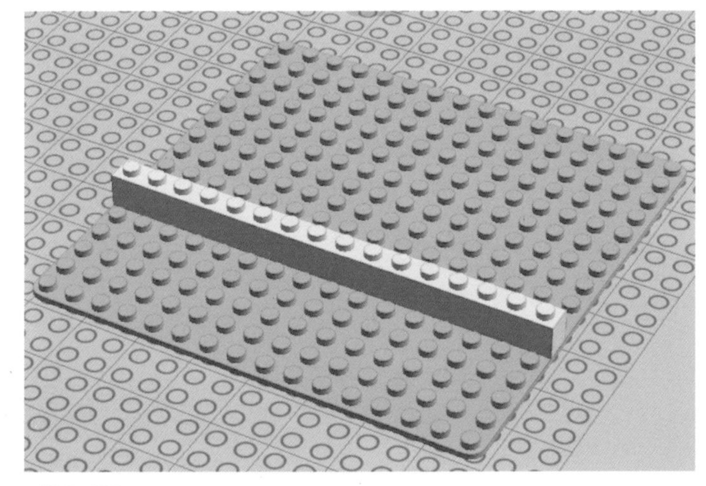

● 图 5-157

2 搭建支柱部分。支柱的关键设计就是在顶部要有能够穿轮辐转动轴的孔，并且设计整体呈三角形的结构。首先选用部件编号为60478、3008、60594、3010的积木进行搭建，并将其搭建成如图5-158所示的结构。

其次选用部件编号为3701、3710、63868、2780、32523的积木进行搭建，并将其搭建成如图5-159所示的结构。

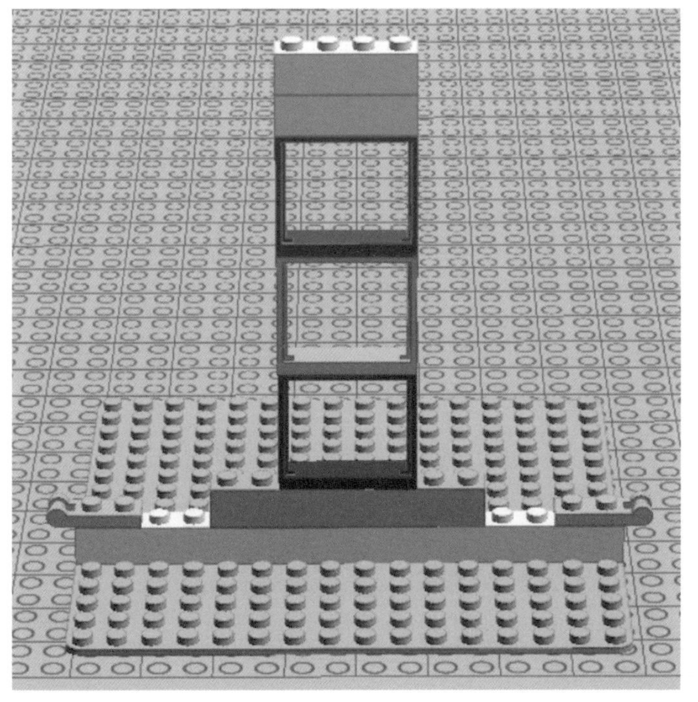

● 图 5-158

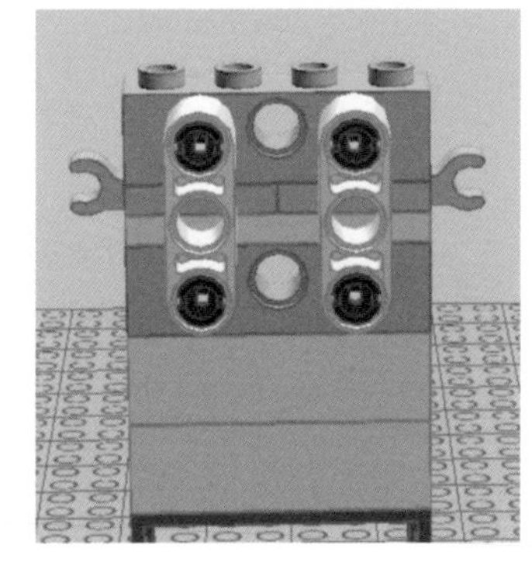

● 图 5-159

再次选用部件编号为63868、60479、60478、3666、3460的积木进行搭建，并将其搭建成如图5-160所示的结构。

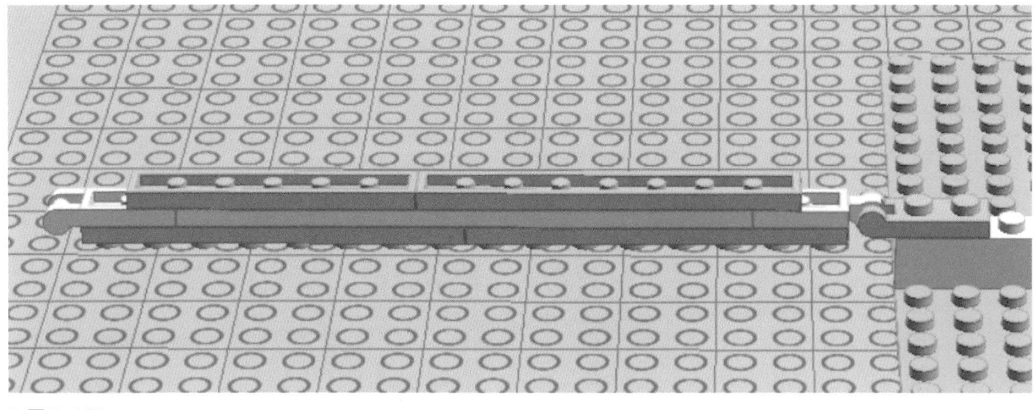

图 5-160

最后使用铰链工具，将这部分结构与柱子部分结合。采用同样的方法，将另一侧的支撑柱也搭建出来，如图5-161所示。

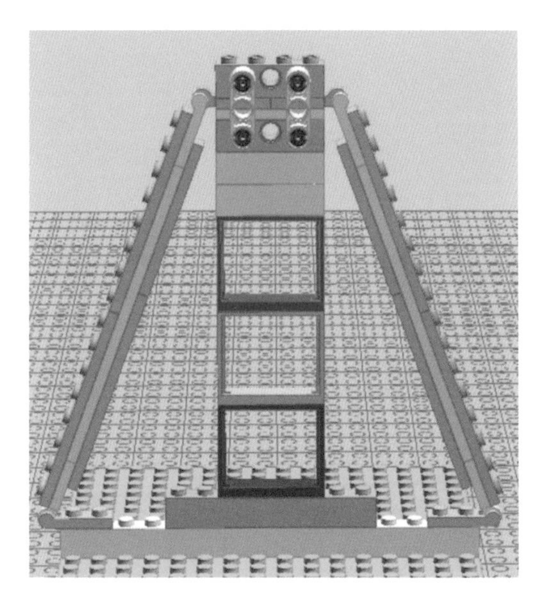

图 5-161

小贴士

支架的设计难点在于三条边的长度能够正好衔接到位。其实是可以通过勾股定理计算出边长的。不过，对于初学者来说，建议采用凑一凑，然后修改的方法来拼搭，其实笔者也习惯采用这种原始方法。

3 复制支柱，并选用部件编号为3832、87079、2431的积木进行加固，效果如图5-162所示，注意箭头标注的地方。

● 图5-162

4 组合轮辐和支座。在轮辐的旋转轴上安装部件编号为6590、32123的积木，如图5-163所示。需要注意的是，轴的两侧都需要安装，最后将模型文件保存为“摩天轮”。

● 图5-163

5.8 交通工具篇

下面给城镇的道路上添加一些交通工具，本节主要选用了几种经典的车辆MOC，包括F1赛车、小型家用车、公交车。

5.8.1 F1赛车的设计

我们先来设计一辆F1赛车，具体操作步骤如下。

1 搭建车身骨架。首先选用部件编号为1: 32001、2: 3023、3: 3709的积木设计出底盘雏形，如图5-164所示；然后选用部件编号为1: 2730、2: 3702、3: 3700、4: 11211的积木加固底盘，如图5-165所示。

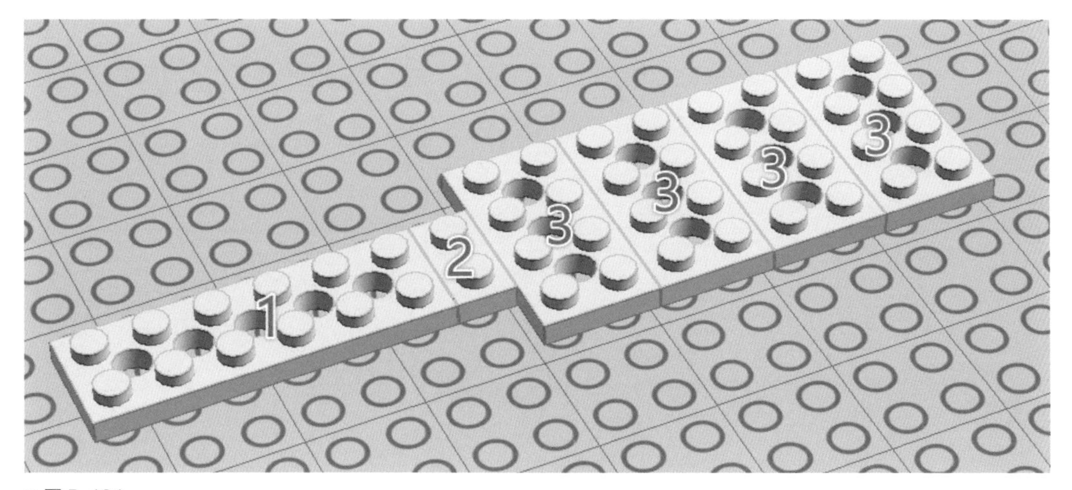

● 图 5-164

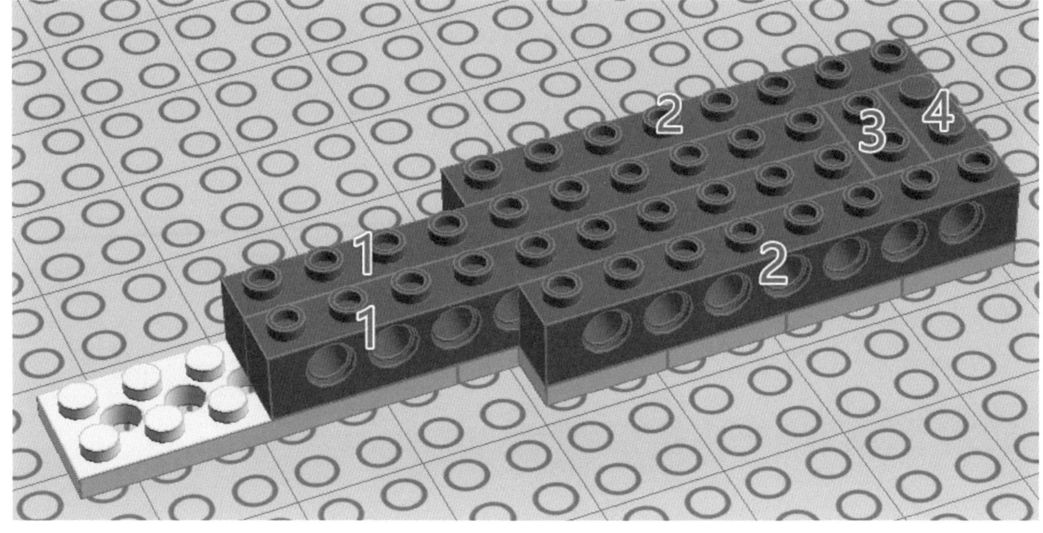

● 图 5-165

2 搭建车头。首先选用部件编号为1: 3738、2: 3069、3: 3023的积木来设计车头的基本造型，如图5-166所示。

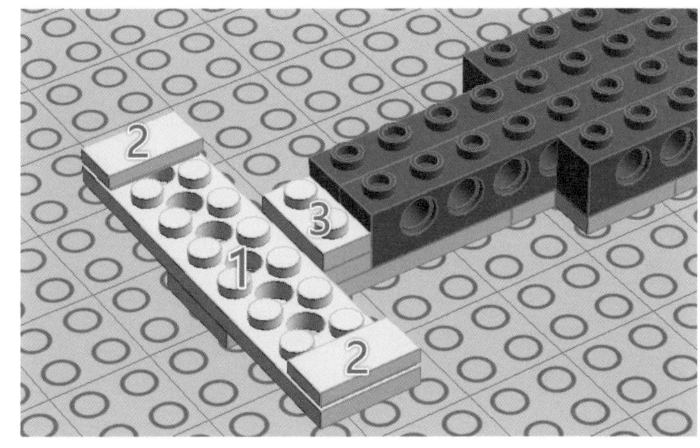

图5-166

然后选用部件编号为1: 61678、2: 3069的积木来优化车头细节，如图5-167所示。

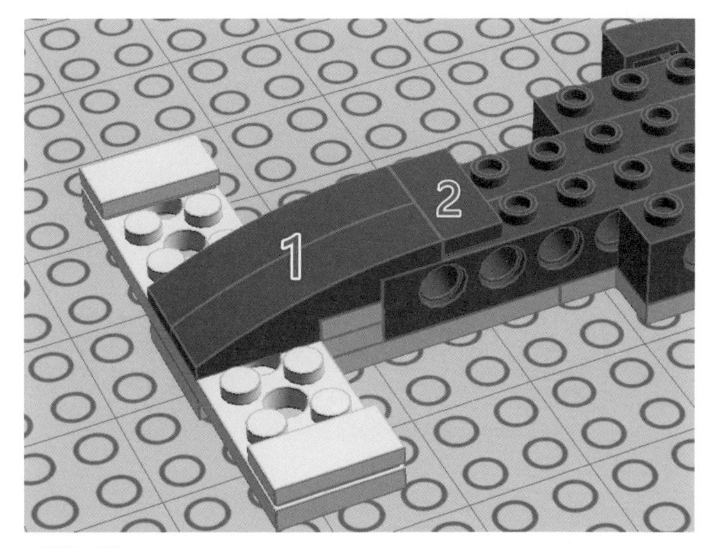

图5-167

3 选用部件编号为1: 44728、2: 3709、3: 2420、4: 2412、5: 48336的积木来加固车身，效果如图5-168所示。

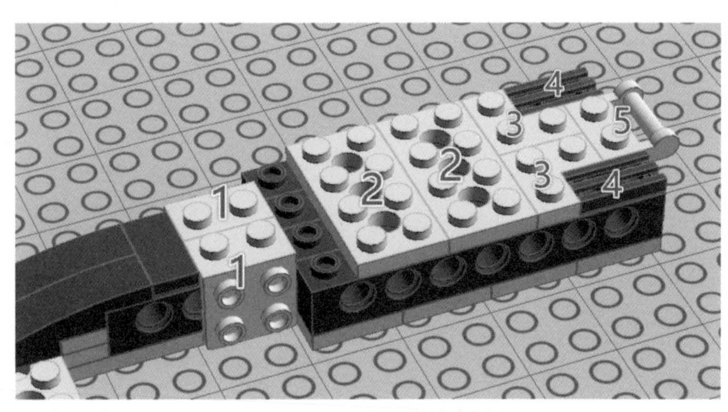

图5-168

4 选用部件编号为1: 85984、2: 50746、3: 44728、4: 3023、5: 3069、6: 3022、7: 90194、8: 60470的积木来继续优化车身，效果如图5-169所示。

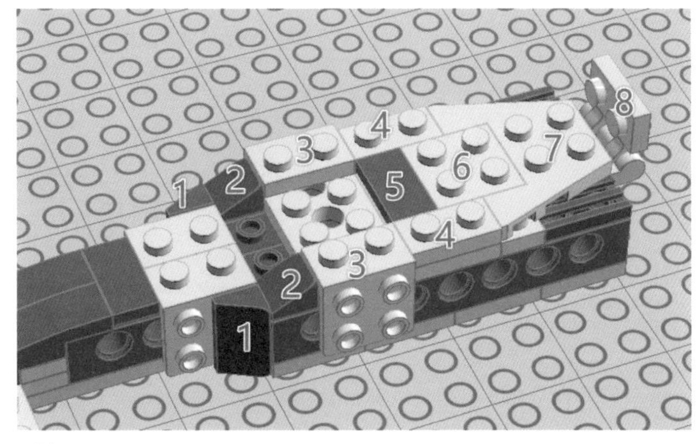

● 图 5-169

5 选用部件编号为1: 85984、2: 73081、3: 11211、4: 3023、5: 3040、6: 3700、7: 3710、8: 3022的积木来设计方向盘和座位，效果如图5-170所示。

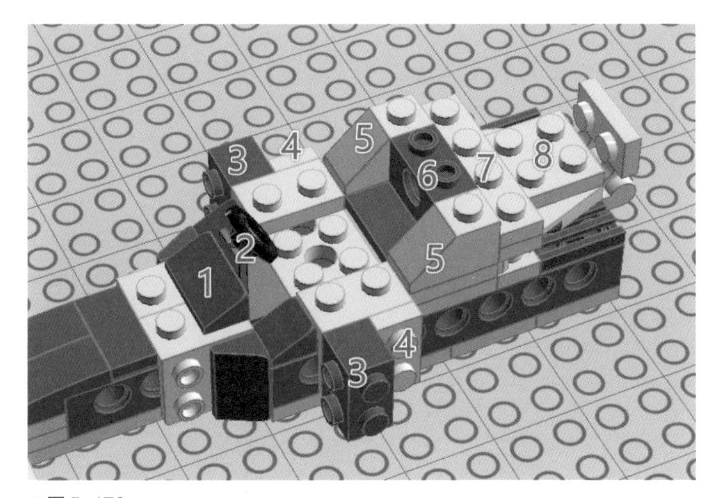

● 图 5-170

6 选用部件编号为1: 61409、2: 50950、3: 11477、4: 61678的积木来设计进气道及车身弧线造型，效果如图5-171所示。

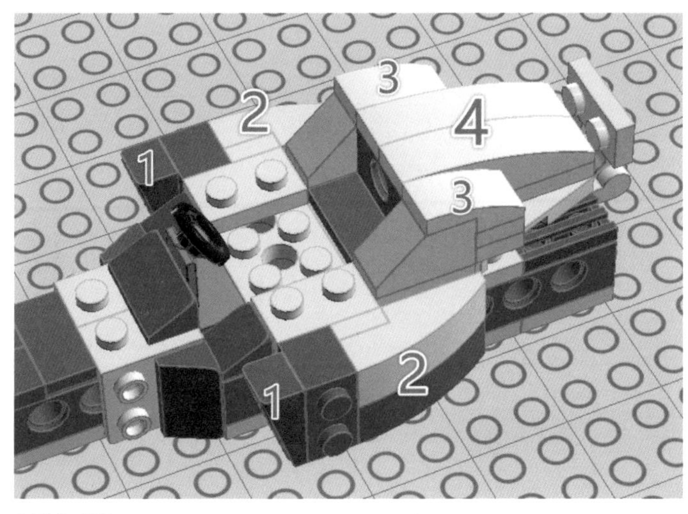

● 图 5-171

7 选用部件编号为1：4081、2：6141、3：99780的积木来设计后视镜及尾翼支架，效果如图5-172所示。

● 图 5-172

8 选用部件编号为1：2431、2：32001、3：6141的积木来设计尾翼，效果如图5-173所示。

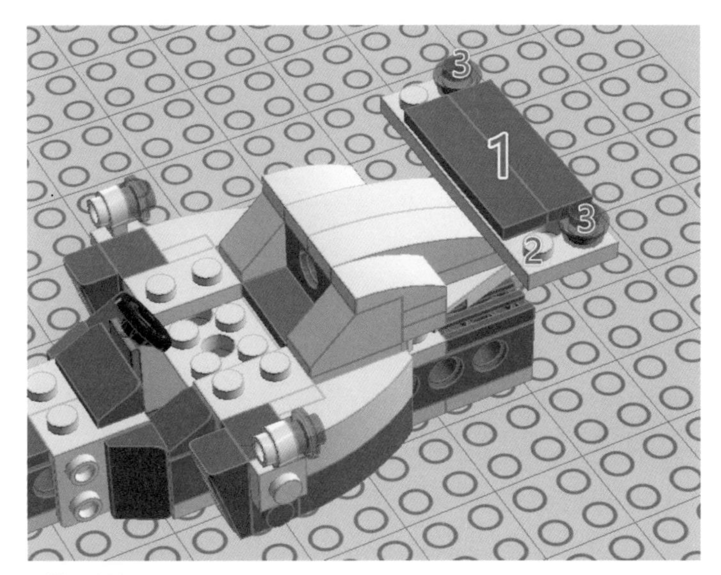

● 图 5-173

9 选用部件编号为1：32123、2：3706、3：6562的积木来安装轮轴，效果如图5-174所示。

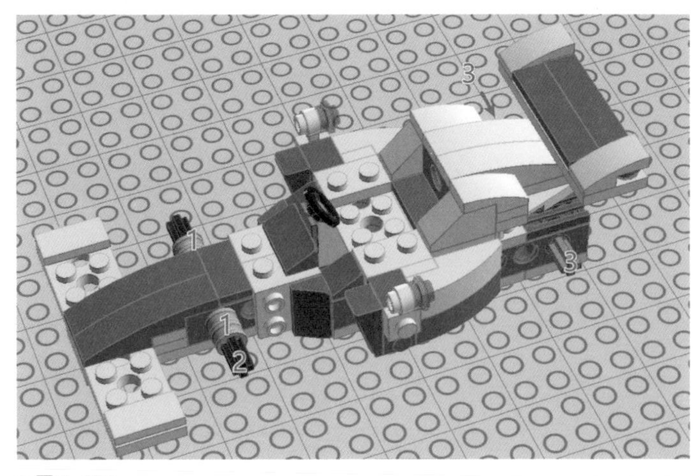

● 图 5-174

10 选用部件编号为1: 18976、2: 18977、3: 4589的积木来安装轮胎及排气管，效果如图5-175所示。

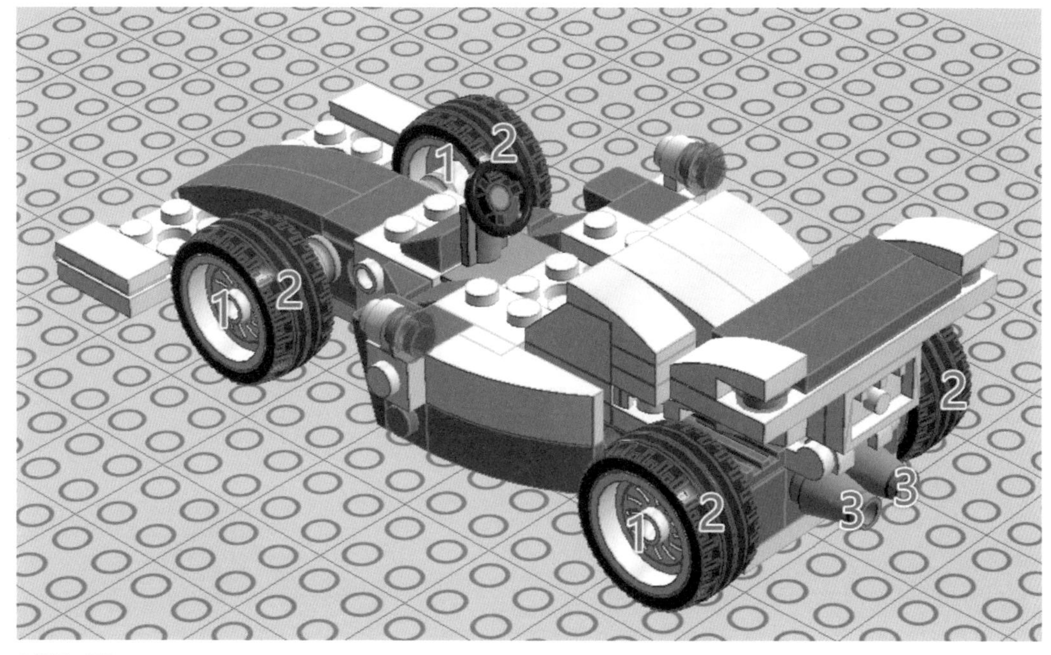

●图 5-175

至此，F1赛车就完成了。最后，将模型文件保存为"F1赛车"。

5.8.2 小汽车的设计

下面设计一辆小汽车，完成效果如图5-176所示。

●图 5-176

1 选用部件编号为4600、3795的积木来搭建小汽车的底盘，如图5-177所示。

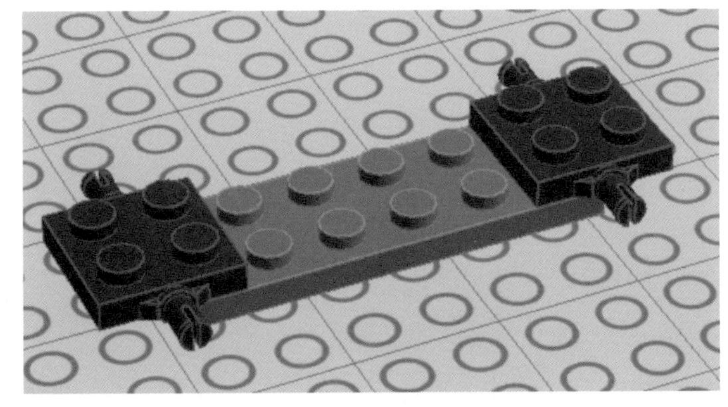

● 图 5-177

2 选用部件编号为3023、99780/2436的积木来扩展小汽车的底盘，如图5-178所示。

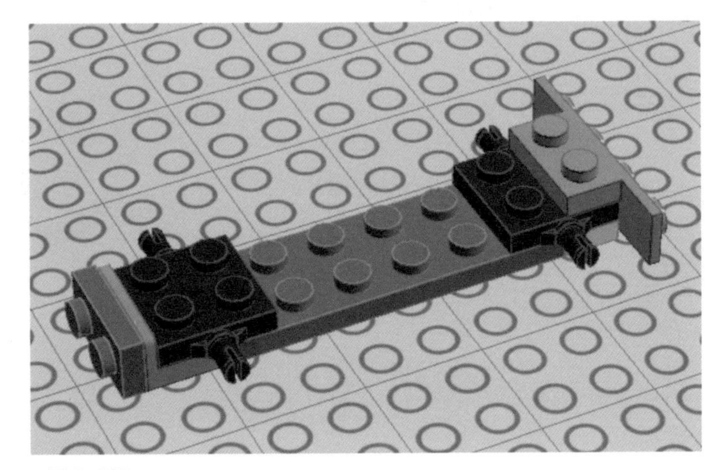

● 图 5-178

3 选用部件编号为1: 93273、2: 3023、3: 3710、4: 3031、5: 98138、6: 3069的积木来继续扩展小汽车的底盘，如图5-179所示。

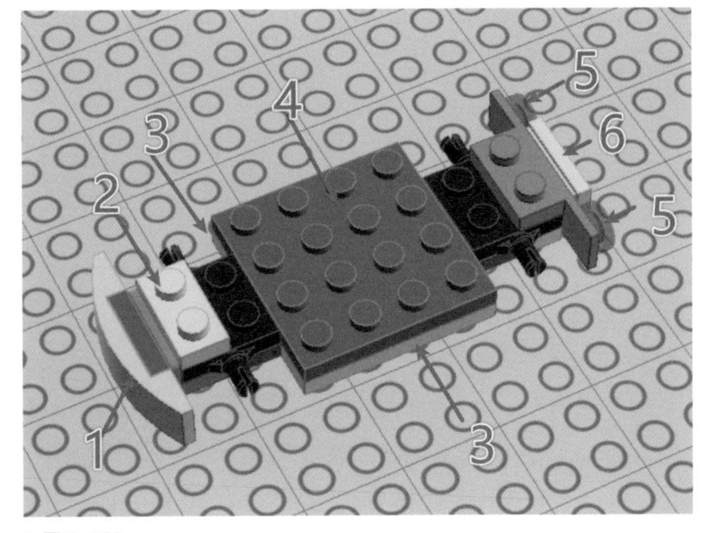

● 图 5-179

4 选用部件编号为1：3788、2：3821、3：3005的积木来搭建小汽车的车架，如图5-180所示。

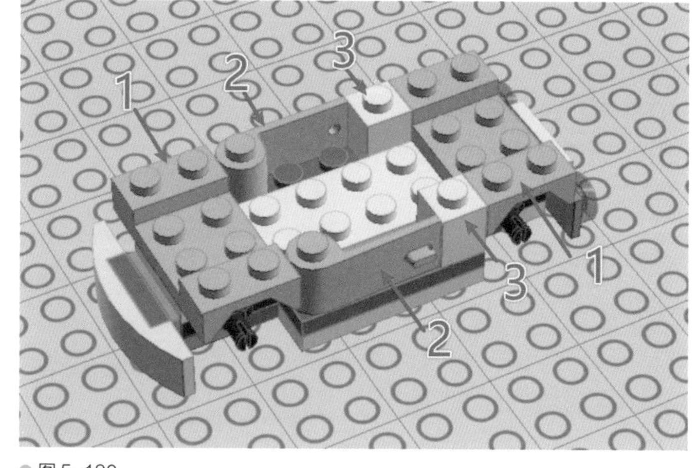

● 图5-180

5 选用部件编号为1：98138、2：2412、3：2436、4：3023、5：73081、6：60481的积木来扩展小汽车的车架，如图5-181所示。

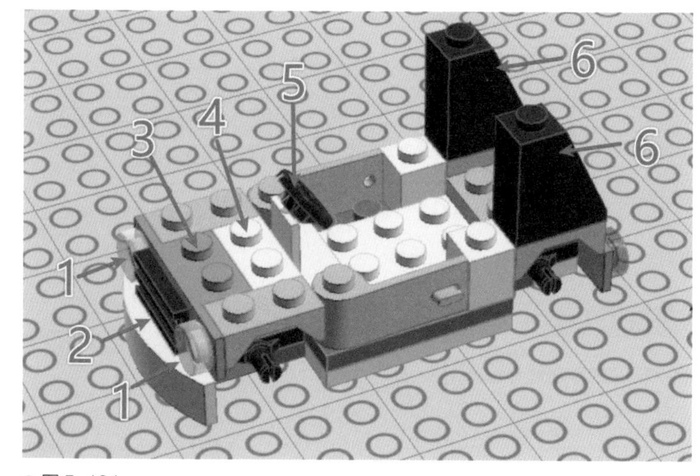

● 图5-181

6 选用部件编号为1：3710、2：11476、3：20482、4：85984的积木来继续扩展小汽车的车架，如图5-182所示。

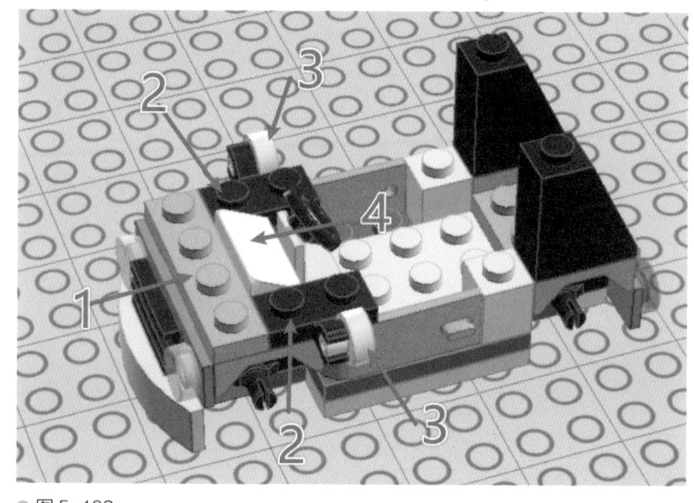

● 图5-182

7 选用部件编号为1: 30028、2: 30027、3: 57783、4: 2431、5: 3020、6: 4079的积木来继续搭建小汽车的车窗、车顶和轮胎，如图5-183所示。需要注意的是，轮胎总共需要安装4个。

● 图 5-183

8 选用部件编号为1: 45677的积木来完善小汽车的车顶，如图5-184所示。最后，将模型文件保存为“小汽车”。

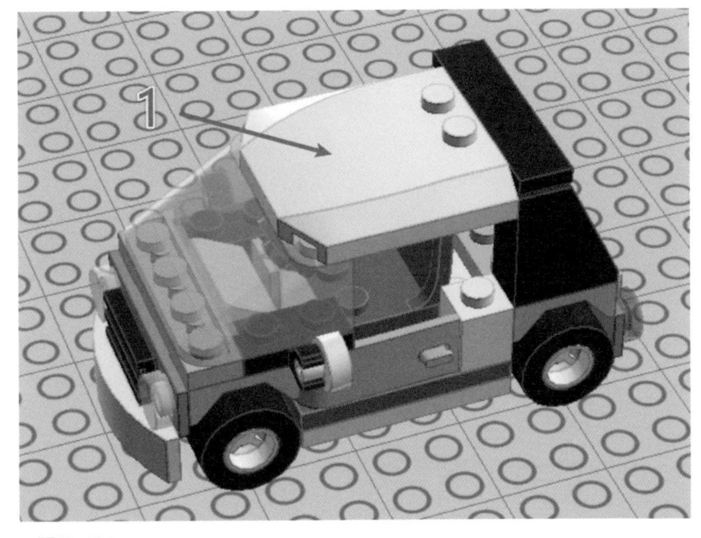

● 图 5-184

5.8.3 公交车的设计

我们在前文已经设计了公交车站，那么本节就来设计一辆公交车。在进行具体设计之前，建议读者先参考一下现实中的公交车，再进行虚拟搭建。笔者设计的公交车的最终效果如图5-185所示。下面就来看看具体的操作步骤吧！

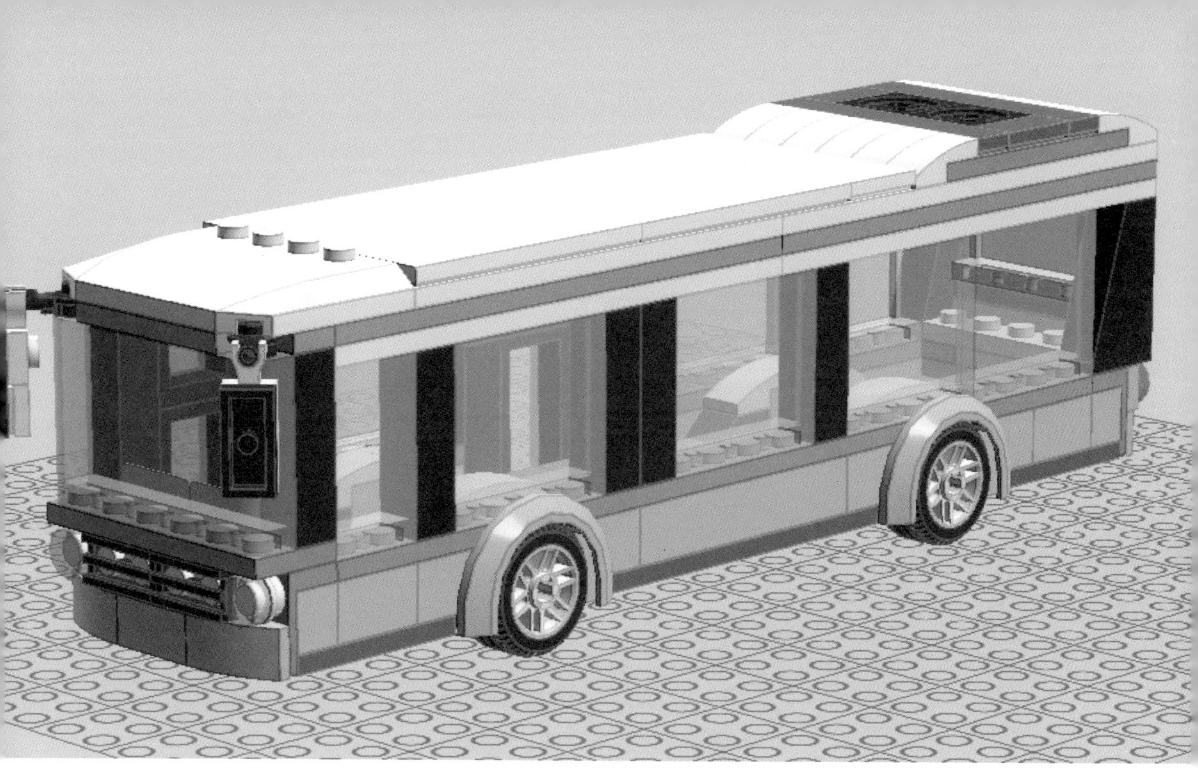

●图 5-185

1 选用部件编号为1：2445、2：24201、3：11209、4：11208、5：44881的积木来搭建公交车的底盘和车轮，如图5-186所示。

●图 5-186

2 选用部件编号为1：3020、2：3023、3：3710、4：3022、5：3034的积木来扩展公交车的底盘，如图5-187所示。

●图 5-187

3 选用部件编号为1：3009、2：3004、3：3665、4：50745、5：3040的积木来搭建公交车的车架，如图5-188所示。

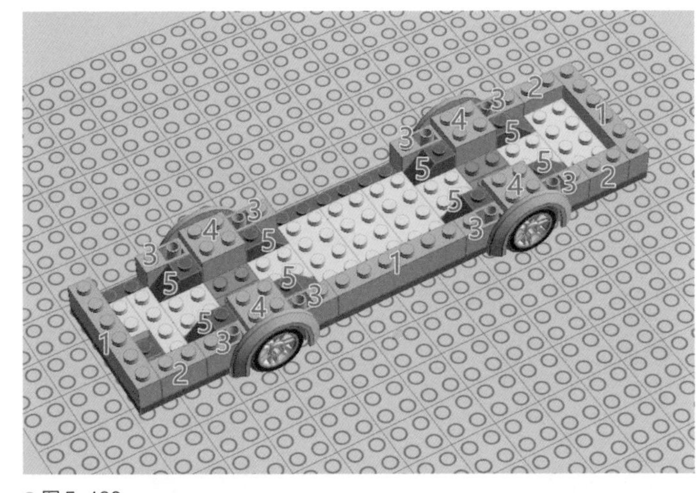

图5-188

4 选用部件编号为1：44728、2：3710、3：3023、4：4477、5：11477、6：3069、7：3065、8：2431、9：6636、10：87079的积木来扩展公交车的车架，如图5-189所示。

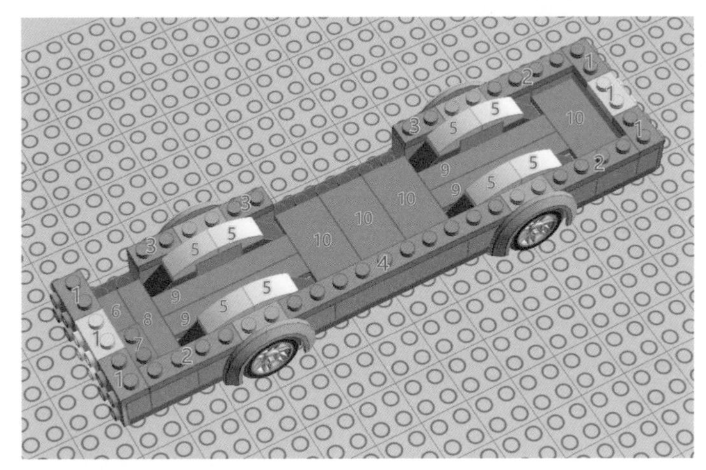

图5-189

5 选用部件编号为1：14716、2：60593、3：60602、4：6141、5：98138、6：3020、7：2412、8：11477、9：3069的积木来搭建公交车的车头和车门，如图5-190所示。

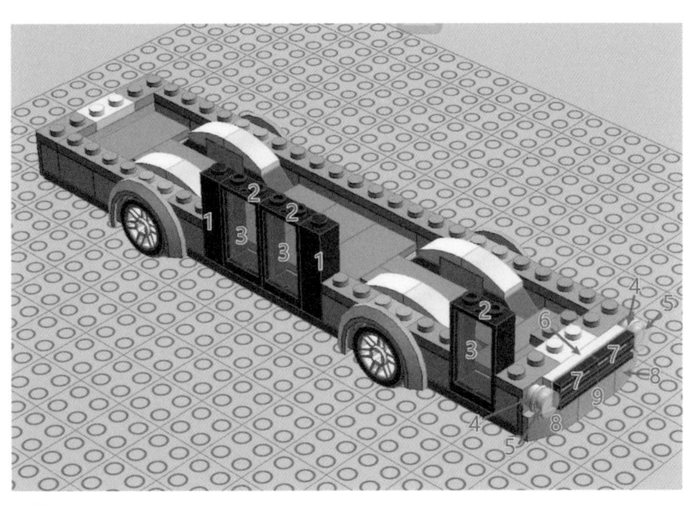

图5-190

6 选用部件编号为1: 60581、2: 3005、3: 60592、4: 60601、5: 3795、6: 14716的积木来搭建公交车的玻璃和车身，如图5-191所示。

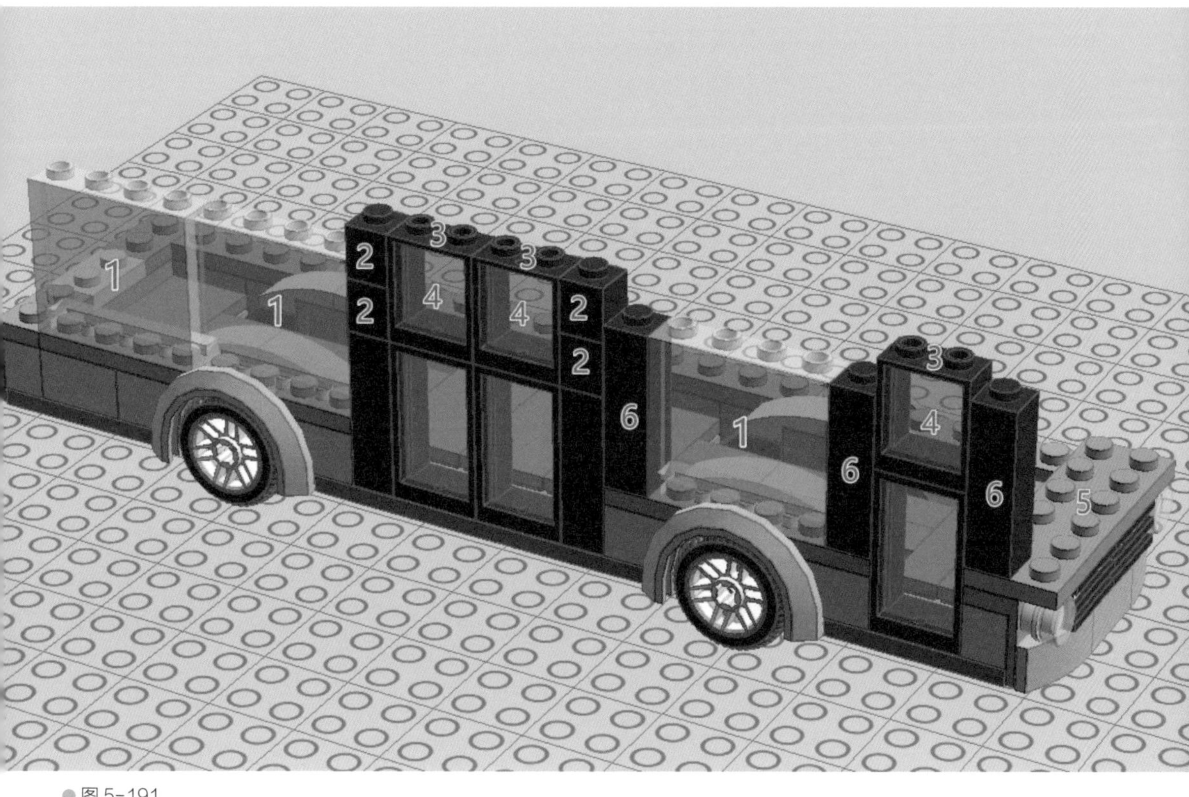

● 图 5-191

7 选用部件编号为1: 85984、2: 73081的积木来搭建公交车的驾驶室部分，如图5-192所示。

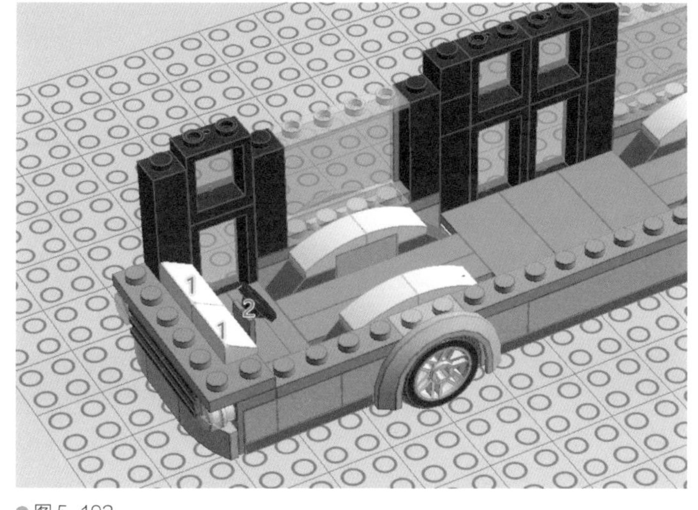

● 图 5-192

8 选用部件编号为1: 64453、2: 14716、3: 2362、4: 60581的积木来完善公交车的玻璃和车身，如图5-193所示。

● 图 5-193

9 选用部件编号为1: 3666、2: 98138、3: 3710、4: 85861的积木来搭建公交车的车尾部分，如图5-194所示。

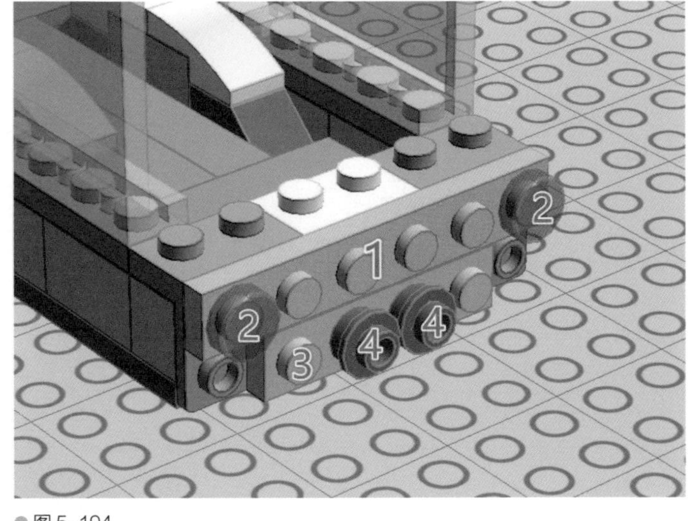

● 图 5-194

10 选用部件编号为1: 11477、2: 2431、3: 3020的积木来继续完善公交车的车尾部分，如图5-195所示。

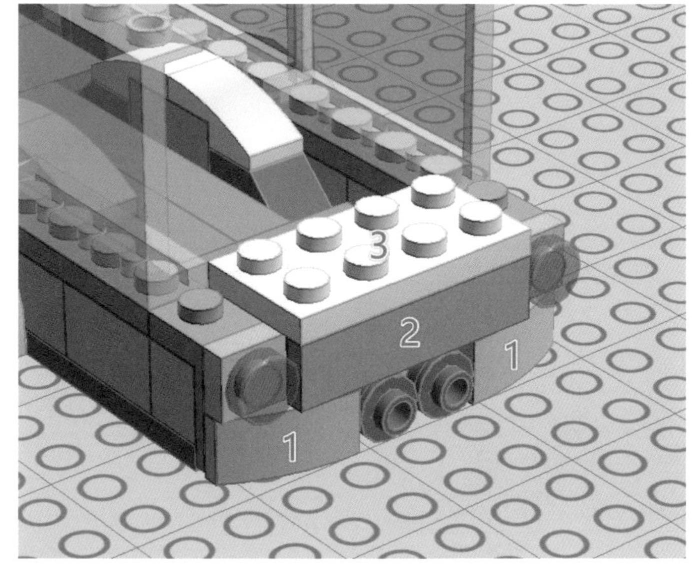

● 图 5-195

11 选用部件编号为1: 4460、2: 3710、3: 14718的积木来完成公交车车尾的玻璃和车身部分，如图5-196所示。

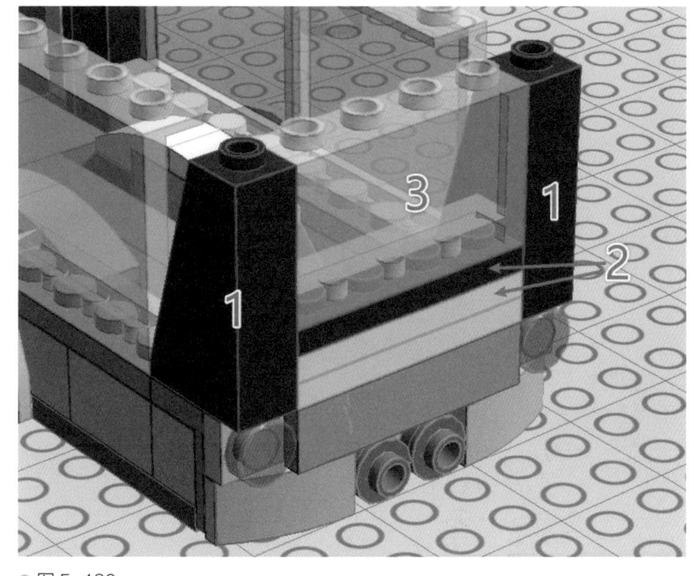

● 图 5-196

12 选用部件编号为1: 60897、2: 32828、3: 3710、4: 60497、5: 4477、6: 3666的积木来搭建公交车的车顶部分，如图5-197所示。

13 选用部件编号为1: 3023、2: 3070、3: 52031、4: 3033、5: 3028的积木来完善公交车的车顶部分，如图5-198所示。

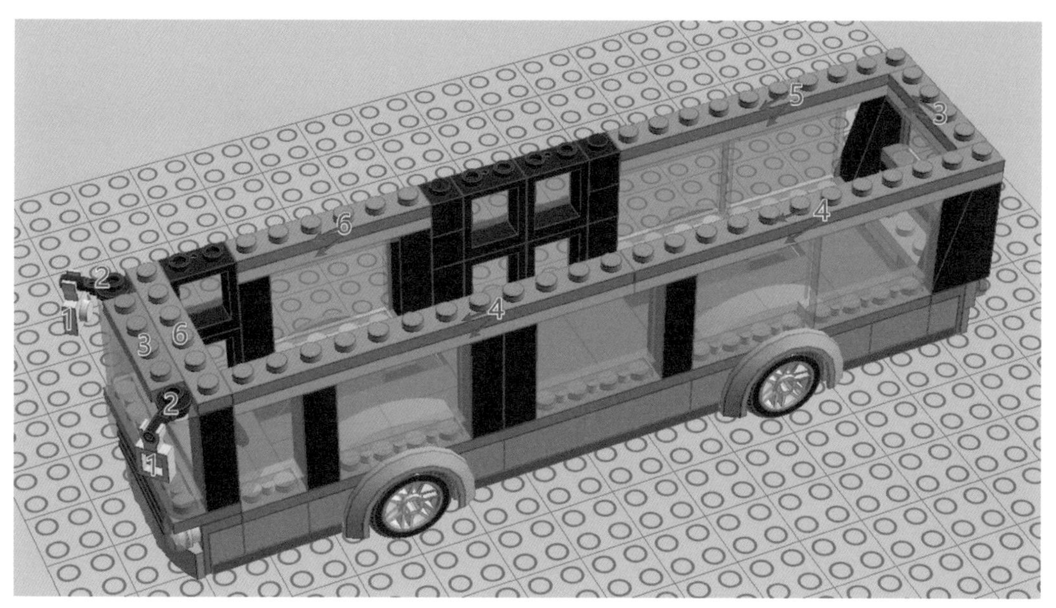

●图 5-197

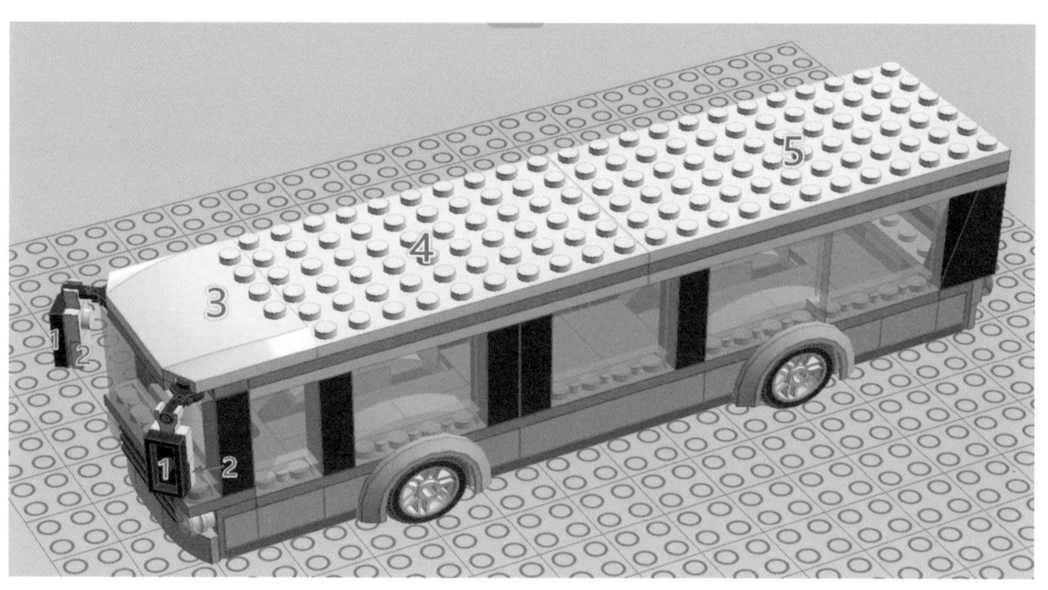

●图 5-198

14 选用部件编号为1: 10202、2: 26603、3: 3958的积木来铺平公交车的车顶部分，如图5-199所示。

● 图 5-199

15 选用部件编号为1: 11477、2: 3069、3: 6636、4: 3680的积木来完成公交车的天窗部分，如图5-200所示。

最后，将模型文件保存为“公交车”。

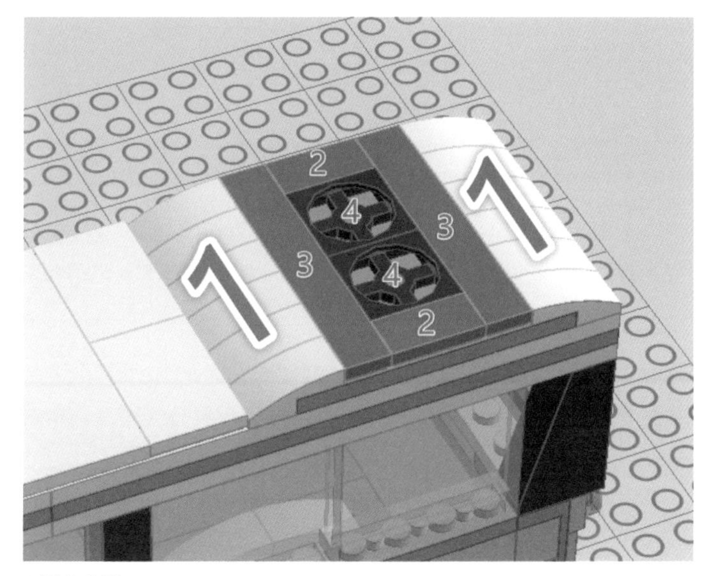

● 图 5-200

5.8.4 直升机的设计

下面就来设计一架迷你版的直升机，具体操作步骤如下。

1 选用部件编号为1: 93273、2: 3003、3: 3709的积木来搭建直升机的底盘部分，效果如图5-201所示。

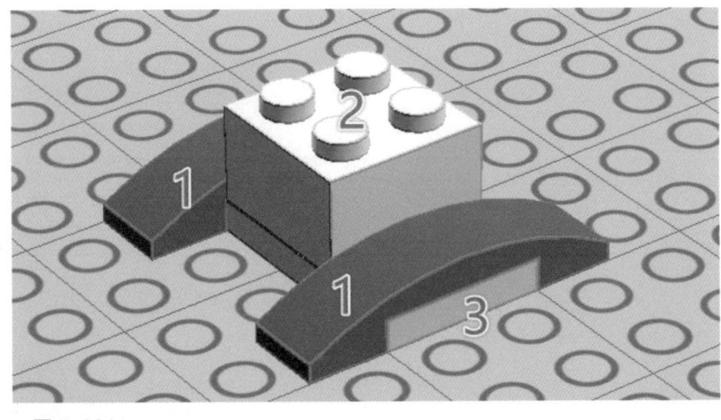

● 图 5-201

2 选用部件编号为1: 93273、2: 3003、3: 3709、4: 48183的积木来扩展直升机的底盘部分，效果如图5-202所示。

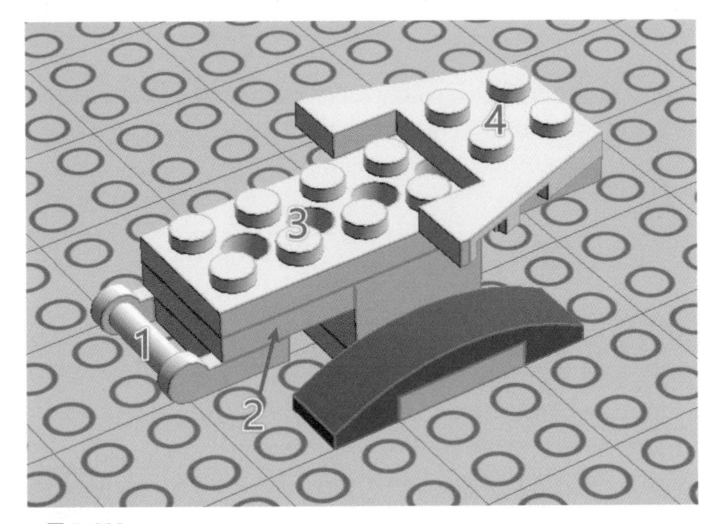

● 图 5-202

3 选用部件编号为1: 11211、2: 3023、3: 4287的积木来搭建直升机的机身部分，效果如图5-203所示。

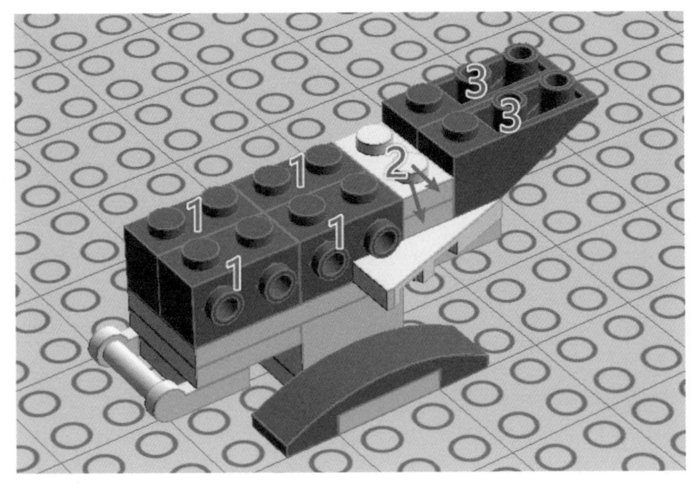

● 图 5-203

4 选用部件编号为1：44728、2：30602、3：3709、4：2420、5：85984、6：6141的积木来扩展直升机的机身部分，效果如图5-204所示。

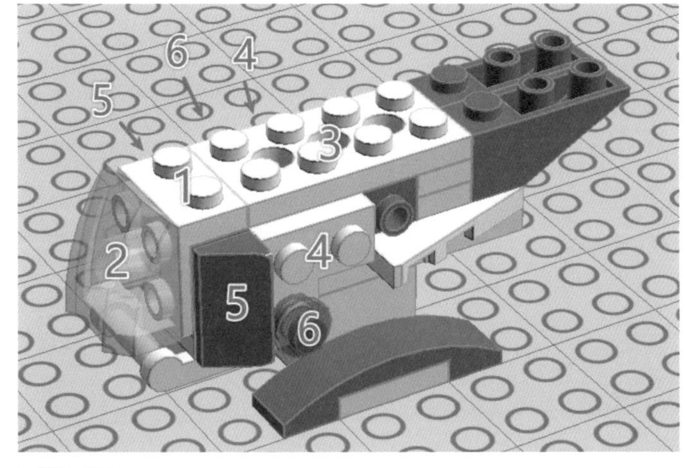

● 图 5-204

5 选用部件编号为1：85984、2：6143、3：61409、4：2540、5：4589、6：32123的积木来继续扩展直升机的机身部分，效果如图5-205所示。

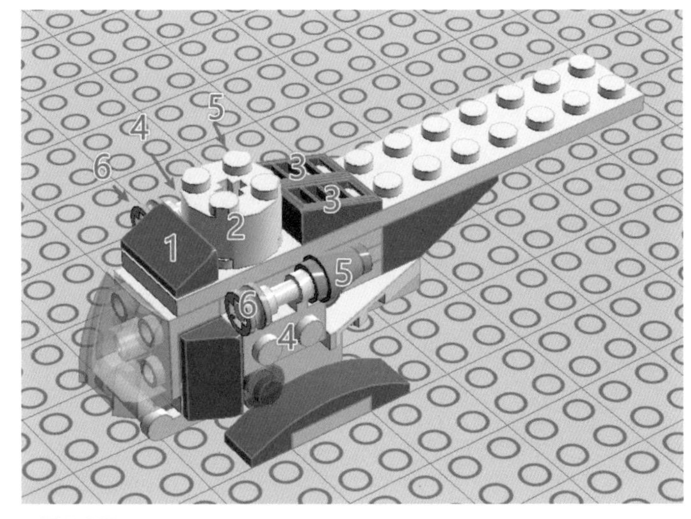

● 图 5-205

6 选用部件编号为1：3680、3679，2：2412，3：87079，4：85984，5：3023，6：21445的积木来继续扩展直升机的机身部分，以及直升机的尾部，效果如图5-206所示。

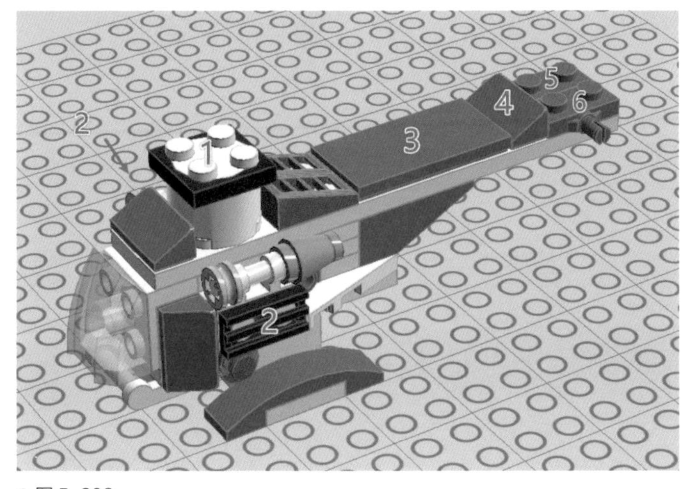

● 图 5-206

7 选用部件编号为1: 3666、2: 24246、3: 2431、4: 4150的积木来搭建直升机的旋翼部分，效果如图5-207所示。

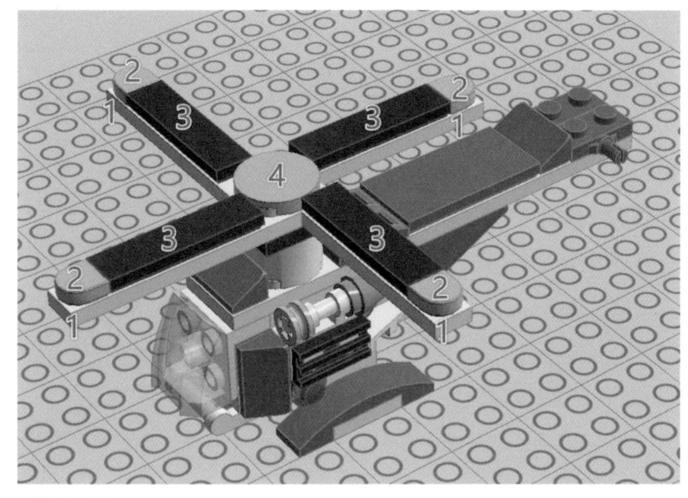

● 图 5-207

8 选用部件编号为1: 3794、2: 60481、3: 3070、4: 2421的积木来搭建直升机尾部的旋翼部分，效果如图5-208所示。最后，将模型文件保存为“直升机”。

至此，我们已经设计了很多的乐高MOC作品，最后的大工程即将开始，即将之前设计的乐高MOC作品全部整合到一起。

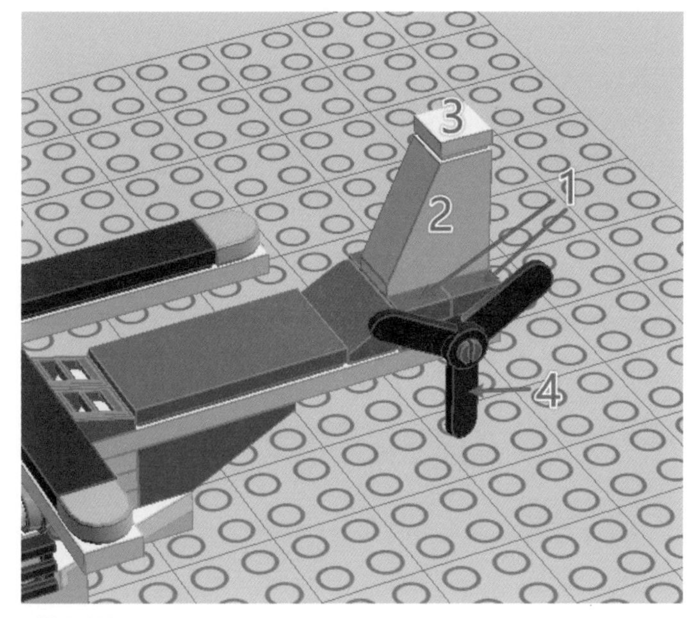

● 图 5-208

5.9 模型的整合

下面将之前制作的乐高MOC作品整合到一起，首先打开“整体布局”这个模型文件。在前文我们已经在这个模型文件中添加了街道的部分，如果读者还没有把街道部分整合进来，则可以先参考5.7.1节的内容来整合。

1.整合石拱桥

按照如图5-209所示的步骤导入“石拱桥.lxf”文件。

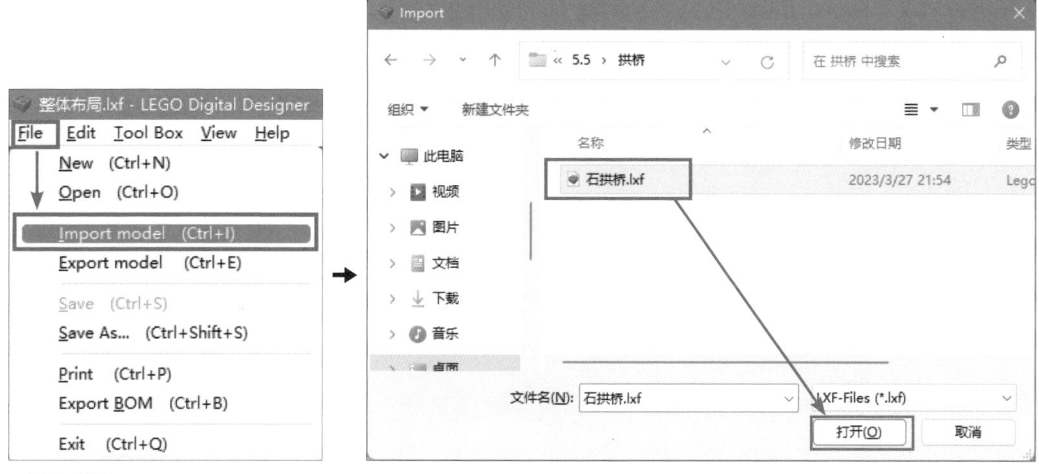

● 图 5-209

首先将石拱桥放置到空白处，然后将石拱桥整体进行框选，最后按“Ctrl+G”组合键将石拱桥设为组合，如图5-210所示。

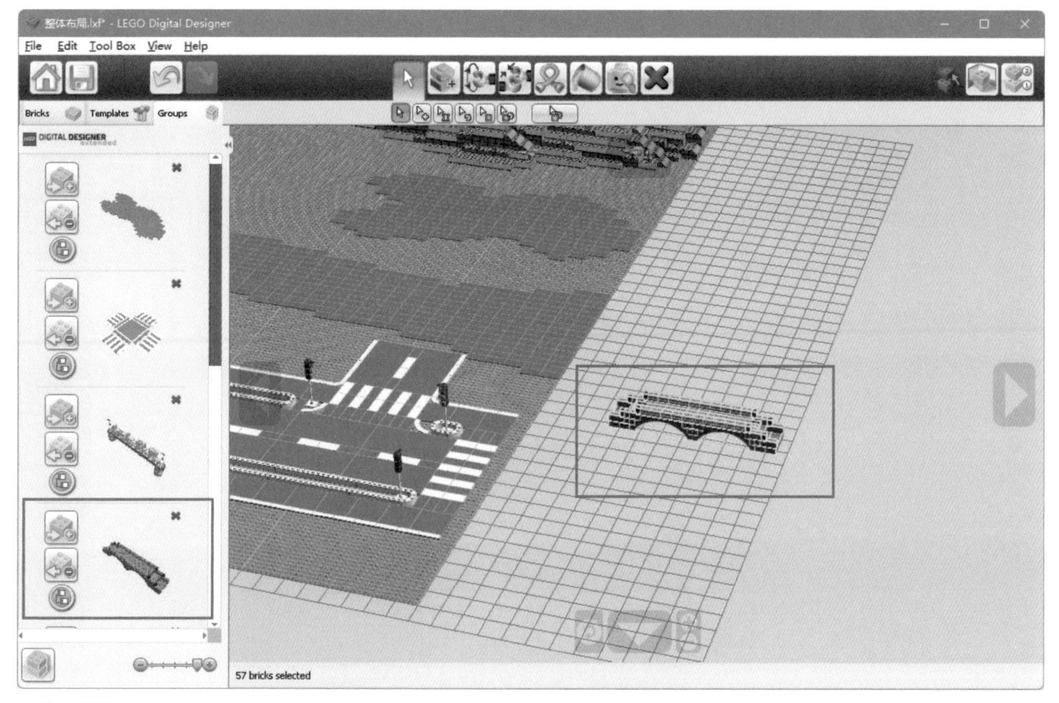

● 图 5-210

如果对石拱桥的位置不满意，则可以在“Groups”（组合）标签页中快速选中石拱桥，再次进行移动。如果拱桥无法安放，则可以对河流进行修改，如图5-211所示。

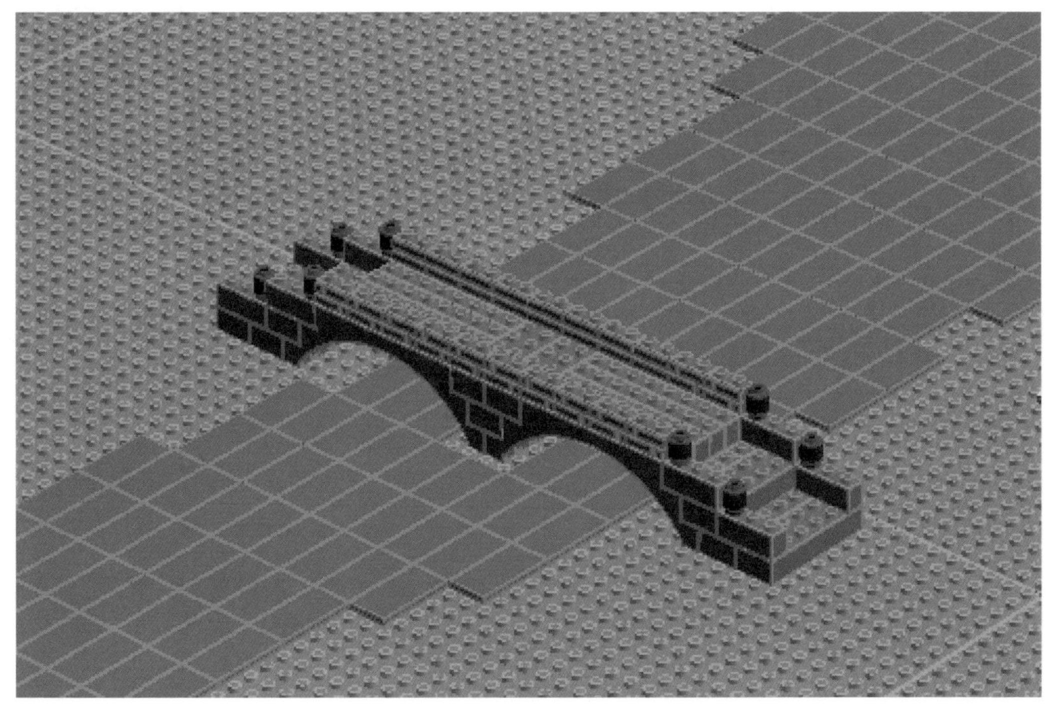

●图5-211

2.整合农场篇的模型

首先按照同样的方法，将农场篇中制作的模型依次导入进来。然后选用部件编号为6079的积木来搭建农场的围栏，具体效果如图5-212所示。

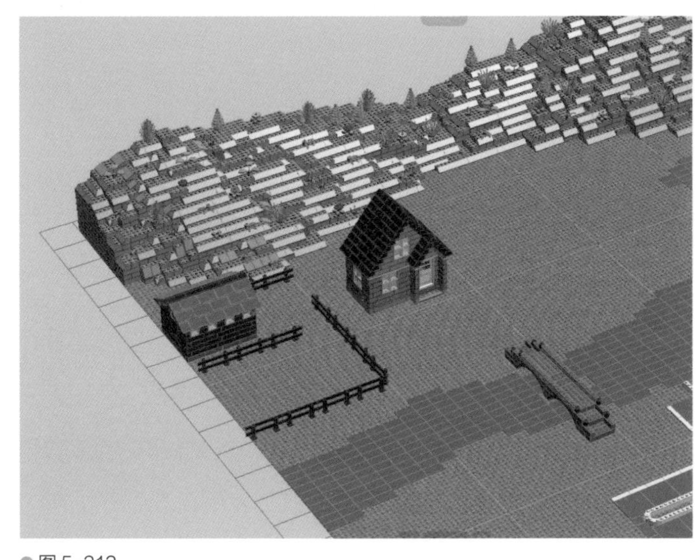

●图5-212

3.整合动物篇的模型

适当地扩建农场的范围，读者可以自由设定动物的数量和位置，效果如图5-213所示。

●图5-213

4.整合城镇篇的模型

按照同样的方法，将城镇篇中制作的模型依次导入进来并进行调整，具体效果如图5-214所示。

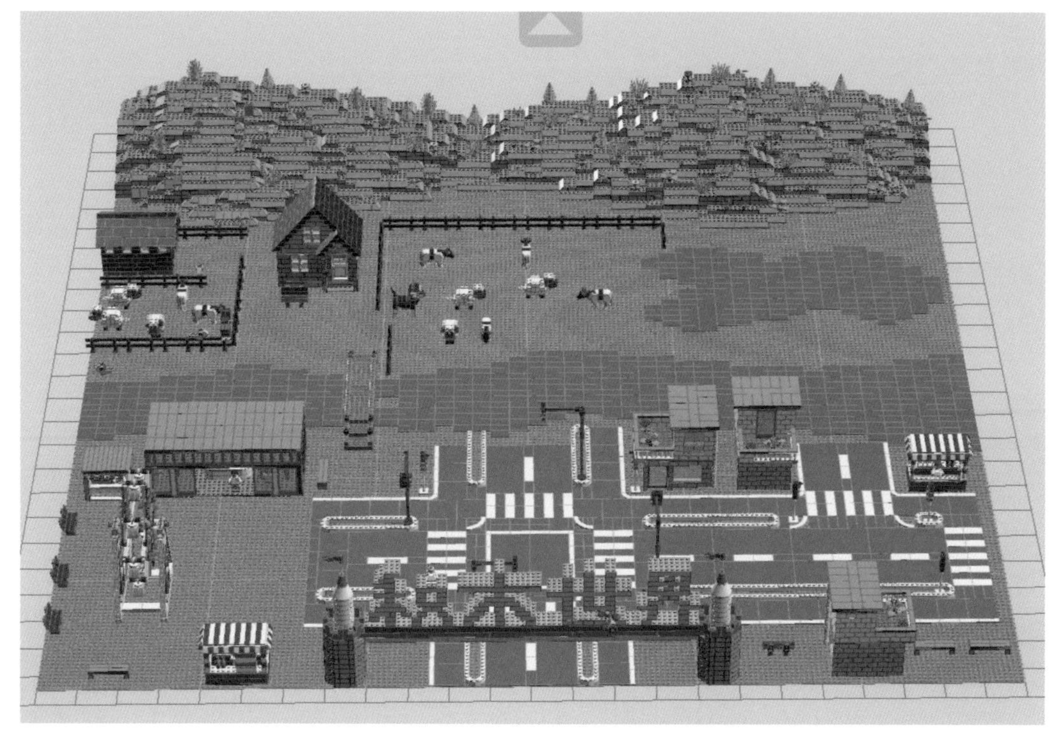

●图5-214

5.整合植物篇的模型

按照同样的方法，将植物篇中制作的模型依次导入进来并进行调整，具体效果如图5-215所示。

● 图 5-215

6.整合交通工具篇的模型

交通工具的整合有点麻烦，这是因为车轮和路面没有直接的装配关系，所以车辆无法直接放置到路面上。这里以小汽车为例进行如下操作。

先在汽车底部装配一个积木，再移走路面面板，如图5-216所示。

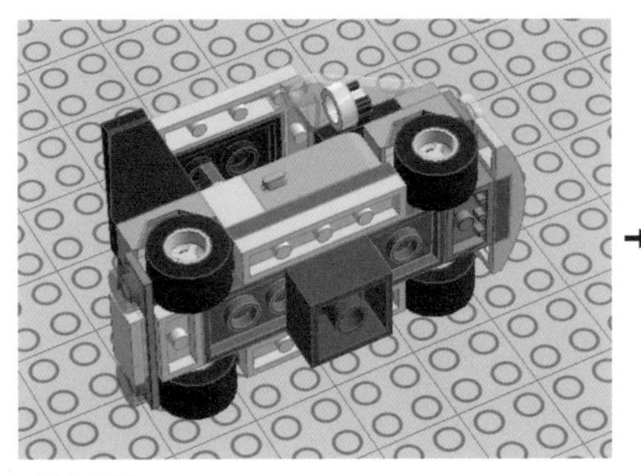

→

● 图 5-216

将车子扣在绿色地板上，这时我们就会发现车子是可以扣在地板上的，删除车底部的积木，并将路面面板放回原位即可，如图5-217所示。

按照同样的方法，将公交车、F1赛车等放置到道路上，效果如图5-218所示。

图 5-217

图 5-218

按照同样的方法，还可以将直升机安置到空中，效果如图5-219所示。

● 图 5-219

至此，我们就将所有的模型都整合到一起了。在整合的过程中笔者总结了以下技巧。

（1）在整合其他模型时，最好先将导入的模型设为组合，方便移动和修改。

（2）在整合过程中，要记得多保存，防止软件卡死，从而造成返工的问题。

（3）在整合过程中，要合理使用隐藏工具来隐藏阻挡视线的积木，这样便于调整，并且在调整时要尽量耐心和仔细。

第 6 章

模型渲染

我们一般可以直接将模型文件分享给其他人，但是如果对方没有安装对应的软件，则无法进行查看。我们也可以通过截图的方式分享给他人，这种方式虽然简单快捷，但是无法体现作品的魅力。因此，我们可以先将作品渲染成高清的图片或视频，再分享给他人，这样就显得十分专业！下面就来学习一下如何将模型文件渲染成图片。

6.1 让我们进入渲染界面

这里以F1赛车为例进行示范，本书其他任一模型的渲染都采用同样的方法。

首先打开Studio软件，导入F1赛车的模型文件，如图6-1所示。

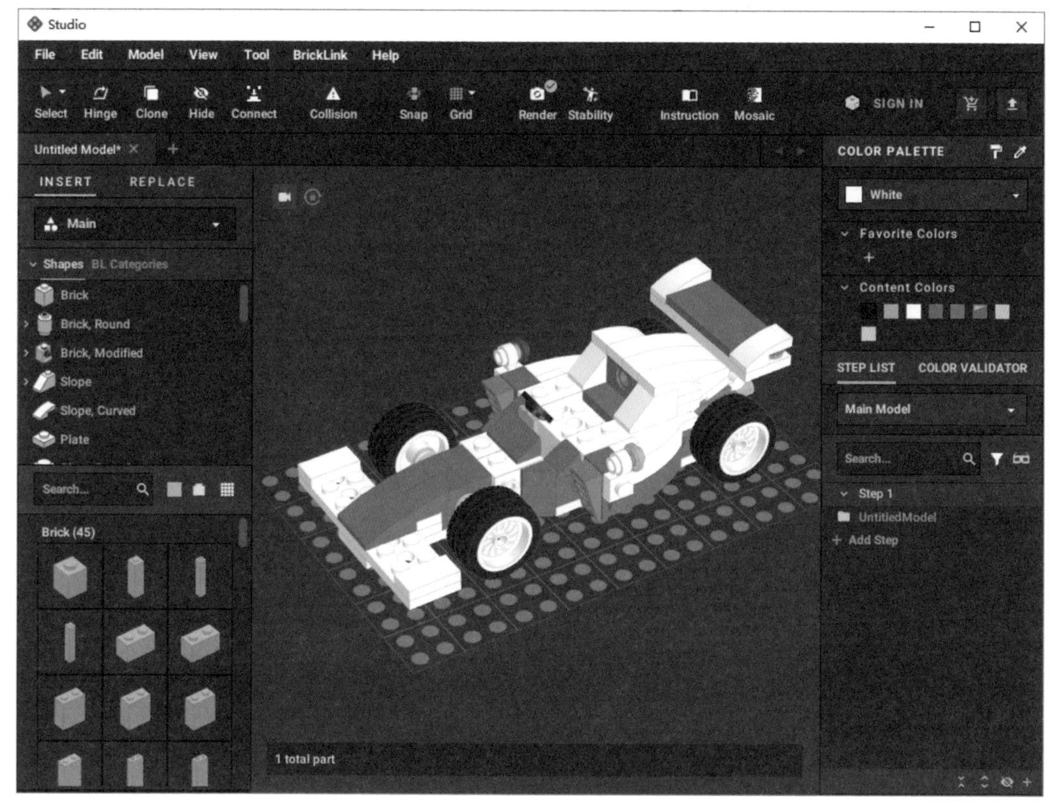

●图 6-1

然后单击工具栏的“Render”（渲染）按钮，即可进入渲染的界面，如图6-2所示。

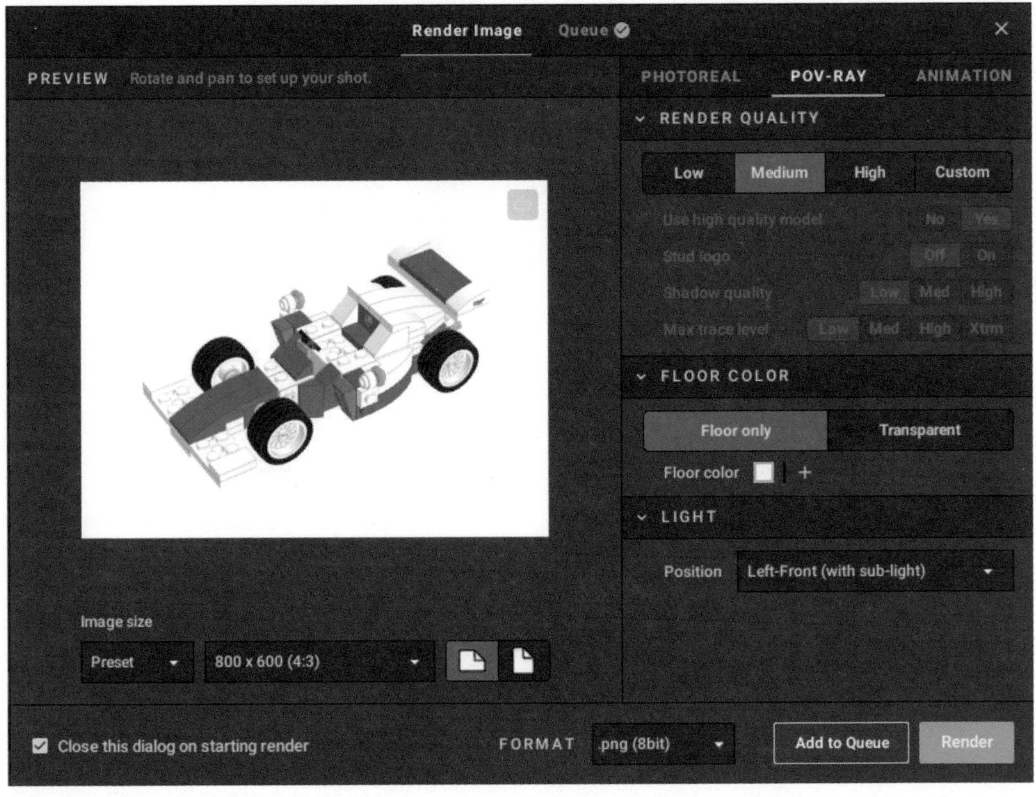

●图6-2

6.2 渲染酷炫的效果图

如果我们仔细观察一下渲染界面就可以发现，在Studio软件中渲染界面可以分为PHOTOREAL（真实照片）、POV-RAY（渲染）、ANIMATION（动画）3个功能选项，如图6-3所示。

前两个选项功能比较类似，渲染出来的都是图片，唯一区别就是前者更贴近真实照片的效果，而后者则是一般的软件渲染效果图。ANIMATION选项可以让模型文件以动画的形式来展现其搭建过程。下面我们选择“POV-RAY”选项来尝试渲染效果图。

小贴士

需要注意的是，动画中的搭建过程是计算机自动生成的，不具有逻辑性，仅作为演示效果展现。

●图6-3

1.设置分辨率及图片格式

首先设置一下渲染的图片的分辨率和版式（横板或竖版）。图片分辨率有预设和自定义两种，这里选择预设“Preset”并将分辨率设置为“1024×768(4：3)”，版式选择横板，如图6-4所示。

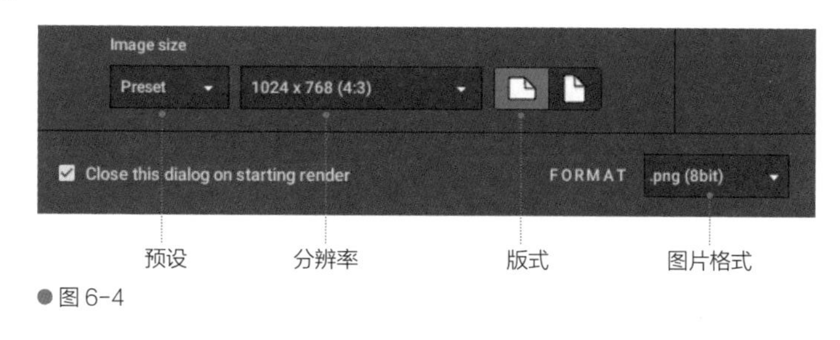

●图6-4

小贴士
选择的分辨率越高，渲染耗费的时间就越长。

2.设置渲染的质量

在渲染界面的右边设置一下渲染的质量（RENDER QUALITY）。读者可以根据自身的计算机性能来选择对应的级别，如图6-5所示。

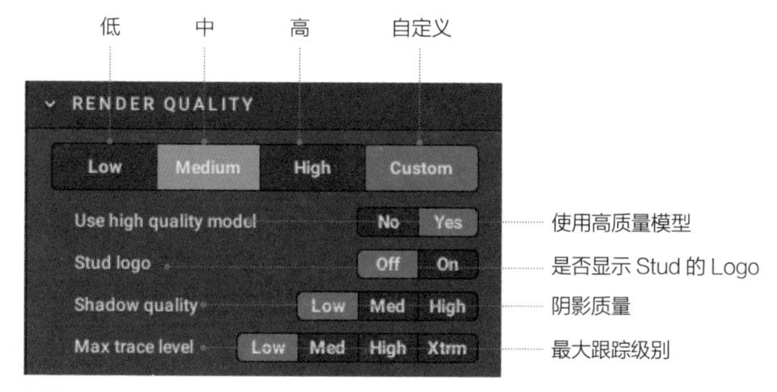

●图6-5

3.设置地面的颜色

在这里可以设置渲染出来的图片的地面颜色，如图6-6所示。一般采用默认的白色即可，当然我们也可以通过单击“Floor color”色块按钮 Floor color 进行调整。

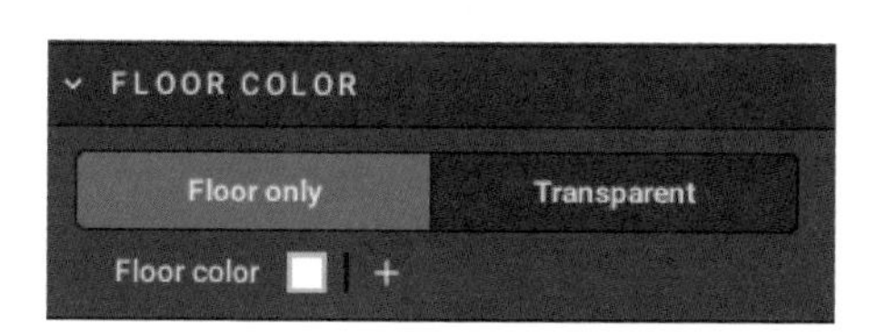

●图6-6

在弹出的调色板中选择自己喜欢的颜色，并单击“Okay”按钮，如图6-7所示。

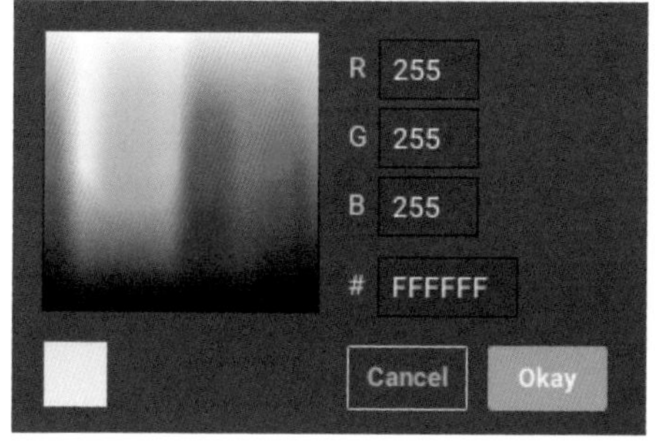

●图6-7

4.设置光源位置

为了更好地显示模型，我们还需要设置一下光源的位置，如图6-8所示。

即使看不懂英文，也不用担心，因为Studio软件会很贴心地在左侧的预览图部分显示光源的位置，如图6-9所示。

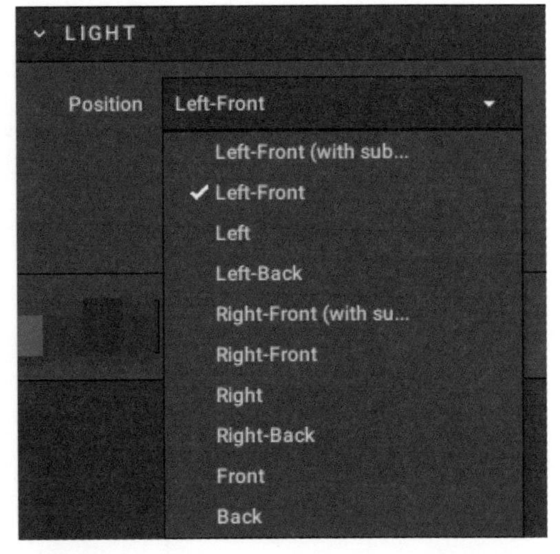

●图6-8

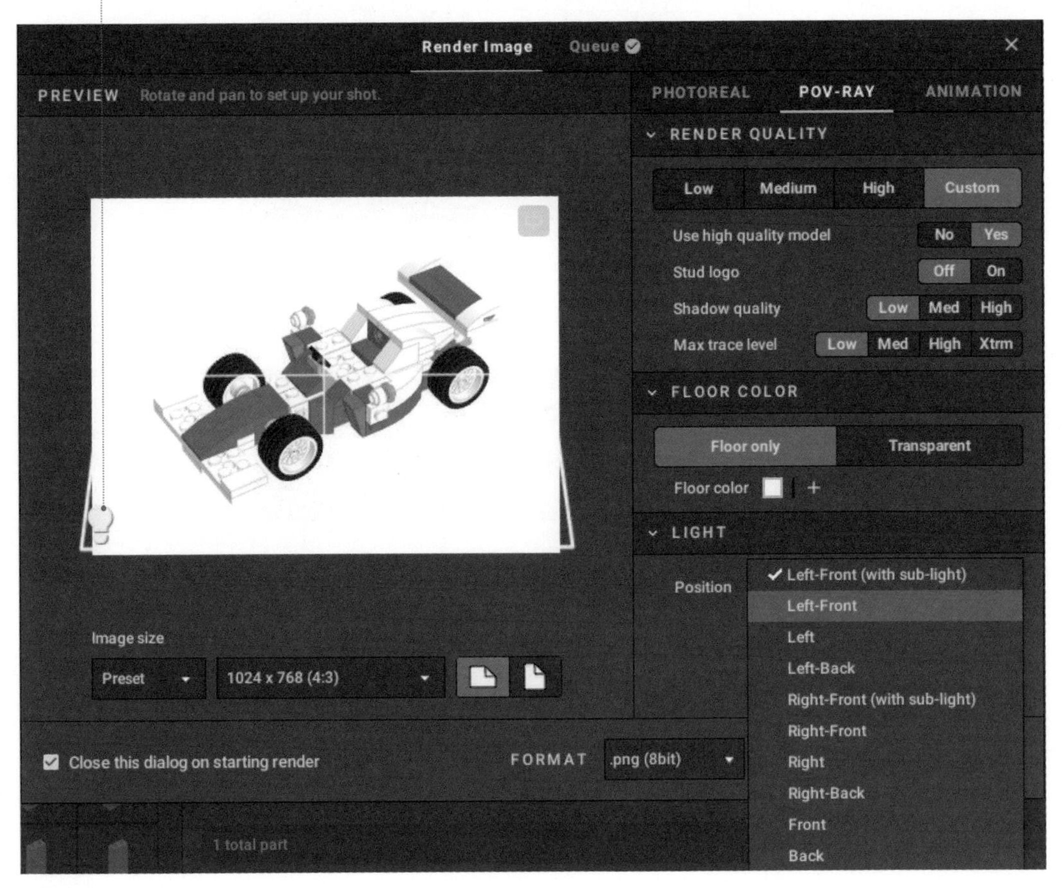

●图6-9

5.渲染的方式

Studio软件可以设置“批量渲染”和“直接渲染”两种方式。如果需要对模型进行多角度展示，则需要渲染多张图片，根据前面的步骤设置好相关参数之后，首先单击“Add to Queue”（添加到队列）按钮，然后回头继续设置另外的角度等其他渲染参数，设置完成之后再次单击“Add to Queue”按钮，都设置完成之后就可以单击“Render”（开始渲染）按钮，如图6-10所示。

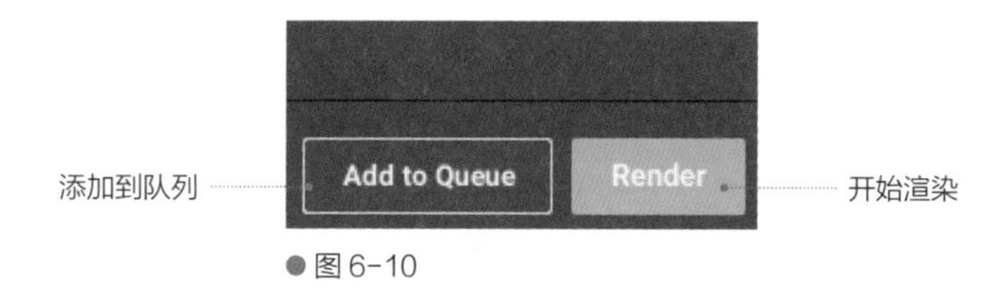

●图6-10

小贴士

我们可以在预览区对模型进行位置移动、改变大小及角度调整等操作，如图6-11所示。

●图6-11

6.开始渲染

单击“Render”按钮后，我们要选择渲染图片保存的位置，如图6-12所示。

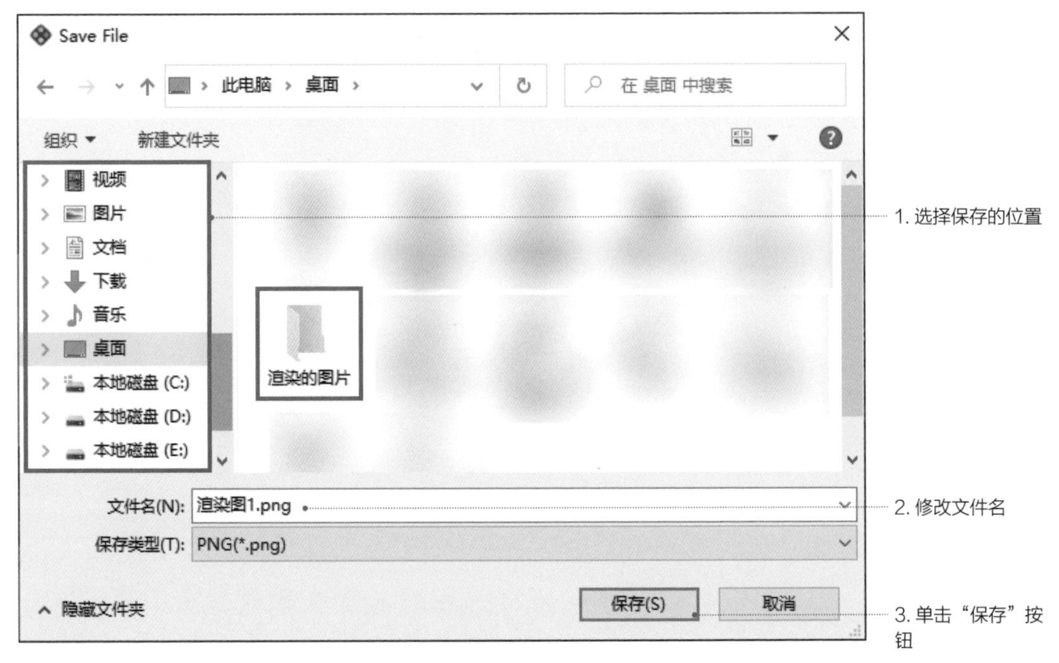

●图6-12

在弹出的对话框中单击“OK”按钮，最终完成的效果图，如图6-13所示。是不是很漂亮，很酷炫，快来试一试吧！

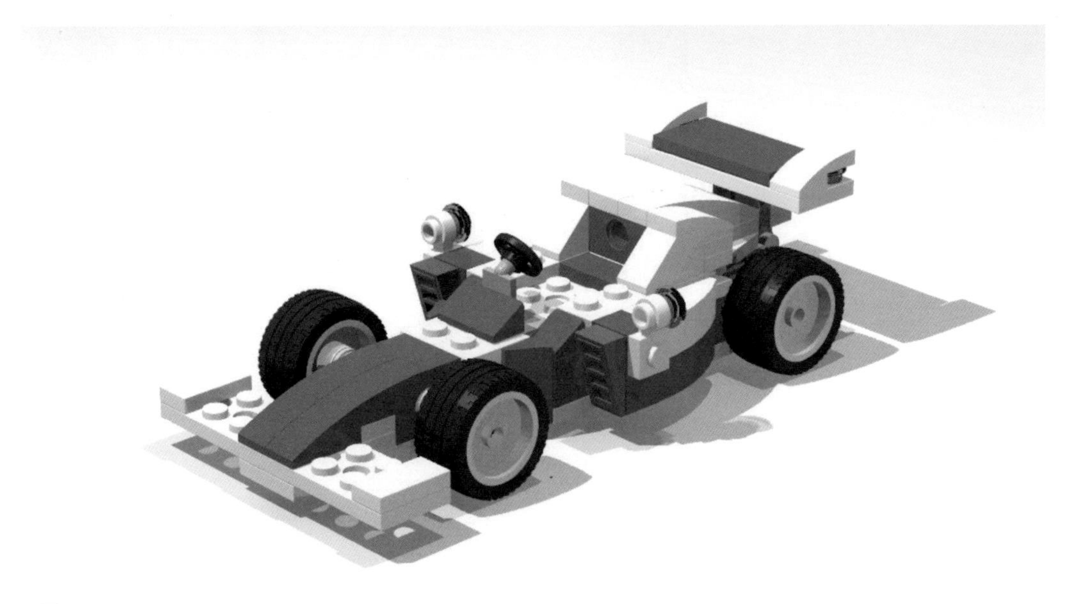

●图6-13

其他所有的模型都可以采用同样的渲染方法。笔者把整个“积木世界”乐高MOC作品渲染出来了，如图6-14所示。

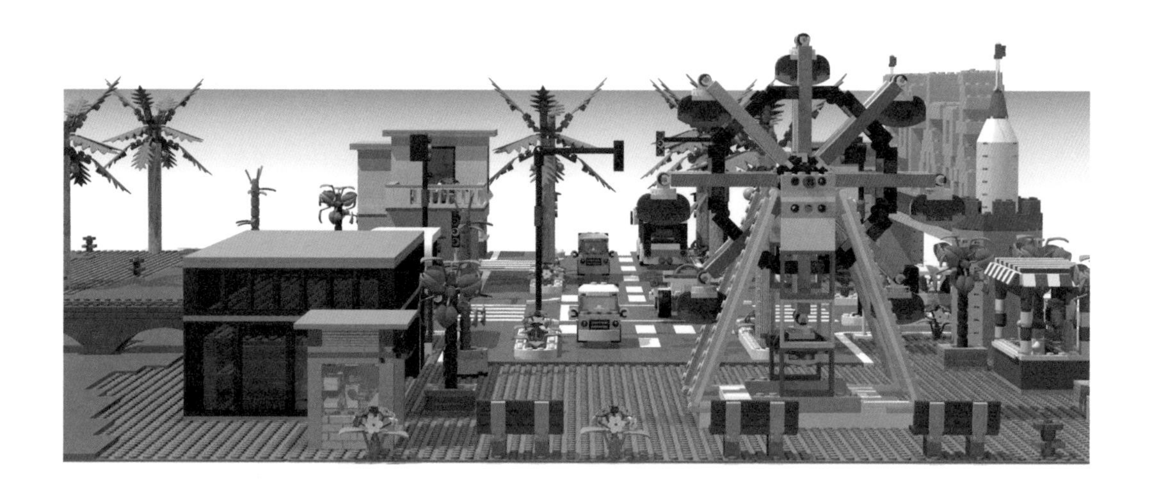

●图6-14

第 7 章

搭建图纸制作

本章主要介绍如何用Studio软件来制作类似乐高官方模型的搭建图纸。虽然我们可以利用LDD软件自动生成搭建图纸，但是该图纸的搭建逻辑性较差，而且经常出现不合理的步骤，如悬空搭建或跳步搭建等。

当然，我们可以先通过分组的方式把一个大模型拆分成多个部分，再对每个部分进行自动生成图纸。这样一来，就可以尽量避免LDD软件生成不合理的搭建步骤。例如，我们可以把一个机器人模型拆分成头、身体、四肢，并将每个组成部分独立地去生成图纸，这样做的效果就会比较好。

7.1 在Studio软件中导入模型

下面就以5.8.2节的小汽车为案例进行演示，因为小汽车是“.lxf”格式的文件，所以我们需要先将模型导入Studio软件中。在Studio软件中，导入模型的方式有两种，具体如下。

方式1: 打开Studio软件，在欢迎界面中单击“IMPORT”（导入）按钮，如图7-1所示。

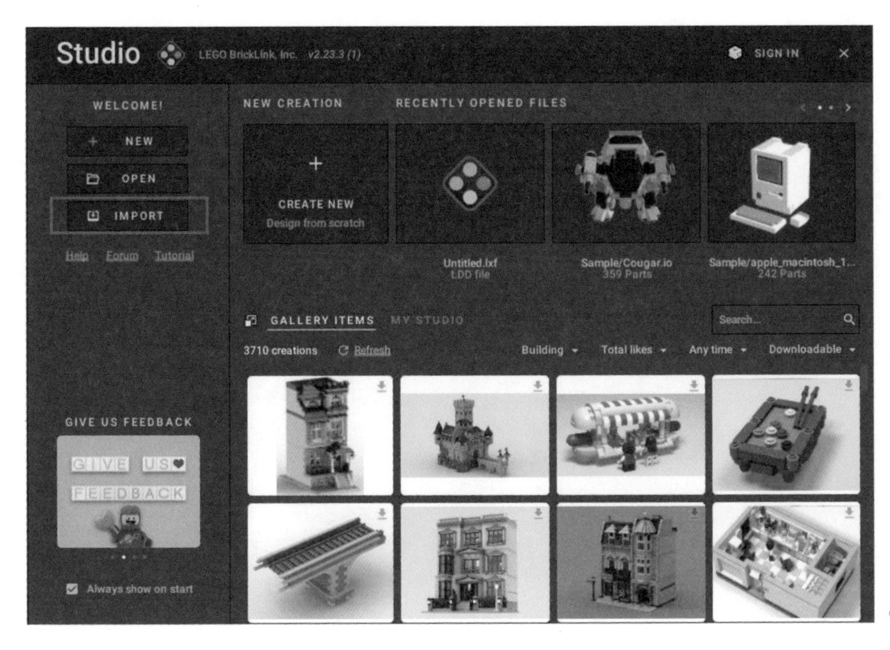

●图 7-1

方式2：打开Studio软件，在欢迎界面的菜单栏中，选择“File”→“Import”→“Import Model”命令，如图7-2所示。

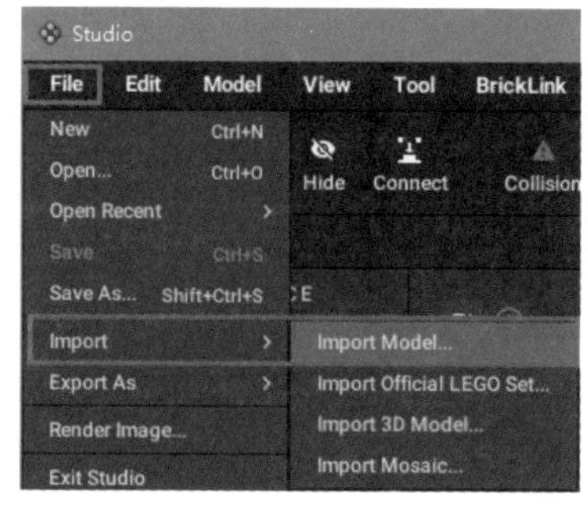

●图7-2

导入之后的模型是一个整体，如图7-3所示。首先需要将模型取消组合，在模型上单击鼠标右键，在弹出的快捷菜单中选择“Submodel”→“Release”命令。

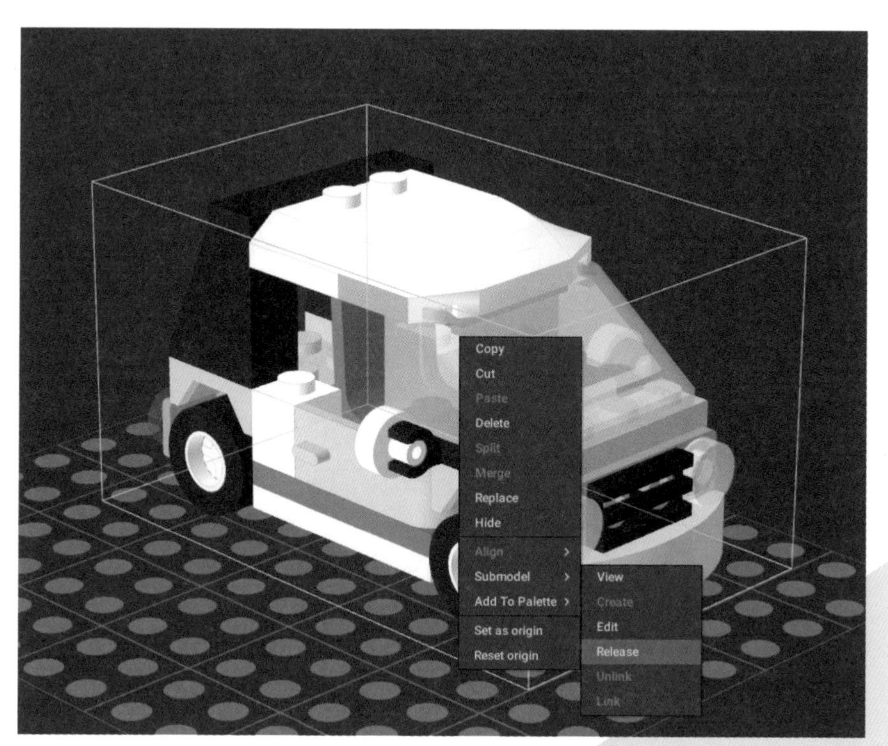

●图7-3

7.2 分步设置

模型的分步图纸制作是最重要，也是最难的一步。在现实中，合理的搭建逻辑一般遵循从内到外，从下到上的搭建过程。这一点区别于使用软件搭建，因为在软件中积木是可以随意移动和穿越的，而在现实中则不行。所以，我们在分步时要遵循现实搭建逻辑。

Studio软件的分步设置方法也有好多种，这里就演示最常用且相对好操作的一种方法。单击工具栏的“Instruction”（搭建指南工具）按钮，如图7-4所示，进入步骤编辑界面。同时会弹出一个对话框，直接单击“OK,proceed”按钮即可，如图7-5所示。

● 图 7-4

Switch to Instruction Maker Mode

The current Building Mode will be switched to Instruction Maker Mode. Do you want to proceed?

Note: the render queue will resume after Instruction Mode.

Don't show this again. Cancel OK, proceed

● 图 7-5

首先来认识一下步骤编辑界面，如图7-6所示。

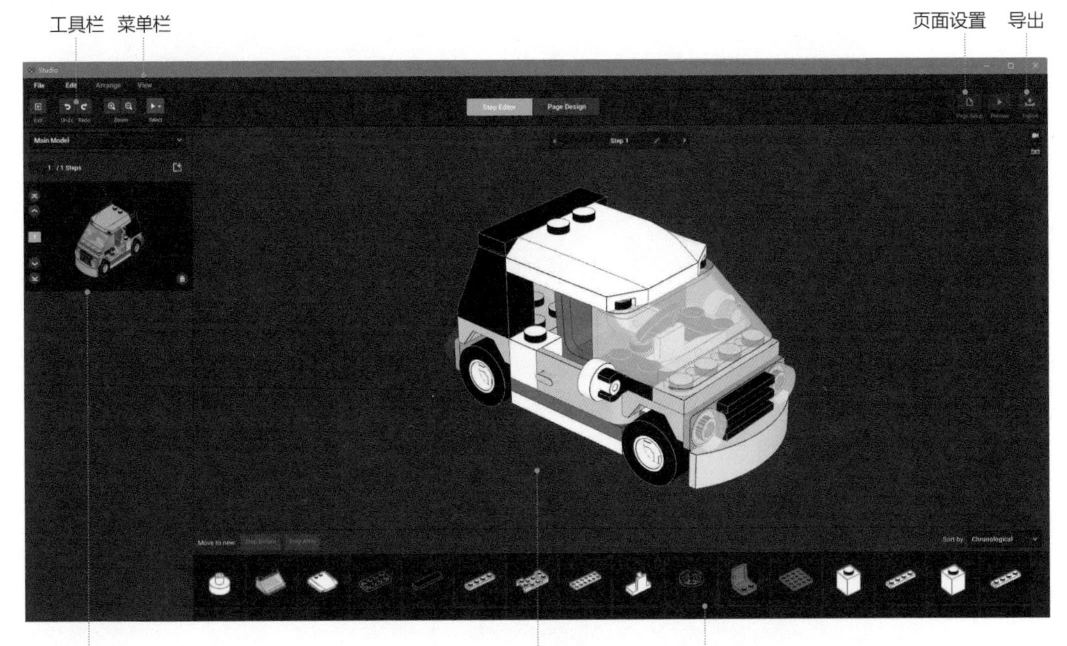

● 图 7-6

为了方便操作，我们可以将下方的积木列表区调大一些，如图7-7所示。

小贴士

分步设置的一些基本原则与技巧如下。

（1）每一步的积木数不要过多，一般为1~5个，特例除外。

（2）分步时尽量先把同个方向的积木都分完，不要一下分前面的积木，一下分后面的积木，这是因为频繁地转动模型视角会让搭建步骤显得凌乱，容易让拼搭者出错。

（3）先粗分再细调。

（4）有明显前后搭建顺序，且会遮挡的积木不要将其分到同一个步骤中，这是因为被遮挡的积木在图纸中是看不到的。

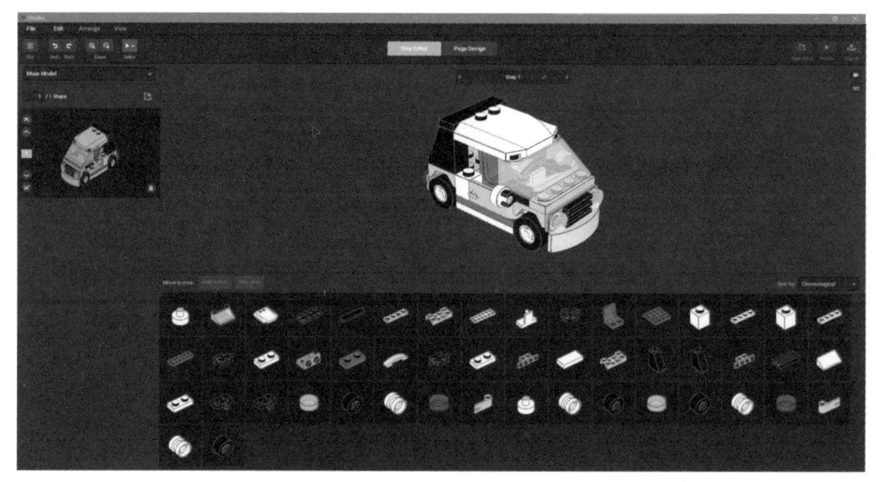

● 图 7-7

我们会采用“剥洋葱”的方法进行分步，即先把最外面的积木剥离，根据从内到外，从下到上的搭建逻辑可以知道，最先被剥离的积木的搭建步骤反而是最后的，所以下面其实是倒序的分步设置方法。

我们可以看到现在这个小车只有一个步骤，首先把车顶这个积木设置为一个步骤，即车顶这个积木是最后一步。所以我们先选中这个积木，再单击“Step After”（设为下一步）按钮，其指的是当下我们操作的这个步骤的下一步，如图7-8所示。

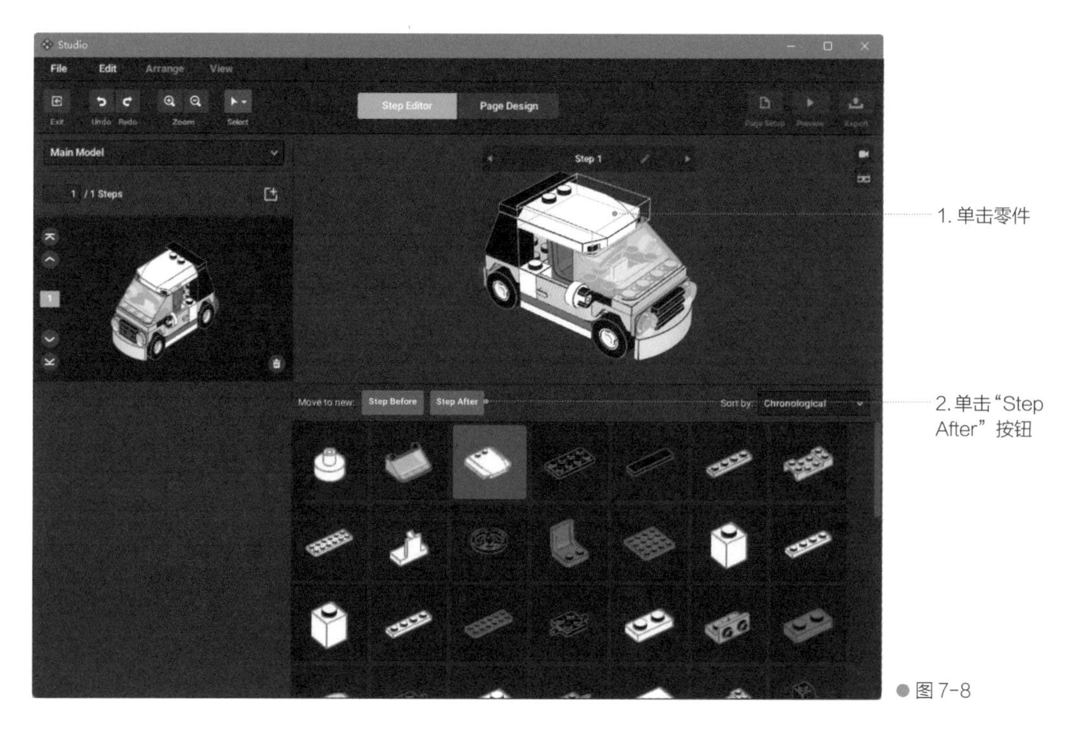

● 图 7-8

然后将如图7-9所示的两个积木设置为一个步骤，同样是先选中这两个积木，再单击“Step After”按钮，这样就又设置了一个步骤。

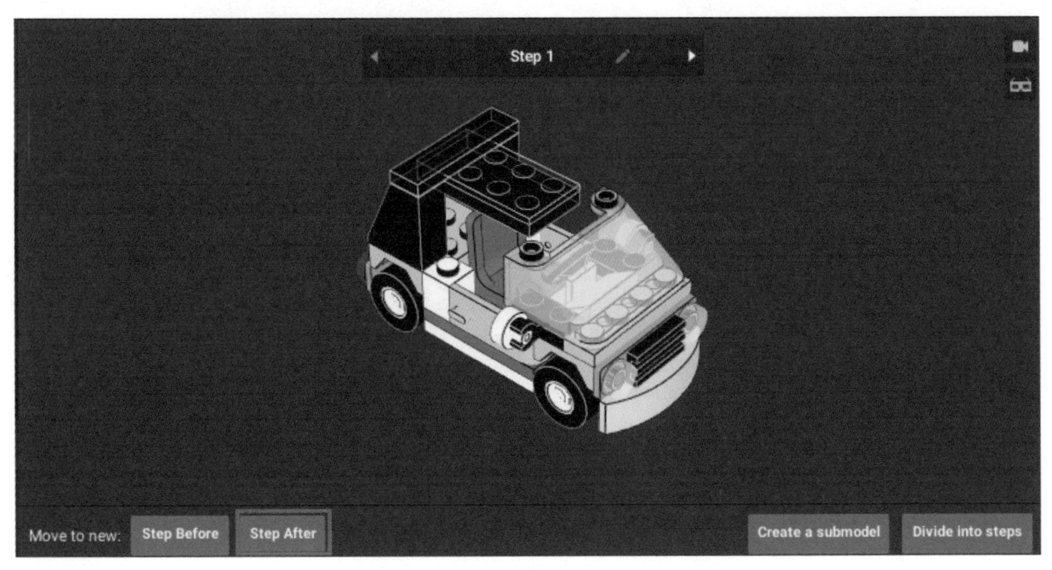

●图7-9

最后按照相同的方法，就可以把模型的所有步骤都设置完成，如图7-10所示。

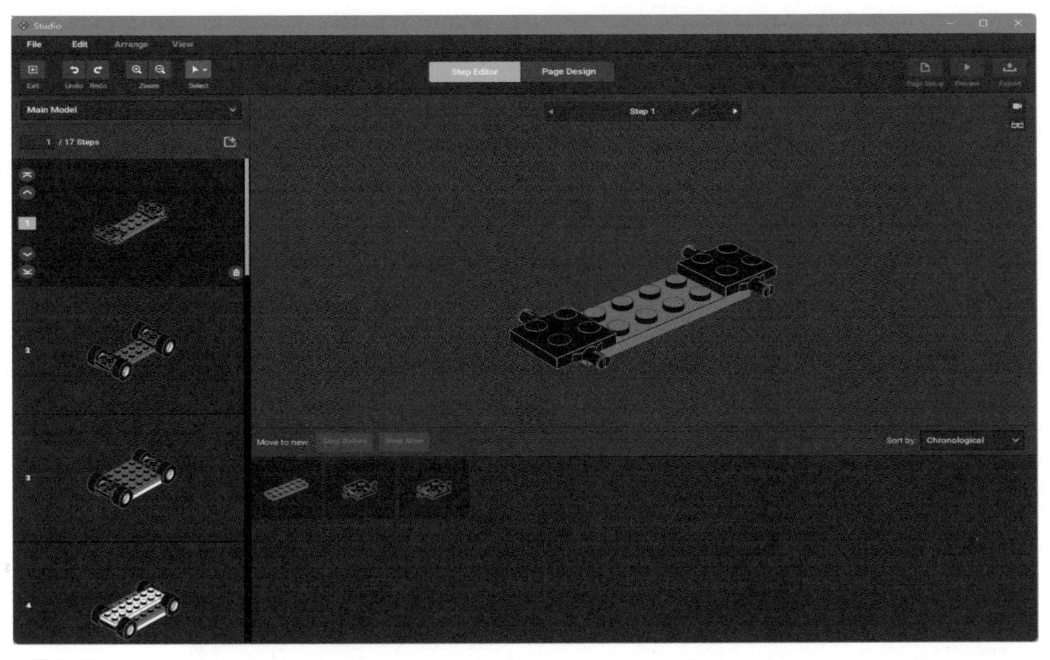

●图7-10

7.3 编辑步骤

初步设置完步骤之后，我们一定要把所有步骤从头到尾浏览多遍，通过按“A”键查看上一步，按“D”键查看下一步，进行快速浏览。主要查看积木的分步设置是否还存在不合理的地方，如果有，我们就要进行调整。

1.调整步骤顺序

笔者的第二步为安装了4个轮胎，但是笔者发现轮胎比较碍眼，容易遮挡其他积木，所以笔者决定将安装轮胎的步骤往后调整，调整步骤顺序的方法如下。

1 在步骤列表区中，单击需要调整的步骤，如图7-11所示。

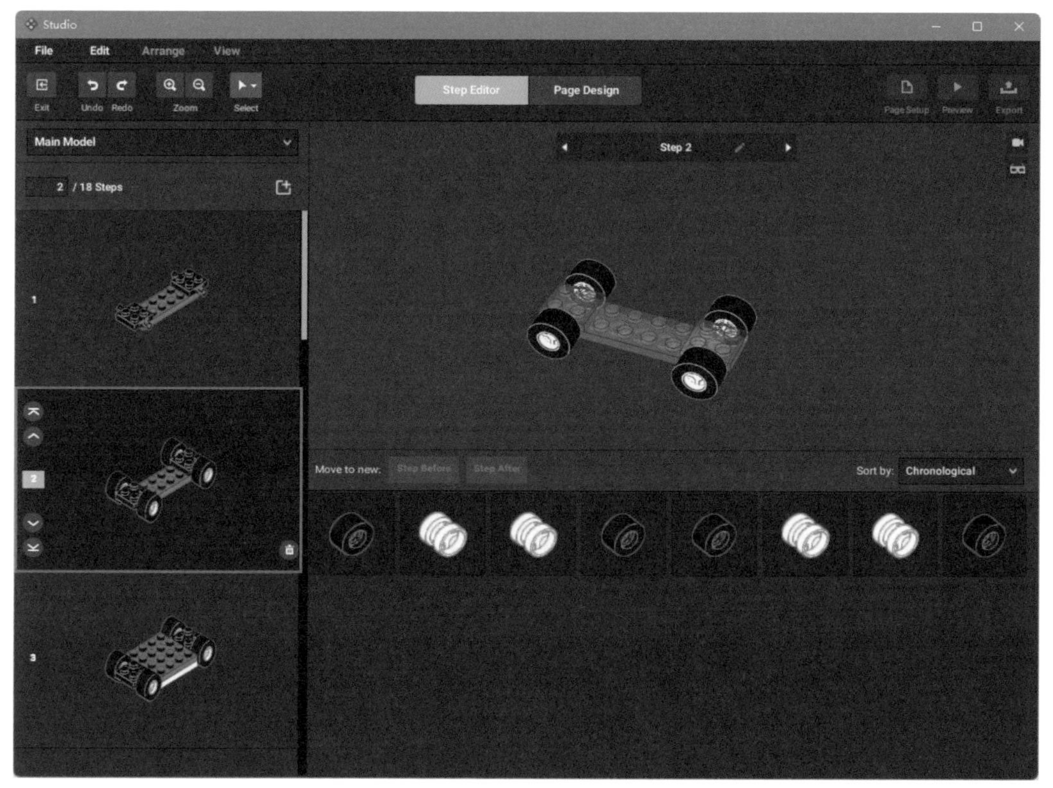

●图7-11

2 通过步骤预览图的按钮，调整步骤顺序，如图7-12所示。笔者在这里将安装轮胎的步骤设为最后一步，所以可以单击按钮。除此之外，还可以单击按钮往前调整，或者单击按钮往后调整。

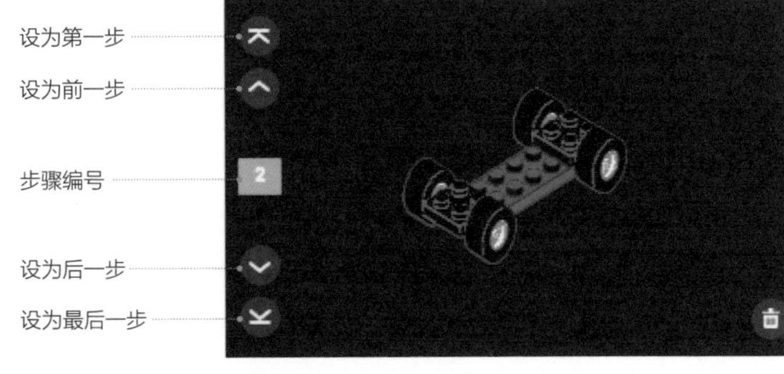

● 图 7-12

2.积木跨步骤调整

如果我们觉得某个积木所在的步骤不是很合理，则需要将这个积木调整到别的步骤中。如图7-13所示，这个步骤只有一个积木，没必要单独设置一个步骤，完全可以和后面的步骤组合在一起。下面介绍如何将这个积木调整到别的步骤中。

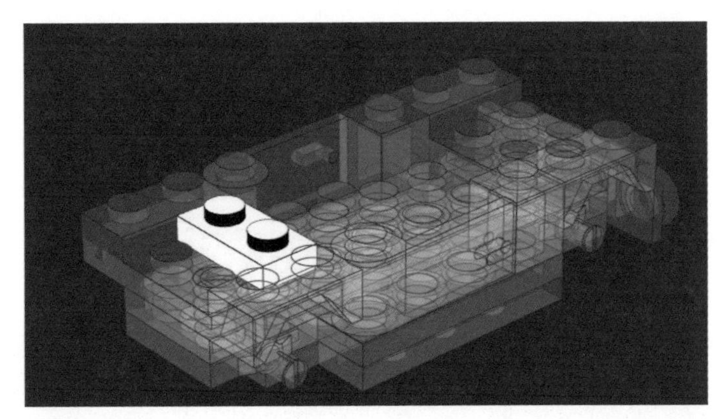
● 图 7-13

首先从模型预览图或积木列表区中，选中要调整的积木，按住鼠标左键并将积木拖到对应的步骤预览图中，松开鼠标左键即可，如图7-14所示。

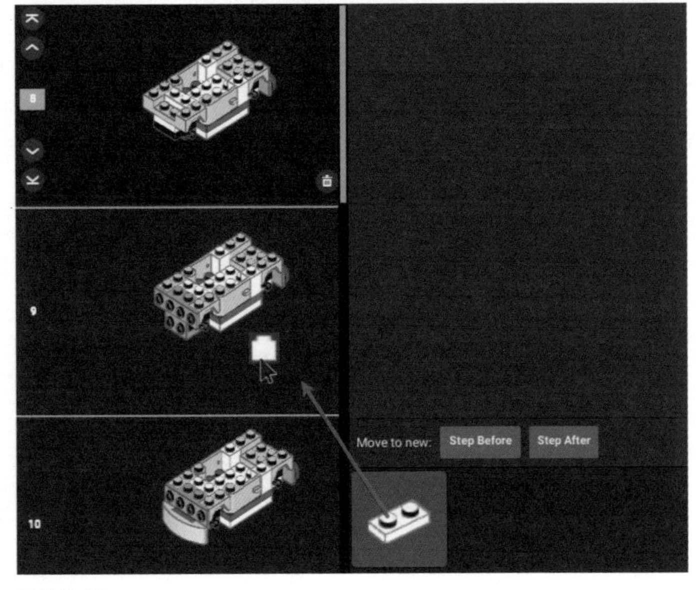

● 图 7-14

这样操作之后，原先的步骤预览图中就没有积木了，从而变成空步骤，那么我们就可以删除这个空步骤。直接单击步骤预览图右下角的“删除”按钮即可，如图7-15所示。

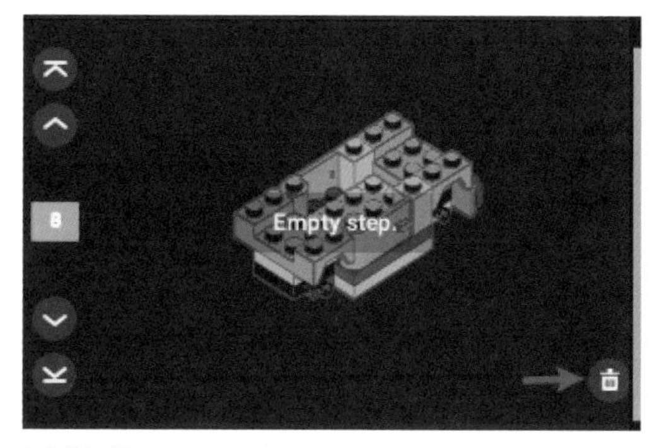

●图 7-15

7.4 页面设计

在完成搭建的分步步骤设置且搭建逻辑也没有问题之后，就可以进行最后一个步骤——“页面设计”。页面设计就是按照我们之前设置好的搭建步骤，设计其最终在搭建图纸上显示的样式。其实到这步之后也可以直接采用默认的版式导出搭建图纸。如果我们想让自己的搭建图纸看起来更美观、方便、专业的话，则需要设计一下版式。单击“Page Design”（页面设计）按钮，即可进入页面设计界面。该界面的功能板块如图7-16所示。

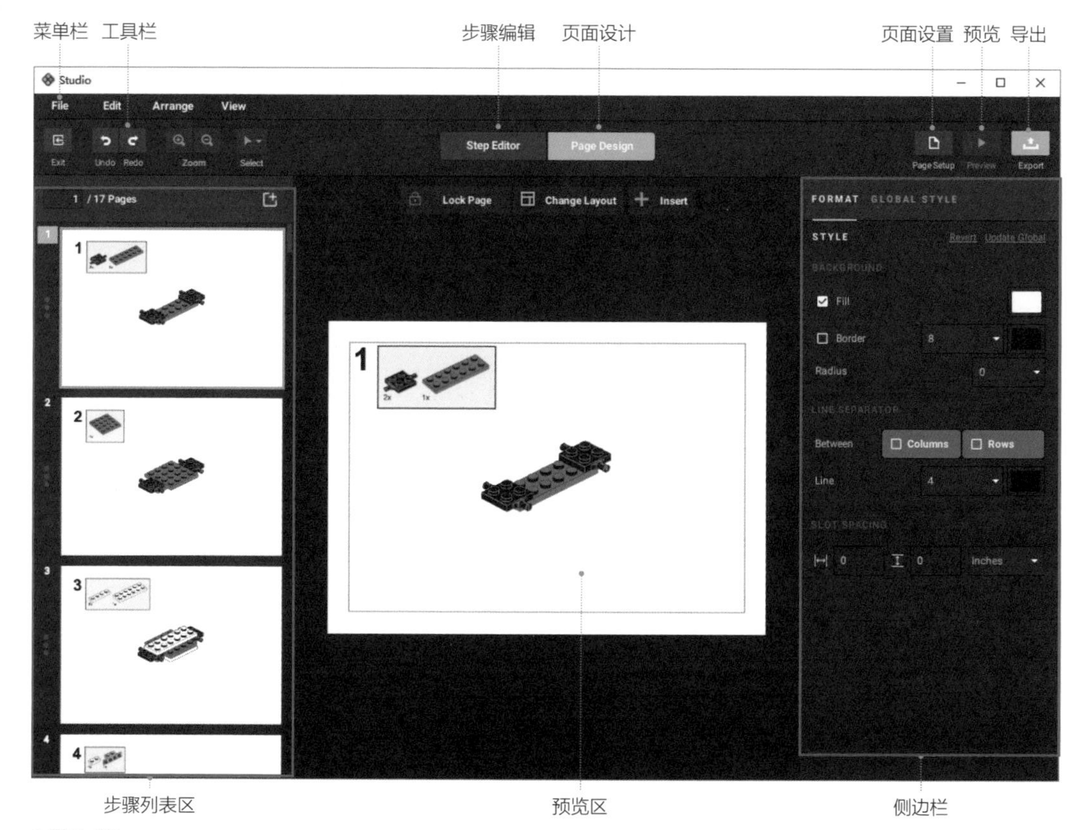

●图 7-16

页面设计的主要工作包括：提升美观度；调整页面步骤的紧凑度，即把一个步骤设计为一张图，或者把多个步骤设计为一张图（节约纸张）；制作搭建指示，如添加一些积木的定位提示、翻转提示、1：1等比例提示等。

1.页面设置

在页面设计界面的右上角找到“Page Setup”（页面设置）按钮，单击这个按钮就会弹出“Page Setup”对话框，在这里主要就是设置一下纸张的大小、方向。例如，笔者准备将图纸以竖版的方式打印到A4纸上，那么就在“SIZE”选区中选择“A4”，定好横竖版式，并单击“Apply”按钮，如图7-17所示。这里其他地方的参数一般不做修改，笔者就不进行说明了。后面的步骤笔者也仅选择一些常用设置来说明，其他部分就由读者自行研究了。

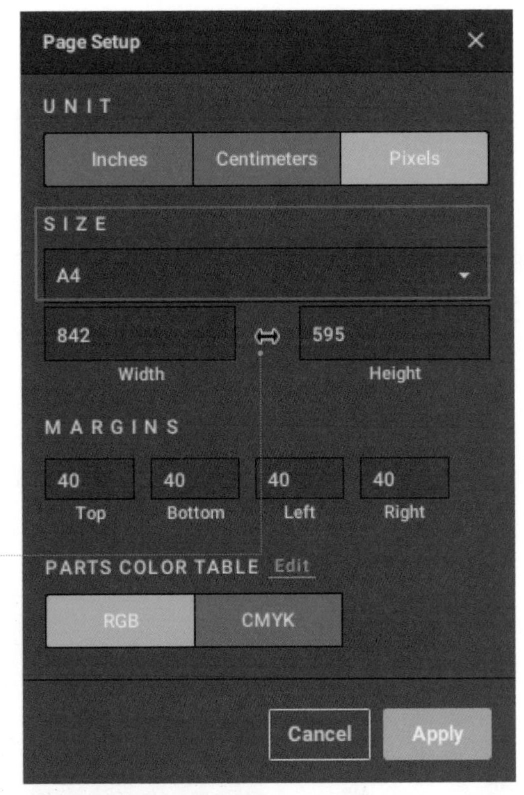

●图7-17

在页面设计界面的预览区的上方有3个功能按钮，分别是“Lock Page”（锁定页面）、“Change Layout”（页面布局）、“Insert”（插入），如图7-18所示。

●图7-18

2.页面布局

下面介绍一下“Change Layout”按钮，单击这个按钮可以设置一个页面上显示多少个步骤，如图7-19所示。笔者希望在同一个页面中显示两个步骤，这样可以节约纸张。

如果想让后面的搭建图纸也都是一张纸显示两个步骤，则可以在选择完布局之后单击“Apply to followings”按钮。设置完的效果如图7-20所示。

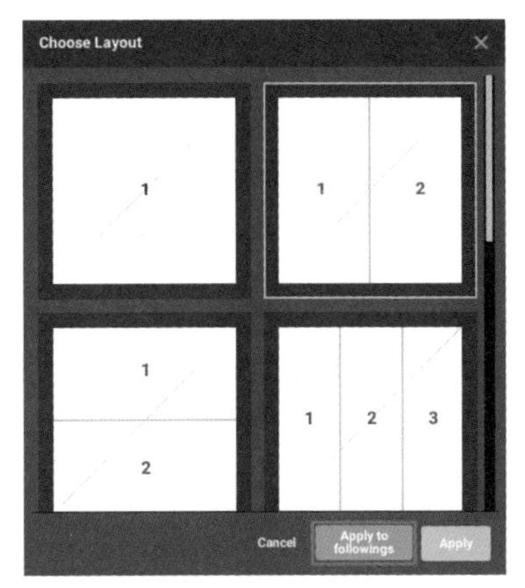

● 图7-19

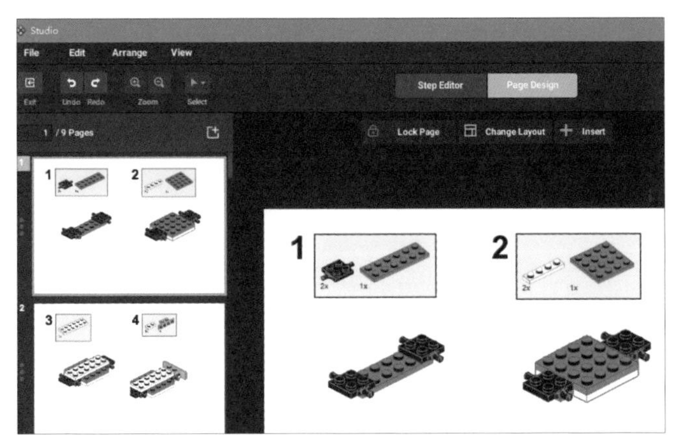

● 图7-20

3.插入功能

该功能是一个很常用的功能，单击“Insert”按钮可以在页面上插入如图7-21所示的内容。

● 图7-21

例如，积木被遮挡，或者需要特别指明积木安装位置时，我们就会插入“箭头”作为提示；当需要翻转模型从另一个角度进行搭建时，我们就会插入一个翻转模型作为提示，如图7-22所示。

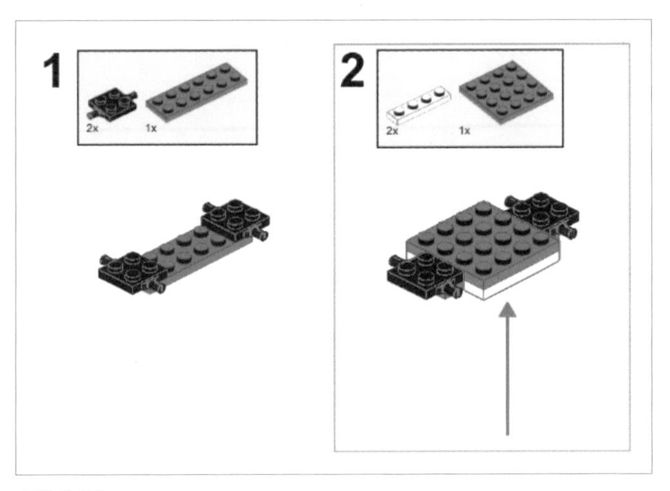

● 图7-22

小贴士

我们一般在页面设计已经完成且版式都已经固定了之后，才进行插入操作。因为在完成改变布局、调整步骤等操作之后，之前插入的内容并不会跟着调整，需要我们手动去调整，这样就会很麻烦。

4.操作对象的概念

在Studio软件中，页面的美化功能是非常丰富和强大的。在进行具体演示之前，笔者先着重强调一下操作对象的概念，以免大家在后续设置时搞错操作对象。笔者在初期摸索时就是因为没注意到这个，造成每次设置时总是弄错效果。

操作对象主要可以分成以下几个，当我们选择不同的操作对象时，侧边栏的设置选项也会不同。

（1）步骤视图，如图7-23所示的蓝色线框部分。

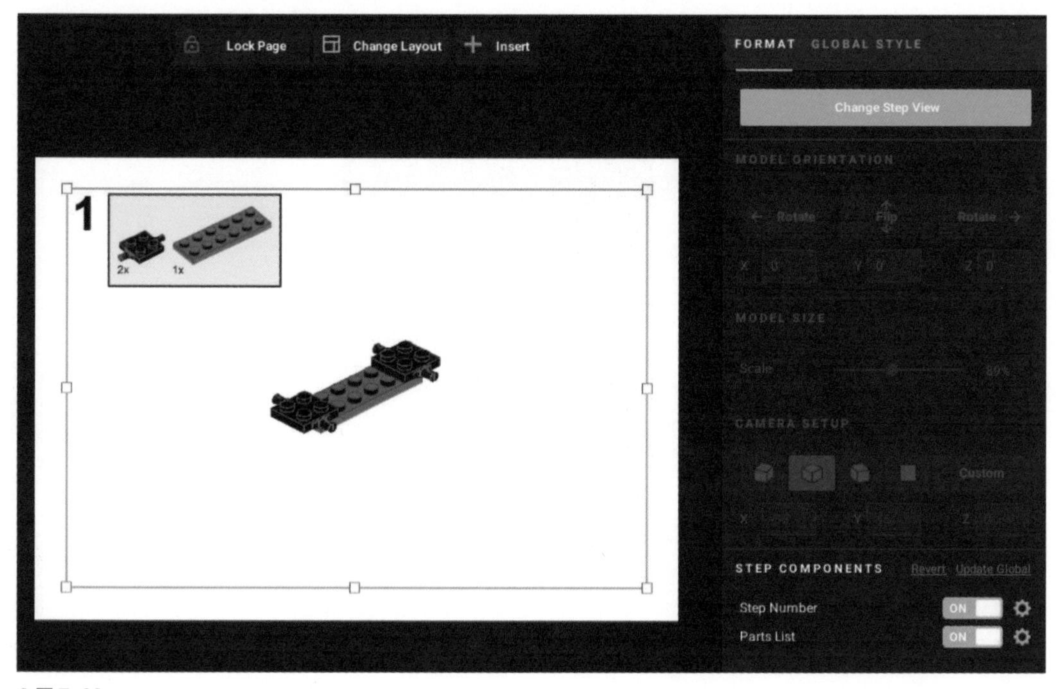

●图 7-23

（2）积木清单，如图7-24所示的蓝色线框和蓝色背景部分。

（3）单个积木，如图7-25所示的蓝色线框（箭头所指部分）。

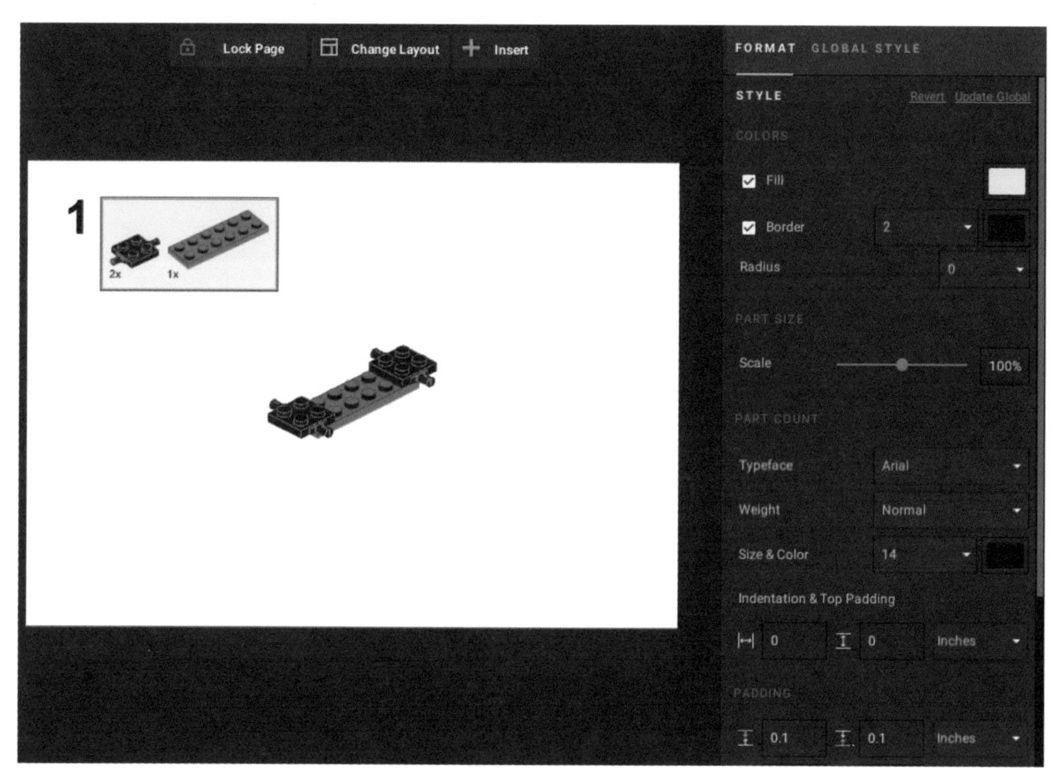
Lock Page
Change Layout
Insert
FORMAT
GLOBAL STYLE
STYLE
Revert
Update Global
COLORS
Fill
Border
2
Radius
0
PART SIZE
Scale
100%
PART COUNT
Typeface
Arial
Weight
Normal
Size & Color
14
Indentation & Top Padding
0
0
Inches
PADDING
0.1
0.1
Inches
1
2x
1x

●图 7-24

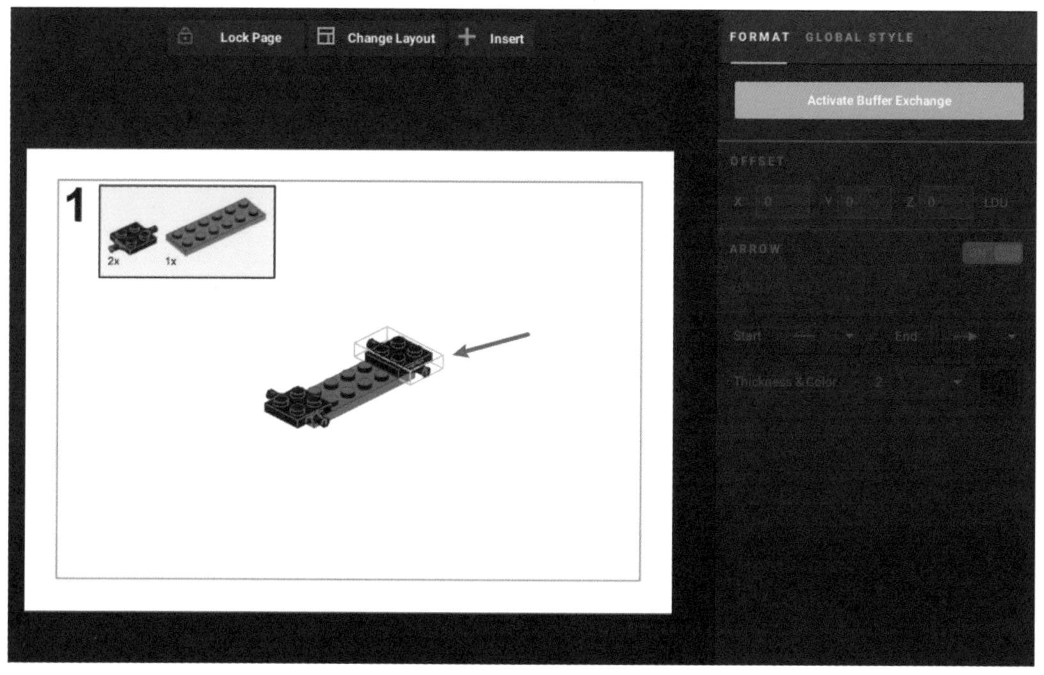
Lock Page
Change Layout
Insert
FORMAT
GLOBAL STYLE
Activate Buffer Exchange
OFFSET
ARROW
1
2x
1x

●图 7-25

7.5 FORMAT（格式）

在“FORMAT”标签页中，不同的操作对象有不同的设置选项。这里面有大量的设置项，笔者主要选取一些常用的设置项进行介绍。

7.5.1 步骤视图的相关设置

当我们第一次选择步骤视图时，侧边栏的设置项都是灰色不可调的状态，只需单击“Cancel Step View Change”（更改步骤视图）按钮，即可对步骤视图进行角度、大小、位置的调整，如图7-26所示。

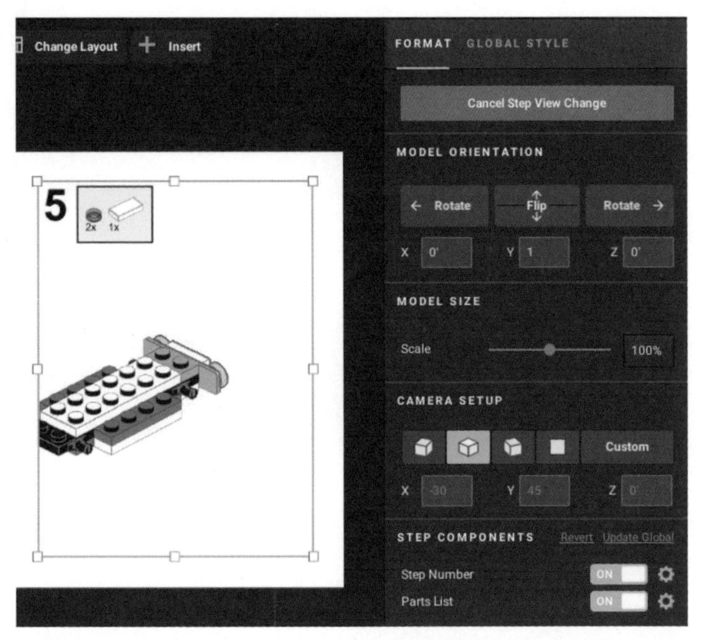

●图7-26

笔者发现这一步的步骤视图的模型位置偏左，而且本步骤所需安装的积木在后方显示，不利于观察。我们可以在“MODEL ORIENTATION”选区中单击上、下、左、右4个方向的按钮进行角度的调整，如图7-27所示。

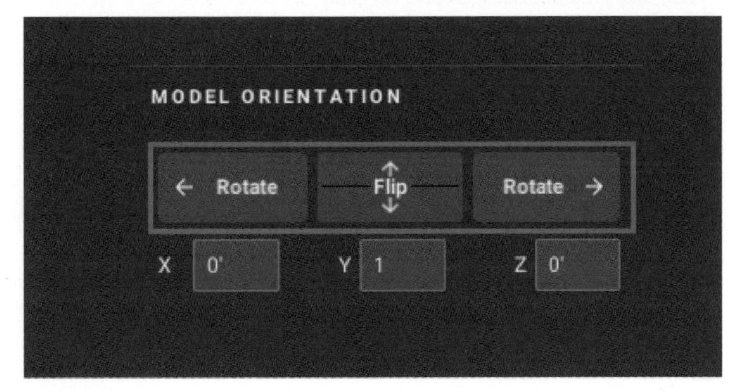

●图7-27

我们对步骤视图的位置进行调整，即将鼠标指针移到模型上，在出现十字箭头后，按住鼠标左键并将模型拖到合适位置，拖动时会有红色的基准线来辅助我们对齐位置，如图7-28所示。

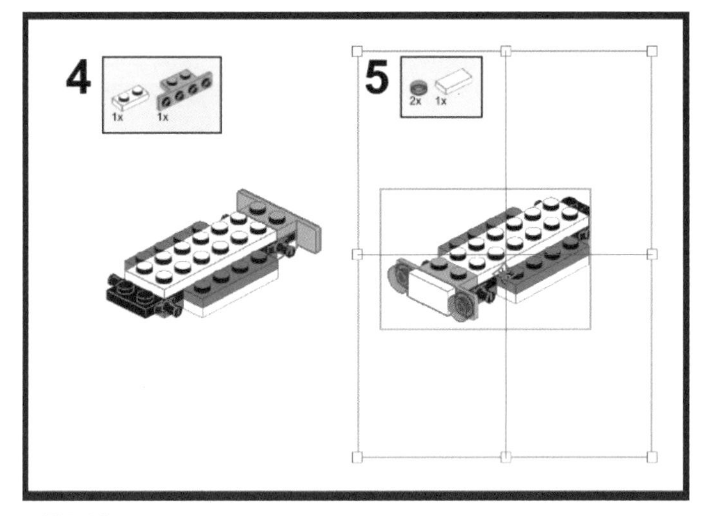

● 图 7-28

在“MODEL SIZE”选区中，通过拖动进度条或直接输入参数，可以调整步骤视图的大小。经过一番调整过后，整体效果如图7-29所示。

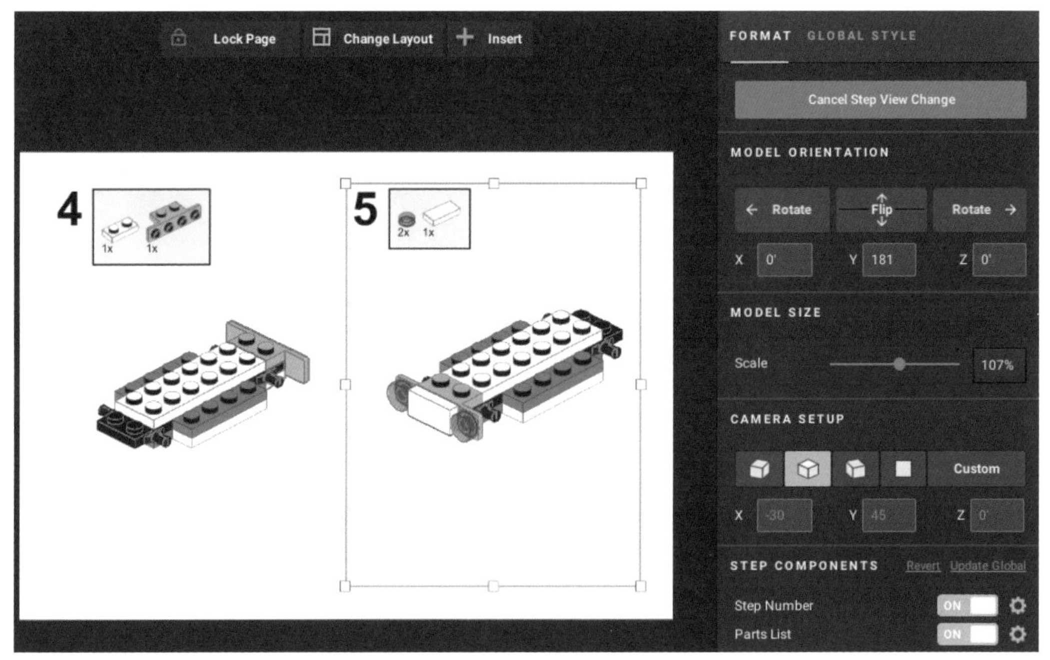

● 图 7-29

7.5.2 积木清单的相关设置

在设置积木清单之前，我们需要先单击预览区左上方的积木清单，再选定操作对象。在积木清单中，我们一般主要进行如图7-30所示的格式设置。笔者的设置效果如图7-31所示。

●图7-30

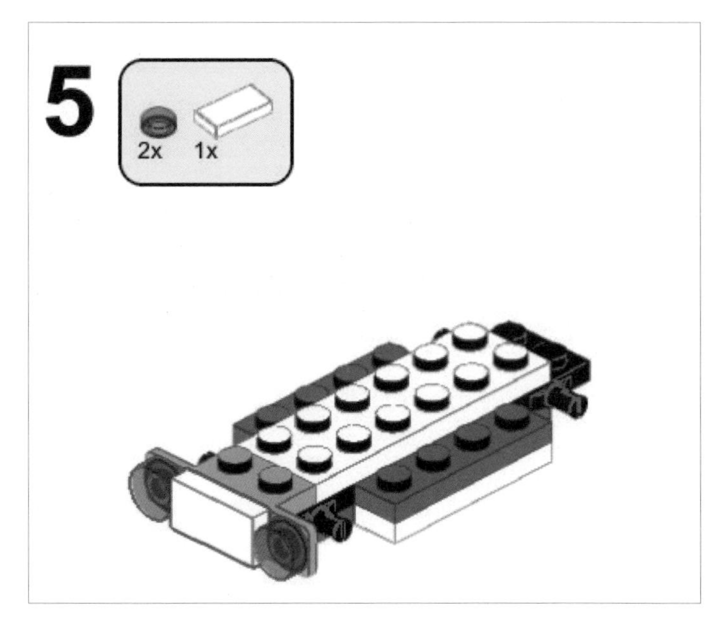

●图7-31

小贴士

这里积木清单的相关设置仅对当前步骤有效，其他步骤的积木清单并不会更改。如果我们想让所有步骤的积木清单都改成同样的效果，则需要在“GLOBAL STYLE”（全局样式）标签页中进行修改，后文会讲到该功能。

7.5.3 单个积木的相关设置

首先单击步骤视图中的单个积木，侧边栏会出现设置项；然后在“FORMAT”标签页中，单击“Activate Buffer Exchange”按钮，如图7-32所示。这时该积木上就会出现立体的坐标轴，如图7-33所示。

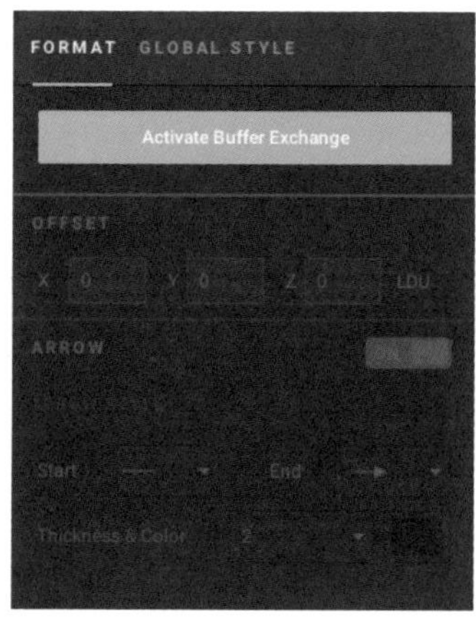

图 7-32

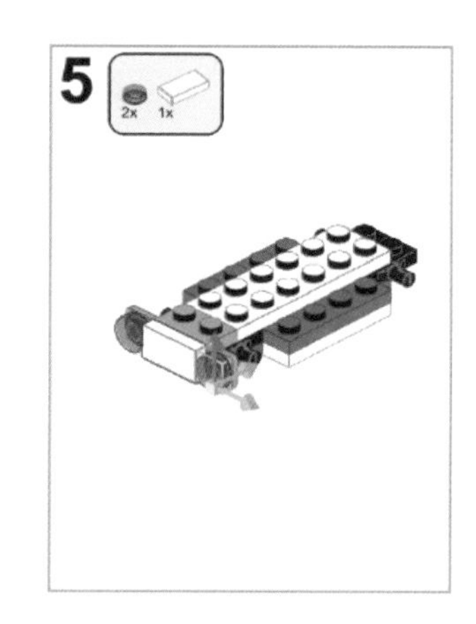

图 7-33

单击坐标轴上的箭头，可以让这个积木在箭头所示的方向上进行移动。在积木移动完成之后，积木与拼接点之间会自动生成一个指示箭头，而且该箭头的样式也是可以修改的，如图7-34所示。

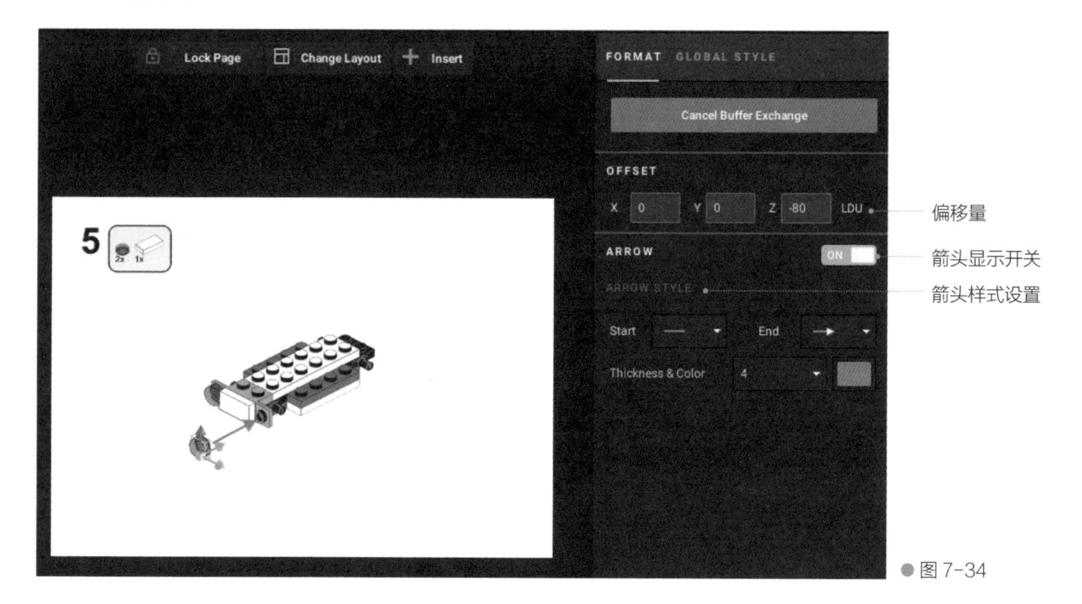

图 7-34

小贴士

如果想让积木往坐标轴箭头的反向移动怎么办？我们可以直接在“OFFSET”选区的对应方向的参数前加上“+”或“-”。比如，原先是正参数，我们就让它变为负参数，反之同理。

7.6 GLOBAL STYLE（全局样式）

如果想让所有步骤都采用同样的样式风格，则需要在全局样式下进行修改。并且为了一劳永逸，我们可以将自己设计的样式风格保存起来，方便后期再次应用。在侧边栏中选择“GLOBAL STYLE”标签页，即可进入全局样式的设置界面，如图7-35所示。

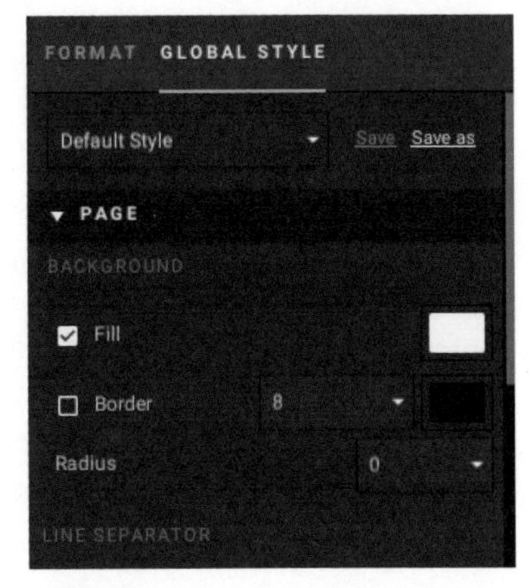

图7-35

新建样式

我们可以直接修改默认的样式，不过笔者还是建议大家新建自己的样式，而且样式是支持用中文名的。下面就来新建一个样式，单击“Save as”文字链接，在弹出的“Create Global Style”对话框中输入样式名称，并单击“Okay”按钮，如图7-36所示。

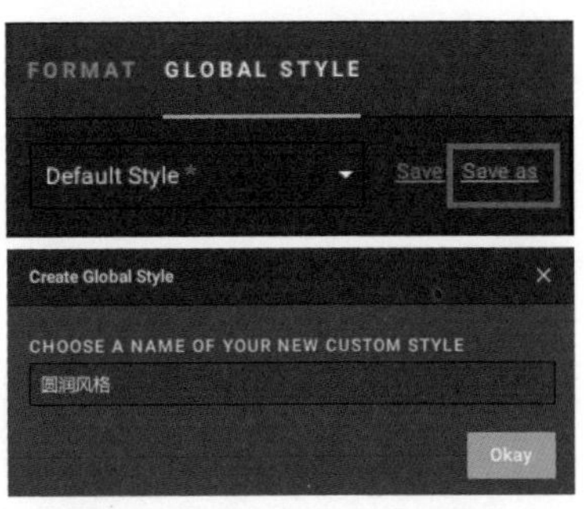

图7-36

1.PAGE（页面）

在“PAGE”选区中，我们可以对所有步骤的页面边框进行美化设置，按如图7-37所示的参数进行设置，页面效果如图7-38所示。

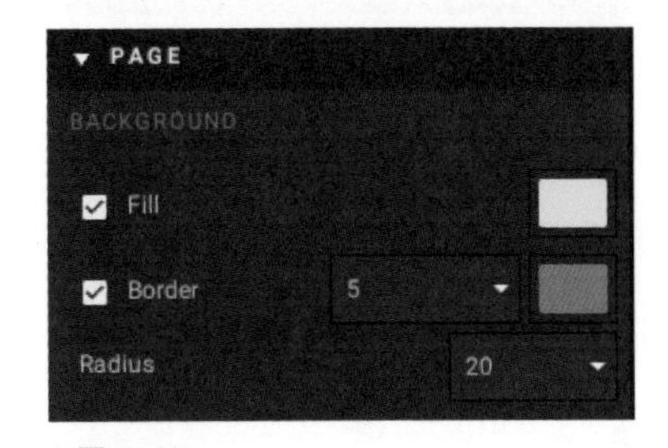

图7-37

图7-38

2. LINE SEPARATOR（步骤分割线）

当同一页面中有多个步骤时，为了让步骤之间看起来不太混乱，我们通常会设置“LINE SEPARATOR”选区。下面设置步骤分割线，参数及效果如图7-39所示。

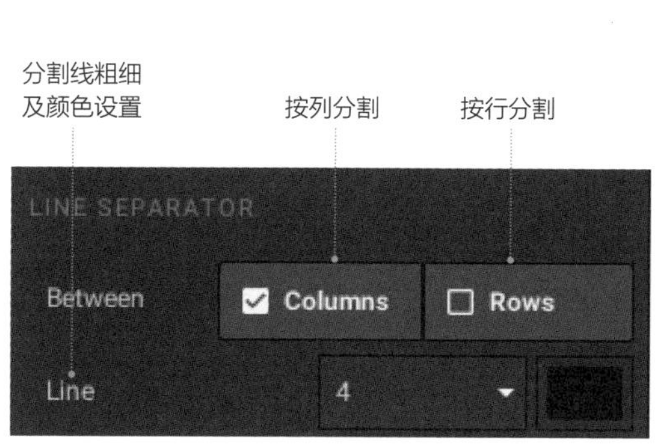

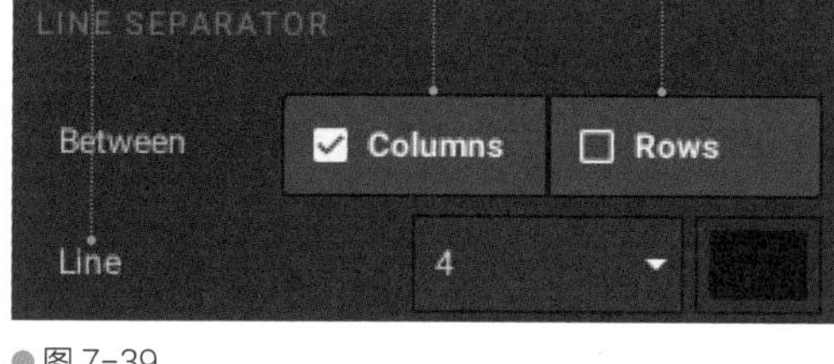

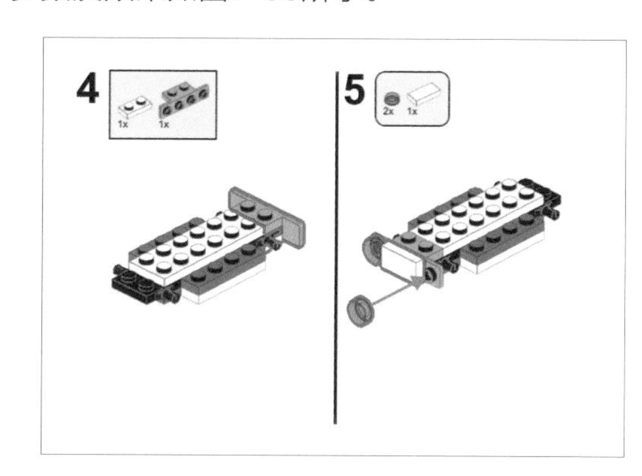

●图 7-39

3. STEP NUMBER（步骤编号）

下面设置步骤编号，参数及效果如图7-40所示。

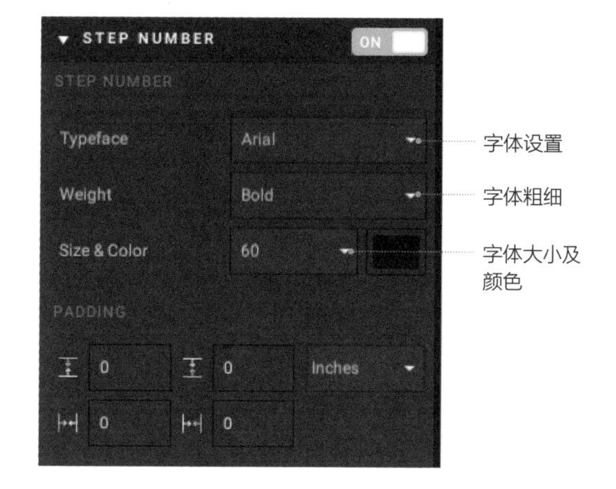

4.PARTS LIST（积木清单）

PARTS LIST（积木清单）具体的设置方法详见7.5.2节，在全局样式下设定的效果会应用到所有步骤。

5.NEW PART HIGHLIGHT（新积木突出显示）

NEW PART HIGHLIGHT是一个非常实用的人性化功能，Studio软件会把本步骤搭建用到的积木用线框标记出来，这样我们就能立马看到应该把积木装配到什么位置，而且线框的粗细颜色都是可调的。下面设置新积木突出显示，参数及效果如图7-41所示。

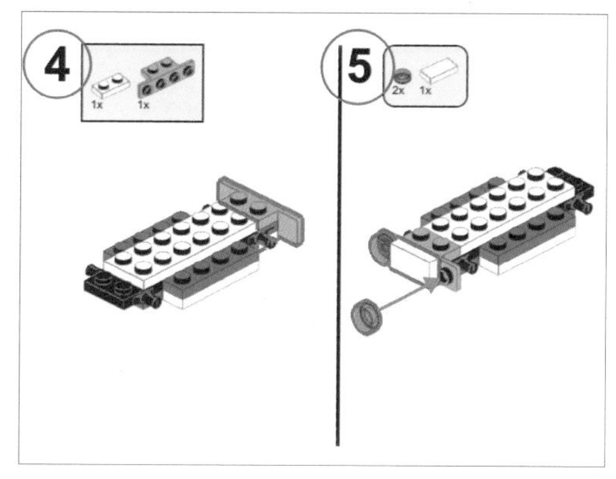

●图 7-40

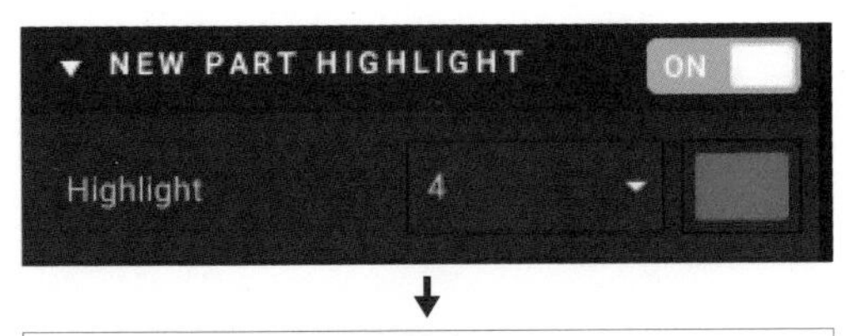

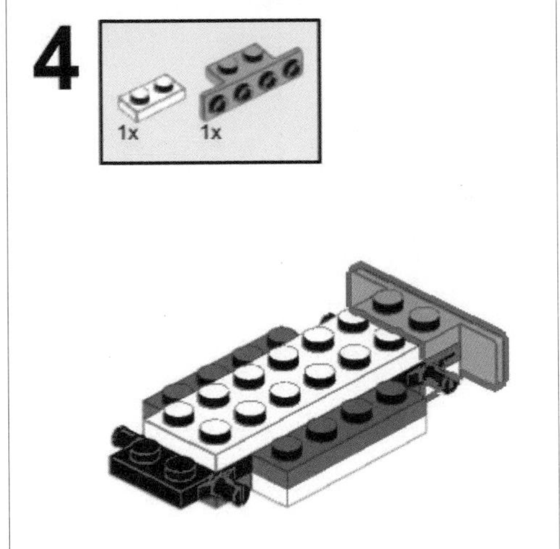

● 图 7-41

6.其他设置

例如，SUBMODEL PREVIEW（子模型预览）、CALLOUT（详图索引）、SIZE GUIDE（尺寸指南）、COLOR GUIDE（色彩指南）等功能由于基本不怎么用，因此笔者就不详细展开说明了，有兴趣的读者可以自行研究。

7.保存样式

当我们将全局样式里面的设置项全部设置完成之后，记得再次单击“Save as”文字链接进行保存。

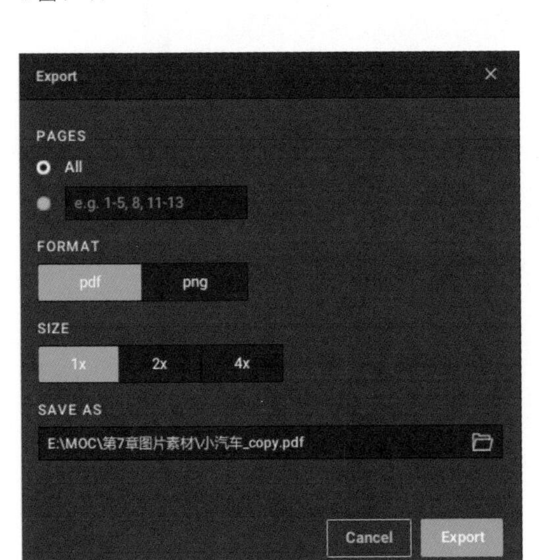

● 图 7-42

7.7 图纸的导出

在Studio创作界面的右上角找到“Export”按钮，单击这个按钮，即可导出图纸。在弹出的“Export”对话框中，我们可以进行如图7-42所示的设置。设置完成之后，单击“Export”按钮，开始导出。

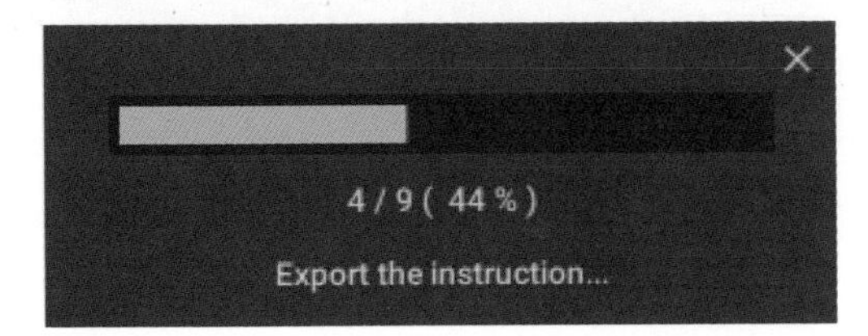

● 图 7-43

等待进度条加载完成，如图7-43所示。在最后的对话框中，可以单击“Close”按钮直接关闭文件，也可以单击“Open the folder”按钮查看导出的搭建图纸。